机械行业特有职业 国家职业技能培训鉴定教材

拖拉机装配工

(基础知识)

编审委员会

主　任　李　玲
副主任　史仲光　刘永乐　徐晓萍　孙彬年
委　员　闵红伍　张飞茹　张　蒙　孙　颐　唐梦明

编审人员

主　编　孙彬年
编　者　张飞茹　杜百灿　郝红周　谢商敏
主　审　刘永乐
审　稿　徐晓萍　梁铁峰　闵红伍

中国劳动社会保障出版社

图书在版编目(CIP)数据

拖拉机装配工：基础知识/机械工业职业技能鉴定指导中心，人力资源和社会保障部教材办公室组织编写． —北京：中国劳动社会保障出版社，2011

机械行业特有职业　国家职业技能培训鉴定教材

ISBN 978 - 7 - 5045 - 8924 - 8

Ⅰ．①拖…　Ⅱ．①机…②人…　Ⅲ．①拖拉机-装配（机械）-职业技能-鉴定-教材　Ⅳ．①S219.06

中国版本图书馆 CIP 数据核字(2011)第 106144 号

中国劳动社会保障出版社出版发行

（北京市惠新东街1号　邮政编码：100029）

出 版 人：张梦欣

*

北京华正印刷有限公司印刷装订　　新华书店经销
787 毫米×1092 毫米　16 开本　20 印张　349 千字
2011 年 7 月第 1 版　　2015 年 7 月第 2 次印刷

定价：38.00 元

读者服务部电话：010 - 64929211/64921644/84643933
发行部电话：010 - 64961894
出版社网址：http：//www.class.com.cn

版权专有　　侵权必究
举报电话：010 - 64954652

如有印装差错，请与本社联系调换：010 - 80497374

前　　言

　　为了大力推进《中华人民共和国就业促进法》中规定的"国家依法发展职业教育，鼓励开展职业培训，促进劳动者提高职业技能，增强就业能力和创业能力"的实施，充分满足机械行业、企业开展职业培训与鉴定工作的需要，机械工业职业技能鉴定指导中心联合人力资源和社会保障部教材办公室，根据机械行业、企业实际组织编写了这套机械行业特有职业国家职业技能培训鉴定教材，共涉及数控机床装调维修工、汽车生产线操作调整工、轴承装配工、电切削工等31个机械行业特有职业（工种）。

　　该套教材是在完成机械行业特有职业国家职业标准制定工作基础上进行的。教材编审人员主要包括国家职业标准编写和审定专家，机械行业各级鉴定培训机构、职业院校职业培训教学专家和鉴定考核命题及管理专家，以及全国机械行业各大型企业生产一线工程技术主管、技师和高级技师等，从而有效保证了教材内容对国家职业标准要求的正确诠释，以及对机械行业特有职业培训与鉴定的适用性。

　　该套教材主要具有以下特点：

　　在编写原则上，突出以职业能力为核心。教材编写贯穿"以职业标准为依据、以企业需求为导向、以职业能力为核心"的理念，在国家职业标准要求基础上，结合企业实际对国家职业标准进行了提升，突出新知识、新技术、新工艺、新方法，注重培训对象职业能力培养。

　　在使用功能上，注重服务于培训和鉴定。根据职业发展的实际情况和培训需求，教材充分体现职业培训规律，反映职业技能鉴定考核基本要求，满足培训对象参加各级各类鉴定考核的需要。

　　在编写模式上，采用分级别模块化方式编写。教材内容按照国家职业标准职业等级划分，各等级之间知识与技能合理衔接、依次递进，为机械行业、企业职业培训搭建了科学的阶梯型培训架构。教材内容按照国家职业标准职业功能模块展开，突出实用性，贴近生产实际，贴近培训对象需要，贴近鉴定考核需求。

　　拖拉机装配工国家职业技能培训鉴定教材共包括《拖拉机装配工（基础知识）》《拖拉

机装配工（初级）》《拖拉机装配工（中级 高级）》《拖拉机装配工（技师 高级技师）》4本。其中，《拖拉机装配工（基础知识）》内容涵盖国家职业标准的基本要求，是各级别拖拉机装配工均需要掌握的基础知识；其他各级别教材内容涵盖国家职业标准的各级别工作要求。本教材是拖拉机装配工国家职业技能培训鉴定教材中的一本，适用于对各级别拖拉机装配工的职业技能培训与鉴定考核。

  本教材在编写过程中，得到了中国一拖集团有限公司、中国农业机械化科学研究院等单位的全力支持，在此一并表示感谢！

  由于时间仓促，不足之处在所难免，欢迎读者提出宝贵意见和建议。

机械工业职业技能鉴定指导中心

目 录

CONTENTS　机械行业特有职业
国家职业技能培训鉴定教材

第一章　职业道德 …………………………………………………（ 1 ）
　第一节　职业道德基本知识 ………………………………………（ 1 ）
　第二节　职工职业守则 ……………………………………………（ 3 ）

第二章　机械制图基础知识 …………………………………………（ 5 ）
　第一节　识图基础知识 ……………………………………………（ 5 ）
　第二节　常见形体的三视图 ………………………………………（ 7 ）
　第三节　机械图样中常用的视图 …………………………………（ 14 ）
　第四节　公差与配合的基本知识 …………………………………（ 27 ）
　第五节　形状和位置公差 …………………………………………（ 43 ）
　第六节　表面粗糙度 ………………………………………………（ 48 ）
　第七节　识读装配图 ………………………………………………（ 53 ）

第三章　常用材料与热处理知识 ……………………………………（ 57 ）
　第一节　金属的性能 ………………………………………………（ 57 ）
　第二节　钢铁材料 …………………………………………………（ 64 ）
　第三节　钢铁材料的热处理 ………………………………………（ 82 ）
　第四节　有色金属及非金属材料简介 ……………………………（ 86 ）

第四章　电工知识 ……………………………………………………（ 99 ）
　第一节　通用设备常用电器种类及用途 …………………………（ 99 ）

第二节　电动机、变压器和电力驱动基础知识 …………… (106)

第五章　机械传动及零件的基础知识 ……………………… (114)

第一节　齿轮传动、链传动和带传动 …………………… (114)
第二节　螺纹及螺旋传动 ………………………………… (122)
第三节　机械零件基本知识 ……………………………… (126)

第六章　拖拉机构造基础知识 ……………………………… (139)

第一节　概述 ……………………………………………… (139)
第二节　发动机 …………………………………………… (140)
第三节　底盘 ……………………………………………… (150)
第四节　电气系统 ………………………………………… (166)

第七章　计算机操作基础知识 ……………………………… (178)

第一节　计算机的基本组成和工作原理 ………………… (178)
第二节　微型计算机的配置与结构 ……………………… (182)
第三节　常用微型计算机软件的使用 …………………… (190)
第四节　计算机网络 ……………………………………… (203)

第八章　装配调整基础知识 ………………………………… (206)

第一节　划线知识 ………………………………………… (206)
第二节　钳工操作知识 …………………………………… (211)
第三节　装配工艺基础知识 ……………………………… (239)
第四节　常用装调工装、设备使用与保养知识 ………… (264)
第五节　拖拉机调整工艺以及质量检测基础知识 ……… (276)
第六节　拖拉机电器装配、调整基础知识 ……………… (293)

第九章　安全生产与环境保护知识 ………………………… (298)

第一节　安全用电知识 …………………………………… (298)

第二节　安全文明生产 …………………………………（300）

第三节　环境保护知识 …………………………………（302）

第十章　质量管理知识 ……………………………………（306）

第一节　质量的概念 ……………………………………（306）

第二节　产品质量检验 …………………………………（309）

第一章 职业道德

第一节 职业道德基本知识

职业道德是规范及约束从业人员职业活动的行为准则。加强职业道德建设是推动社会主义物质文明和精神文明建设的需要，是促进行业、企业生存和发展的需要，也是提高从业人员素质的需要。掌握职业道德基本知识，树立职业道德观念是对每一个从业人员最基本的要求。

一、职业道德的基本概念

职业道德是社会道德在职业行为和职业关系中的具体体现，是整个社会道德生活的重要组成部分。职业道德是指从事某种职业的人员在工作或劳动过程中所应遵守的与其职业活动紧密联系的道德规范和原则的总和。职业道德的内容包括职业道德意识、职业道德行为规范和职业守则。

职业道德既反映某种职业的特殊性，也反映各个行业职业的共同性；既是从业人员履行本职工作时从思想到行动应该遵守的准则，也是各个行业职业在道德方面对社会应尽的责任和义务。

从业人员对自己所从事职业的态度是其价值观、道德观的具体体现，只有树立良好的职业道德，遵守职业守则，安心本职工作，勤奋钻研业务，才能提高自身的职业能力和素质，在劳动力市场和人才竞争中立于不败之地。

二、职业道德的特点

1. 职业道德是社会主义道德体系的重要组成部分

由于每个职业都与国家、人民的利益密切相关,每个工作岗位,每一次职业行为,都包含着如何处理个人与集体、个人与国家利益的关系问题,因此,职业道德是社会主义道德体系的重要组成部分。

2. 职业道德的实质内容是树立全新的社会主义劳动态度

职业道德的实质就是在社会主义市场条件下,约束从业人员的行为,鼓励其通过诚实的劳动,在改善自己生活的同时,增加社会财富,促进国家建设。劳动既是个人谋生的手段,也是为社会服务的途径。劳动的双重含义决定了从业人员应有全新的劳动态度和道德观念。

三、良好的职业道德是增强企业竞争能力的法宝

1. 良好的职业道德有利于企业提高产品和服务质量

(1) 掌握扎实的职业技能和相关专业知识是提高产品和服务质量的前提。

(2) 认真的工作态度和敬业精神是提高产品和服务质量的直接表现。

(3) 维护企业形象是提高产品和服务质量的内部精神动力。

(4) 严格遵守企业的规章制度,服从企业调度是提高产品和服务质量的纪律保证。

(5) 奉献社会,真正以顾客为"上帝",全心全意为顾客服务是提高产品和服务质量的外部精神动力。

2. 良好的职业道德有利于降低产品成本,提高劳动生产率

(1) 员工具备良好的职业道德,有利于减少厂房、机器、设备的损耗,节约原材料,降低废品率。

(2) 员工具备良好的职业道德能保证员工与员工之间、员工与企业之间建立协调、融洽的关系,从而提高工作效率。

(3) 员工具备良好的职业道德能使供求双方关系融洽。

3. 良好的职业道德可以促进企业技术进步

(1) 具有良好的职业道德是员工提高创新意识和创新能力的精神动力。

(2) 具有良好的职业道德是员工努力钻研科学文化技术、革新工艺、发明创造的现实保证。

4. 良好的职业道德有利于树立企业的良好形象

（1）企业形象是企业文化的综合反映，是企业信誉的根本所在，而商品品牌则是企业形象的核心内容。员工具有良好的职业道德有利于树立企业形象和创造企业品牌。

（2）在现代媒体十分发达的今天，企业员工的表现会直接影响企业的形象和品牌。

第二节　职工职业守则

一、爱岗敬业，忠于职守

任何一种道德都是从一定的社会责任出发，在个人履行对社会责任的过程中培养相应的社会责任感，从长期的良好行为规范中建立起个人的道德。因此，职业道德首先要从爱岗敬业、忠于职守的职业行为规范开始。

爱岗敬业是对在岗职工工作态度的首要要求。爱岗就是要热爱自己的工作岗位，热爱本职工作；敬业就是以一种严肃认真的态度对待工作，工作勤奋努力、精益求精、尽心尽力、尽职尽责。

爱岗与敬业是紧密相连的，不爱岗很难做到敬业，不敬业也谈不上爱岗。如果工作不认真，能混就混，爱岗就会成为一句空话。只有工作责任心强，不辞辛苦，不怕麻烦，精益求精，才能真正做到爱岗敬业。

忠于职守就是要求把自己本职范围内的工作做好，达到工作质量标准和规范的要求。如果全体职工都能够做到爱岗敬业、忠于职守，就能有力地促进企业和社会的进步及发展。

二、诚实守信，办事公道

诚实守信、办事公道是做人的基本道德品质，也是职业道德的基本要求。诚实就是人在社会交往中不说假话，能够忠于事物的本来面目，不歪曲、篡改事实，不隐瞒自己的观点，不掩饰自己的情感，光明磊落，表里如一。守信就是信守诺言，讲信誉，重信用，忠实履行自己承担的义务。办事公道是指在利益关系中正确处理好国家、企业、个人及他人的利益关系，不徇私情，不谋私利。在工作中要处理好企业和个人的利益关系,做到个人服从集体,保证个人利益和集体利益相统一。

信誉是企业在市场经济中赖以生存的重要依据,而良好的产品质量和服务是建立企业信誉的基础。企业职工必须在生产活动中诚实守信,办事公道,树立全心全意为用户服务的观点,为社会创造和提供质量过硬的产品及服务。

三、遵纪守法,廉洁奉公

任何社会的发展都需要法律、规章制度来维护社会各项活动的正常运行。法律、法规、政策和各种规章制度都是按照事物的发展规律制定出来的,用于约束人们的行为。企业职工除了遵守国家的法律、法规和政策外,还要自觉遵守由企业制定的且与企业生产活动有关的制度和纪律,如劳动纪律、安全操作规程、设备保养程序、加工工艺规程等,只有这样才能很好地履行岗位职责,完成本职工作。

廉洁奉公是要求职工公私分明,不损害国家和集体的利益,不利用岗位职权牟取私利。遵纪守法、廉洁奉公是企业每个职工都应具备的道德品质。

四、爱护设备,安全操作

设备对于职工如同武器对于战士一样。所以,每个在岗职工都必须爱护自己操作的设备和所用的工装,使之始终保持良好的技术状态。保证设备的安全运行,延长设备的使用寿命,提高设备的工作效率。

企业的生产活动必须始终贯彻安全第一的思想,只有做好安全工作才能为企业生产发展创造良好的作业环境,生产发展又可以进一步改善劳动者的劳动条件。为了保护劳动者的安全和健康,企业职工在从事操作时必须遵守操作规程和着装规范。

五、服务群众,奉献社会

服务群众就是为人民服务。一个企业职工既是别人服务的对象,也是为别人服务的主体。每个人都承担着为他人做出职业服务的职责,要做到服务群众,就要做到心中有群众,尊重群众,真心对待群众,做什么事都要想到方便群众。

奉献社会是职业道德的最高境界,也是做人的最高境界。奉献社会就是不计个人名利得失,一心为社会作贡献,就是为社会服务,为他人服务,全心全意为人民服务。企业职工能做到一心为社会作贡献,就符合了为人民服务的宗旨。

第二章　机械制图基础知识

第一节　识图基础知识

一、图样

1. 机械图样

能够准确地表达物体的形状、尺寸及其技术要求的图称为图样。不同的生产部门对图样有不同的要求，机械制造业中使用的图样称为机械图样。

2. 机械图样的种类

根据在机械制造过程中所起作用的不同，机械图样分为两种：用于加工零件的图样称为零件图，它是制造和检验该零件的技术依据；用于装配零件的图样称为装配图。

3. 国家标准对图样的一般规定

（1）图纸幅面

绘制图样时，应优先选用国家标准规定的图纸基本幅面。基本幅面分为 A0，A1，A2，A3 和 A4 五种，幅面大小依次递减。

（2）图线

机械图样中常用的线型有粗实线、细实线、细虚线、粗虚线、细点画线、粗点画线、细双点画线等。

（3）比例

比例是指图样中图形与其实物相应要素的线性尺寸之比。当需要按比例绘制图样时,应从国家标准规定的系列中选取,为了便于加工,零件图常采用1:1的比例。

(4) 字体

书写图样中的汉字、数字、字母时必须做到:字体工整、笔画清楚、间隔均匀、排列整齐。汉字应写成长仿宋体字。

二、正投影和三视图

1. 投影的基本知识

投影分为两类,一类称为中心投影,另一类称为平行投影。平行投影又分为正投影和斜投影两种,其中正投影由于能够准确表达物体的真实形状和大小,且绘图方法也较简单,故在机械制图中得到广泛应用。

所谓正投影,就是当投影线互相平行并与投影面成直角时物体在投影面上所得的投影。

2. 三视图

对于一般的物体,人们通常用三个投影面来表达其三个方向的投影。这三个投影面要相互垂直。所谓三视图,就是物体用正投影法在三个投影面上所得的投影。其中,由前方向后方投影所得到的图形称为主视图;由上方向下方投影所得到的图形称为俯视图;由左方向右方投影所得到的图形称为左视图。为了把空间的三个视图画在一张纸上,就必须把三个投影面按规定展开。如图2—1所示为三视图的形成。

3. 识读三视图的要领

从图2—1中可以看出,物体的长度由主视图和俯视图同时反映出来,高度由主视图和左视图同时反映出来,宽度由俯视图和左视图同时反映出来。由此可以得出三视图的投影规律为:主、俯视图长对正;主、左视图高平齐;俯、左视图宽相等。简称为"长对正,高平齐,宽相等"。读图时必须以这些规律为依据,找出三个视图中相对应的部分,从而得出物体的结构及形状。

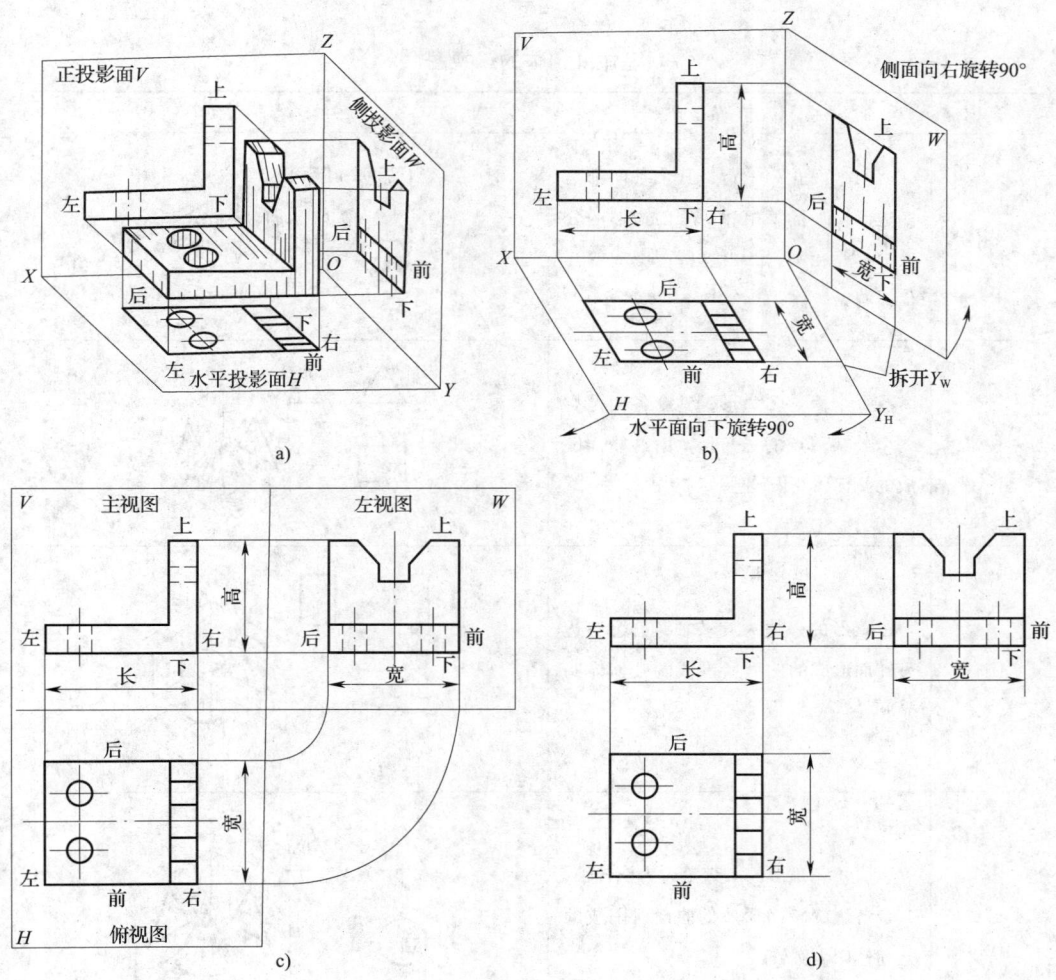

图 2—1 三视图的形成
a) 物体向三个投影面投影　b) 投影面展开
c) 投影面展开后的三视图位置　d) 三视图及其投影规律

第二节　常见形体的三视图

一、基本几何体的三视图

基本几何体的三视图见表 2—1。

表 2—1　　　　　　　　　　　　　　基本几何体的三视图

名称	定义	投影特征
棱柱	有两个面互相平行，其余各面都是四边形，并且每相邻两个四边形的公共边都互相平行，由这些面围成的几何体叫做棱柱	
棱锥	有一个面是多边形，其余各面是有一个公共顶点的三角形，由这些面围成的几何体叫做棱锥	
圆柱	以矩形的一边为旋转轴，其余各边旋转而形成的曲面所围成的几何体叫做圆柱	
圆锥	以直角三角形的一直角边为旋转轴，其余各边旋转而形成的曲面所围成的几何体叫做圆锥	
球	以一个半圆的直径为旋转轴，旋转而形成的曲面所围成的几何体叫做球体，也叫圆球	
圆环	一个圆，绕同一平面内与之不相交的一条直线旋转，所形成的旋转面围成的几何体叫做环体，也叫圆环	

二、截割体的三视图

1. 棱柱的截切

以截切正六棱柱为例,其具体画法如下:先画出正六棱柱的三视图,然后求出各棱线与截平面的交点的投影,顺次连接各点的同面投影,即得到六棱柱截交线的三面投影。最后整理轮廓线,判别可见性。如图2—2所示为六棱柱的截交线。

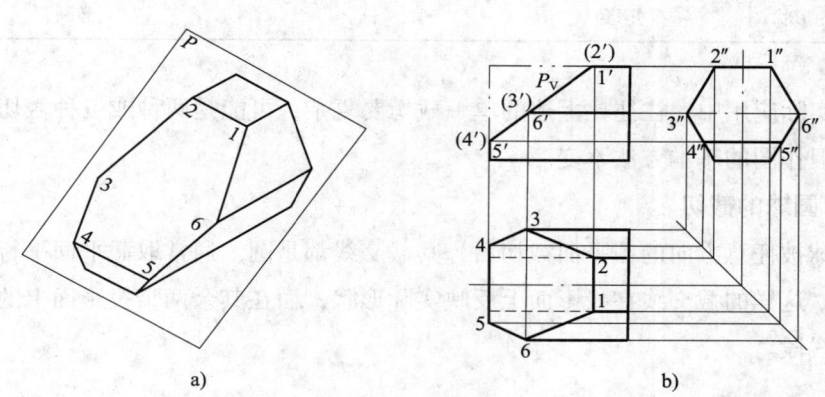

图 2—2 六棱柱的截交线
a) 立体图 b) 三视图

2. 棱锥的截切

截切棱锥的画法与截切棱柱的画法相似。

3. 圆柱的截切

用截平面截切圆柱时,由其截切的位置不同可分为三种情况:当截平面平行于轴线时,截交线为一矩形线框;当截平面垂直于轴线时,截交线是一个直径等于圆柱直径的圆;当截平面倾斜于轴线时,截交线是一个椭圆。平面与圆柱的截交线见表 2—2。

表 2—2　　　　　　　平面与圆柱的截交线

	截平面平行于轴线	截平面垂直于轴线	截平面倾斜于轴线
立体图			

续表

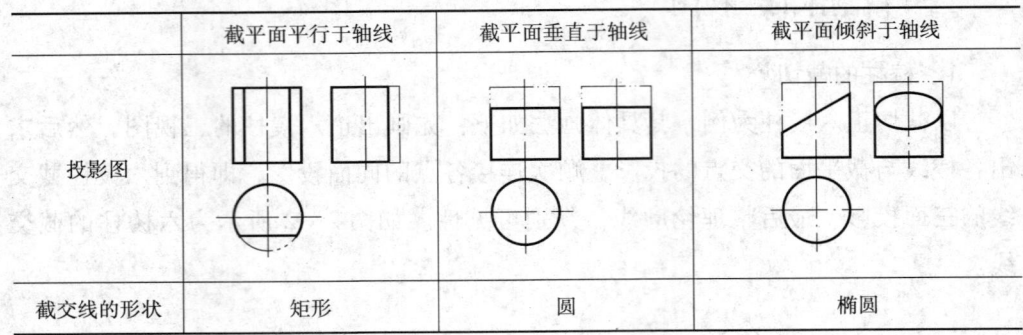

	截平面平行于轴线	截平面垂直于轴线	截平面倾斜于轴线
投影图			
截交线的形状	矩形	圆	椭圆

在实际应用中,往往比上述的单一截切要复杂,可能是两种或三种截切的综合应用,但作图的基本方法不变。

4．圆球的截切

圆球被任意方向的截平面截切后,其截交线都是圆。通常取截平面平行于某一投影面,这样的截交线在投影面上反映实际形状,而在其余两个投影面上的投影积聚为直线段。

三、组合体的三视图

1．组合体的类型

组合体的组合形式有叠加型、切割型和综合型三种。

2．两个基本几何体表面连接的状态

两个基本几何体表面连接时共有三种状态。

(1) 表面平齐

当两个基本形体的表面平齐时,两表面共面,因而视图上两个基本形体之间无分界线;而如果两个基本形体的表面不平齐时,则必须画出它们的分界线,如图2—3所示。

(2) 表面相切

当两个基本形体的表面相切时,两表面在相切处光滑过渡,不画出切线,如图2—4所示。

(3) 表面相交

当两个基本形体的表面相交时,相交处会产生不同形式的交线,在视图中应画出这些交线的投影,如图2—5所示。

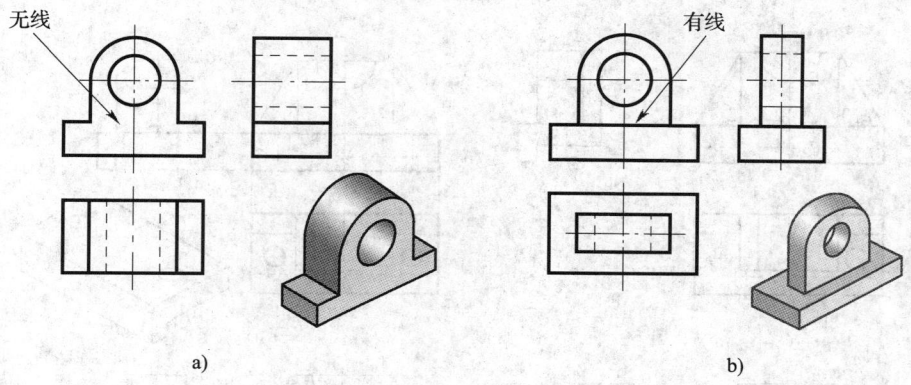

图2—3　表面平齐与不平齐
a）两基本形体表面平齐　b）两基本形体表面不平齐

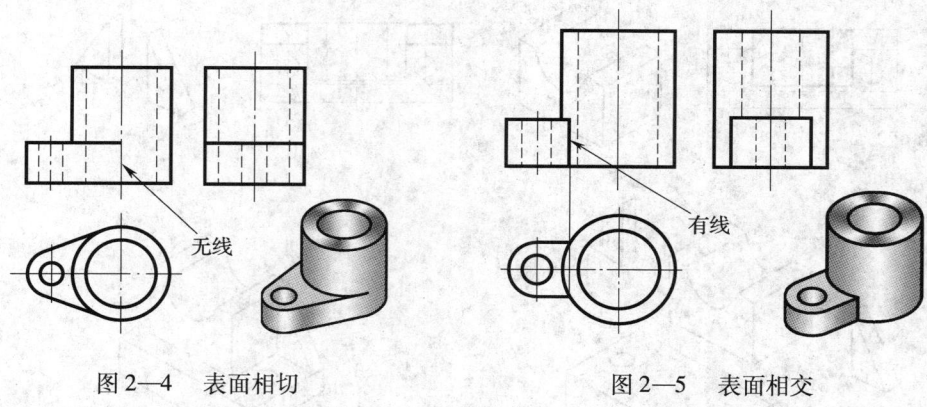

图2—4　表面相切　　　　　图2—5　表面相交

3．识读组合体三视图的方法

（1）识读叠加型组合体的三视图

识读叠加型组合体的三视图时一般采取形体分析法，所谓形体分析法，就是从反映物体形状特征的主视图着手，对照其他视图，初步分析出该物体是由哪些基本形体以及通过什么连接关系形成的；然后按照投影特性逐个找出各基本形体在其他视图中的投影，以确定各基本形体的形状和它们之间的相对位置，最后综合想象出物体的整体形状。下面以识读轴承座为例进行分析，其具体读图方法如图2—6所示。

1）从视图中分离出表示各基本形体的线框。

2）分别找出各线框对应的其他投影，并结合各自的特征视图逐一构思它们的形状。

3）根据各部分的形状和它们的相对位置综合想象出物体的整体形状。

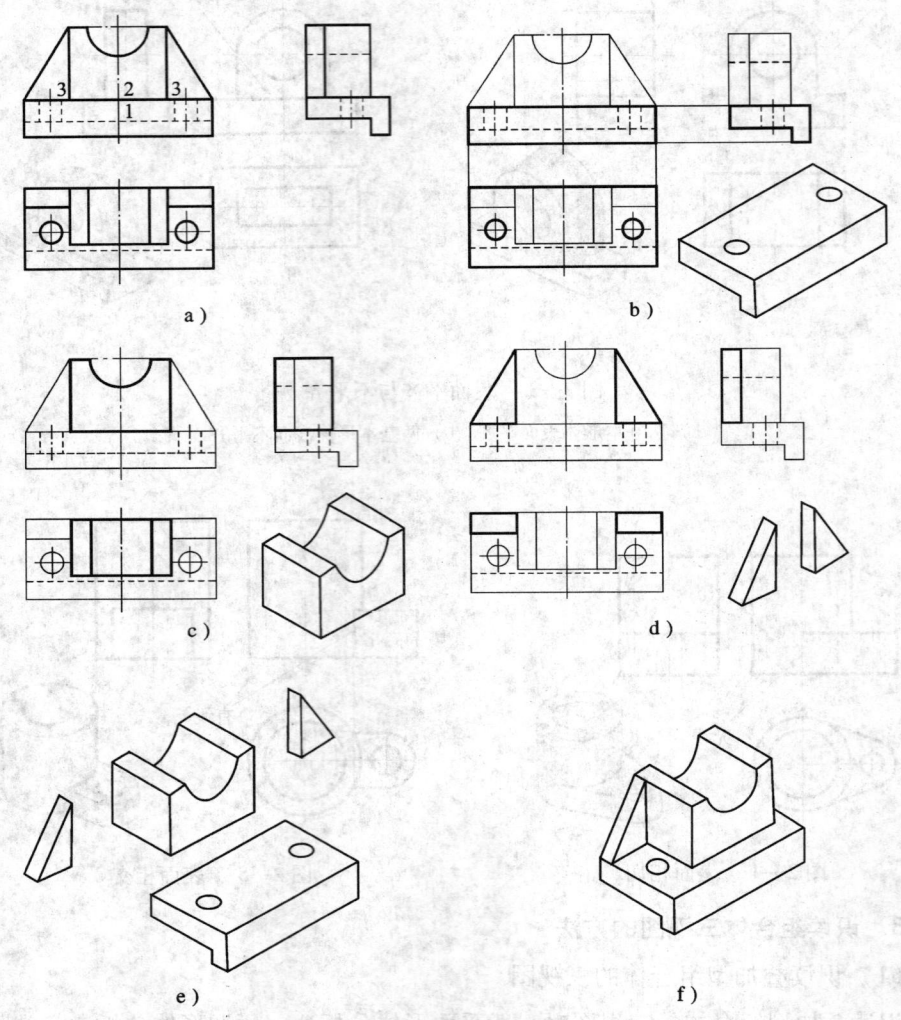

图 2—6 轴承座的读图方法

a) 从轴承座分离出基本形体 1，2，3　b) 构思基本形体 1　c) 构思基本形体 2
d) 构思两个基本形体 3　e) 基本形体 1，2，3　f) 轴承座的立体图

（2）识读切割型组合体的三视图

识读切割型组合体的三视图时一般采取线面分析法。所谓线面分析法，就是运用线、面投影理论来分析物体的表面形状、面与面的相对位置以及面与面之间的表面交线，并借助立体的概念来想象物体的形状。下面以压块为例进行分析，其具体读图过程如图 2—7 所示。

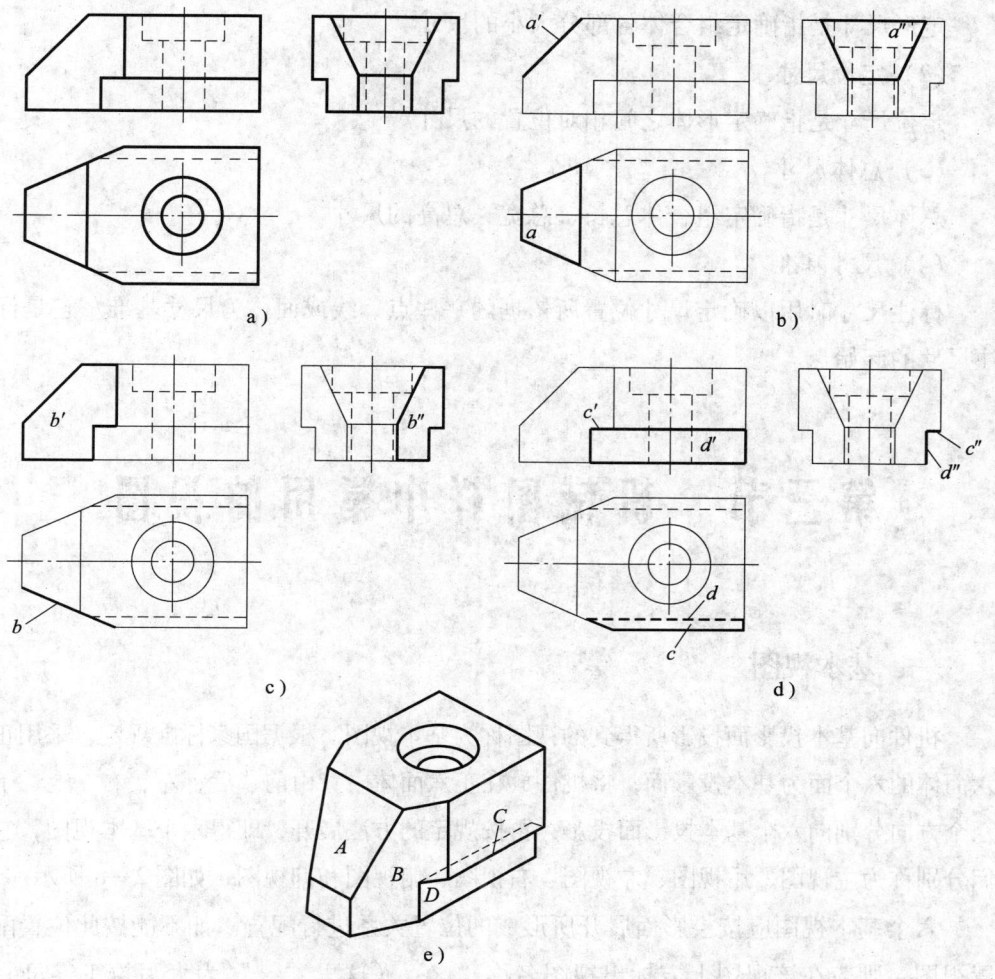

图 2—7 压块的读图过程

a) 压块的三视图 b) A 面在三视图中的投影 c) B 面在三视图中的投影

d) C 面和 D 面在三视图中的投影 e) 压块的立体图

1) 确定物体的整体形状。

2) 确定截切面的位置和形状。

3) 综合想象物体的整体形状。

(3) 识读综合型组合体的三视图

识读综合型组合体的三视图时，常常是形体分析法和线面分析法并用，以形体分析法为主，线面分析法为辅。

4. 组合体三视图中的尺寸分析

(1) 定形尺寸

定形尺寸是指确定组合体各部分大小的尺寸。

(2) 定位尺寸

定位尺寸是指确定形体之间相对位置的尺寸。

(3) 总体尺寸

总体尺寸是指确定组合体总长、总宽、总高的尺寸。

(4) 尺寸基准

标注尺寸时用以确定尺寸位置所依据的一些点、线或面称为尺寸基准。它是标注尺寸的起始点。

第三节 机械图样中常用的视图

一、基本视图

机件向基本投影面投影所得到的视图称为基本视图。根据国家标准规定，采用正六面体的六个面为基本投影面，将机件放在正六面体中，由前、后、左、右、上、下六个方向分别向六个基本投影面投影，再按规定的方法展开，即得六个基本视图，它们分别称为主视图、后视图、左视图、右视图、俯视图和仰视图，如图2—8所示。

六个基本视图应按投影面展开所形成的位置关系进行配置。如不能按此位置配置视图，则应在该视图上方标出视图名称"×"（这里"×"为大写拉丁字母），同时在相应视图附近用箭头表明投影方向，并注上同样的字母。如图2—9所示为基本视图标注示例。

六个基本视图之间仍保持着与三视图相同的投影规律，即主、俯、仰、后长对正；主、左、右、后高平齐；俯、左、仰、右宽相等。

二、局部视图和斜视图

1. 局部视图

机件的某一部分向基本投影面投影所得到的视图称为局部视图。局部视图是不完整的基本视图。利用局部视图，可以减少基本视图的数量，补充基本视图尚未表达清楚的部分。局部视图的断裂边界一般用波浪线表示，当所表示的局部结构是完整的，且外轮廓成封闭时，可省略波浪线，如图2—10所示。

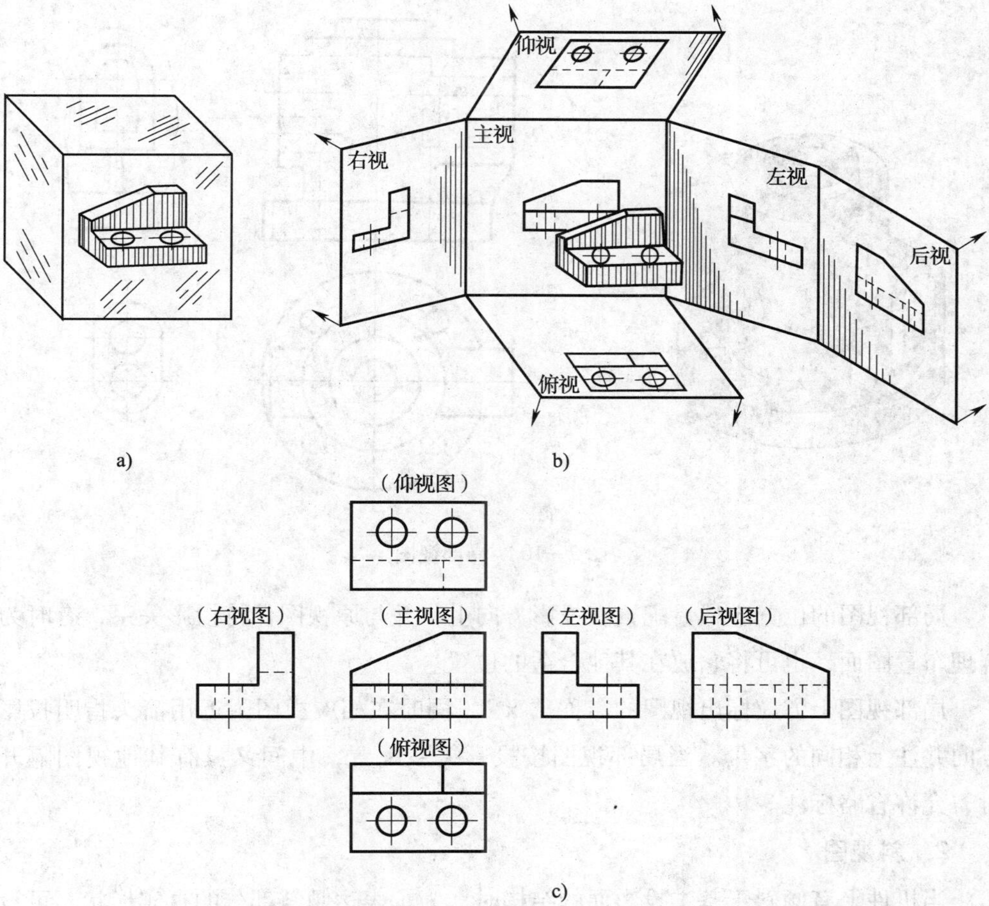

图 2—8 六个基本视图

a) 机件和六个基本投影面　b) 机件向六个基本投影面投影及投影面的展开
c) 机件的六个视图

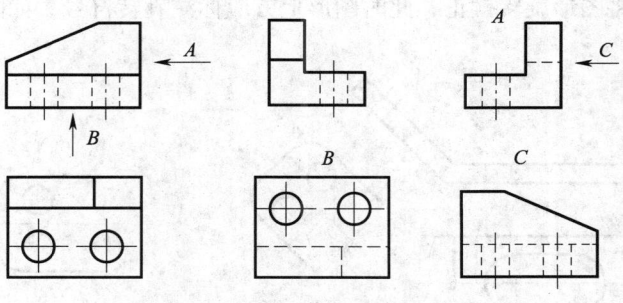

图 2—9 基本视图标注示例

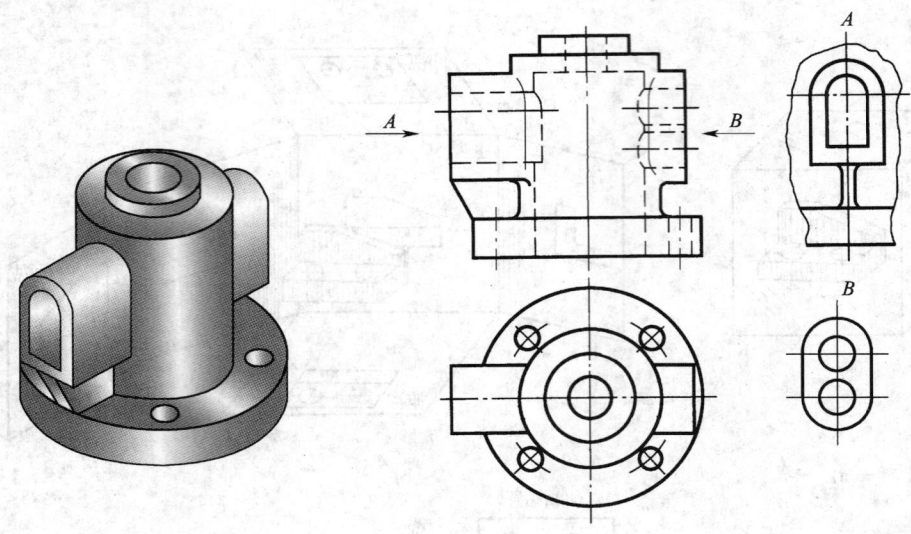

图 2—10　局部视图

局部视图的位置应尽量配置在投影方向上，并与原视图保持投影关系，有时为合理布置图面，也可将它放在其他合适的位置。

局部视图上方应标出视图的名称"×"，同时在相应视图附近用箭头指明投影方向并注上相同的字母。当局部视图按投影关系配置，中间又没有其他视图隔开时，允许省略标注。

2．斜视图

当机件上有倾斜于基本投影面的结构时，为了表达倾斜部分的真实形状，可设置一个与倾斜部分平行的辅助投影面，再将倾斜结构向该投影面投影。这种将机件向不平行于基本投影面的平面投影所得的视图称为斜视图。

斜视图的画法和标注基本上与局部视图相同。在不至于引起误解时，可不按投影关系配置，还可将图形旋转摆正，此时图形上方应标注旋转符号，如图 2—11 所示。

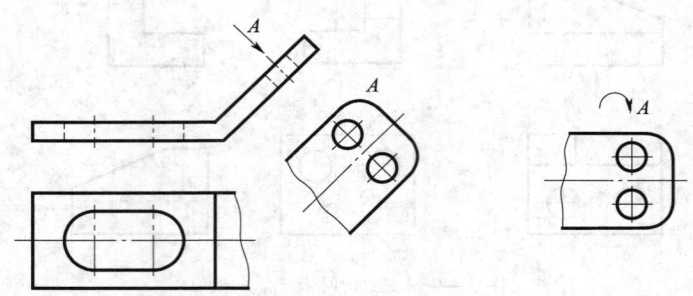

图 2—11　斜视图的画法和标注

三、旋转视图

假想将机件的倾斜部分旋转到与某一选定的基本投影面平行后再向该投影面投影所得到的视图称为旋转视图,如图 2—12 所示为倾斜结构零件图样的表示方法。

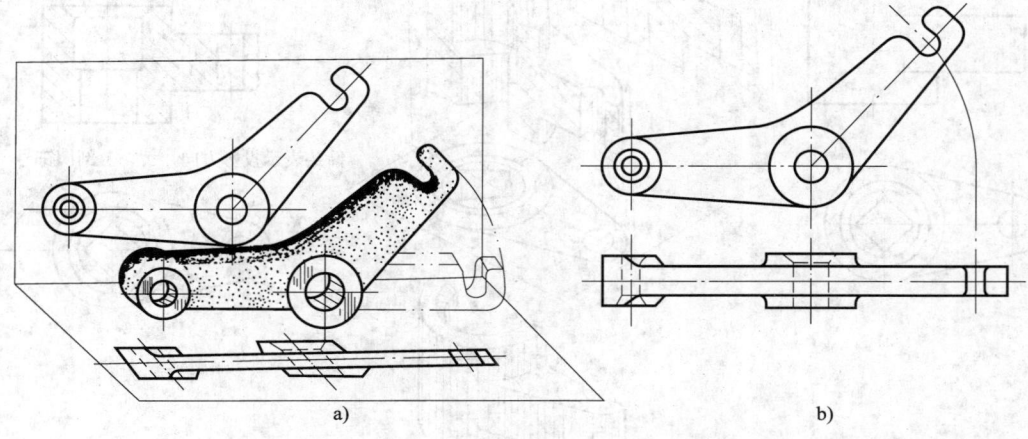

图 2—12　倾斜结构零件图样的表示方法
a)零件向两个投影面投影　b)零件的旋转视图

四、剖视图

1. 剖视图的概念

(1) 剖视图的形成

假想用剖切面剖开机件,将处在观察者和剖切面之间的部分移去,而将其余部分向投影面投影所得到的视图称为剖视图,其形成如图 2—13 所示。

(2) 剖视图的画法

画剖视图时应注意以下几点:

1) 剖切位置要恰当。剖切面应尽量通过较多的内部结构的轴线或对称面,并平行于选定的投影面。

2) 内、外轮廓要画齐。机件剖开后,处在剖切平面之后的所有可见的轮廓都应画齐,不得遗漏。

3) 剖面符号要画好。在剖视图中,凡被剖切的部分都应画上剖面符号。国家标准中规定了各种材料的剖面符号。

4) 剖视图是假想剖切画出的,所以与其相关的视图仍应保持完整;由剖视图已表达清楚的结构,视图中的虚线可以省略。

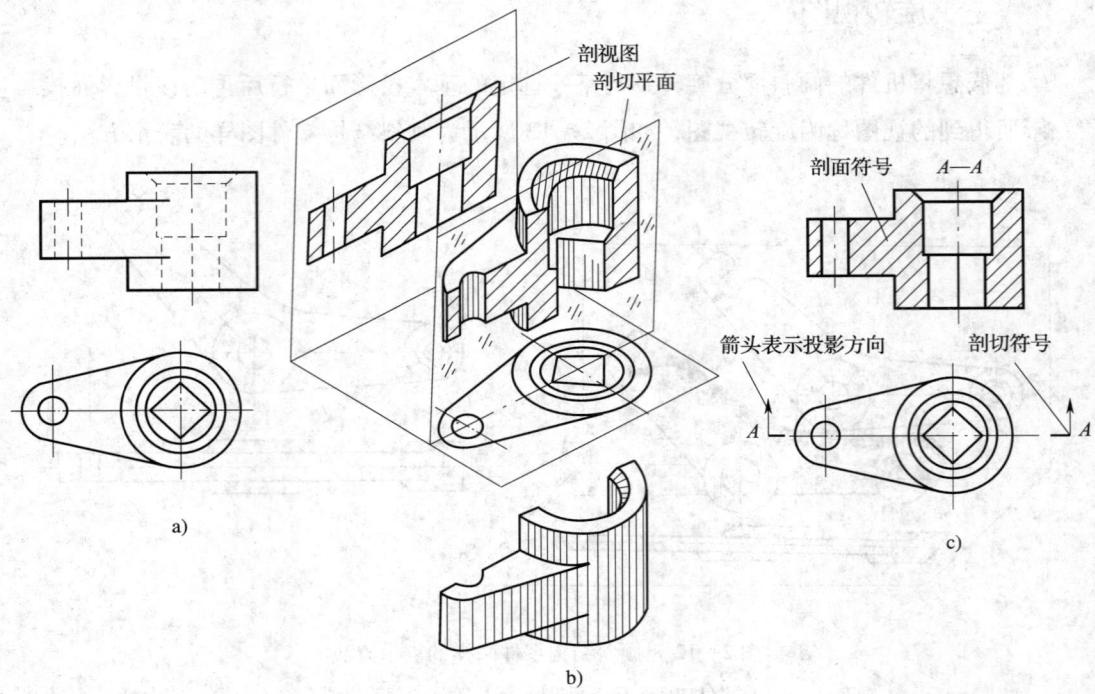

图 2—13　剖视图的形成
a）视图　b）移去剖切的部分　c）剖视图

（3）剖视图的标注

一般应在剖视图上方用字母标出剖视图的名称"×—×"，在相应的视图上用剖切符号表示剖切位置，用箭头表示投影方向，并注上相同的字母。

2. 剖视图的种类

（1）全剖视图

用剖切面将机件完全剖开所得到的剖视图称为全剖视图。全剖视图一般用于表达内部结构及形状复杂的不对称机件和外形简单的对称机件。当剖切平面通过机件的对称平面，且剖视图按投影关系配置，中间又无其他视图隔开时，可省略标注。

（2）半剖视图

当机件具有对称平面时，在垂直于对称平面的投影面上投影所得到的图形可以对称中心线为界，一半画成剖视图，另一半画成视图，这种图形称为半剖视图。它既充分地表达了机件的内部形状，又保留了机件的外部形状，所以它是内、外形状都比较复杂的对称机件常用的表达方法。半剖视图的标注与全剖视图相同，如图 2—14 所示。

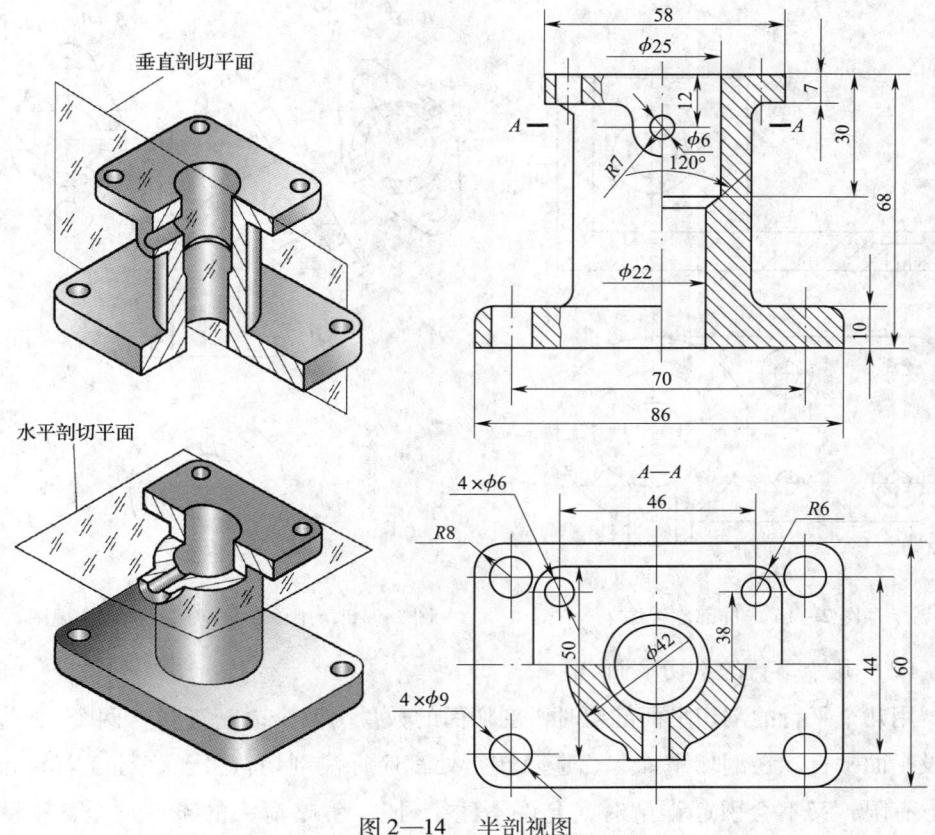

图 2—14 半剖视图

（3）局部剖视图

用剖切平面局部地剖开机件所得到的剖视图称为局部剖视图。它既能把机件局部形状表达清楚，又能保留机件的某些外形，其剖切范围可根据需要而定，是一种很灵活的表达方法。

局部剖视图以波浪线为界，波浪线不应与轮廓线重合或用轮廓线代替，也不能超出轮廓线之外，如图 2—15 所示。

3．剖切面的种类

（1）单一剖切面

单一剖切面包括单一剖切平面和单一剖切柱面，剖切面的数量为一个，当剖切面为平面时，剖切面的位置有两种，即与投影面平行和与投影面垂直。如前所述的全剖视图、半剖视图和局部剖视图都是用平行于基本投影面的剖切平面剖切机件而得到的。用单一斜剖切平面（剖切面与一个投影面垂直）画剖视图时，标注不能省略，字母应水平书写，箭头与粗实线垂直，剖视图一般应与倾斜部分保持投影关系，也可旋转放置，但应加注旋转符号，如图 2—16 所示。

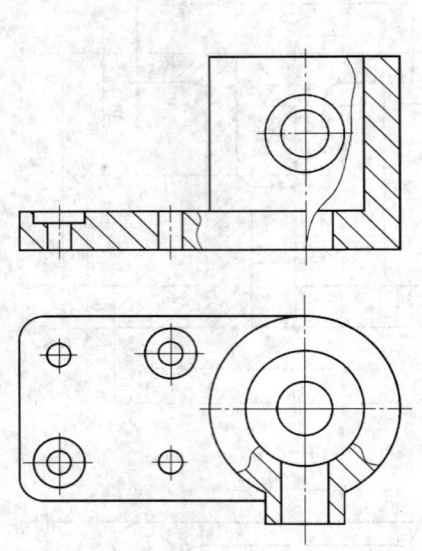
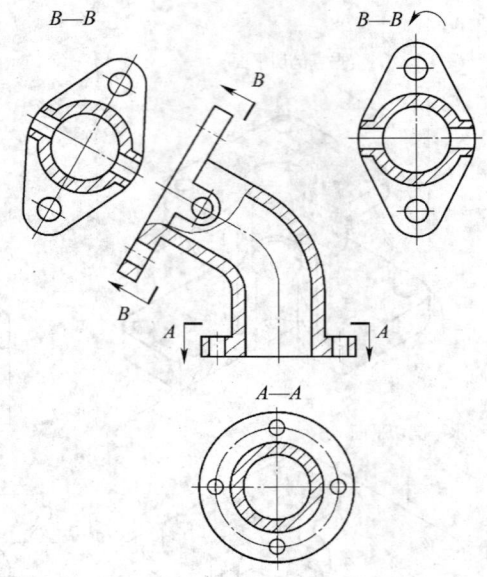

图2—15　局部剖视图　　　图2—16　用单一斜剖切面剖切的视图

（2）几个平行的剖切平面

用几个平行的剖切平面剖切时，剖切面的数量为两个以上（包含两个），位置与投影面平行。在剖切平面起、迄及转折处都应标注剖切符号及字母（若转折处地方有限，又不会引起误解时，允许不注字母），省略箭头的条件与全剖视图相同，如图2—17所示。当机件上具有几种不同的结构要素（如孔、槽等），而且它们的中心线排列在相互平行的平面上时，宜采取这种剖切方法。

（3）几个相交的剖切面

用几个相交的剖切面剖切时，剖切面的数量为两个以上（包含两个），既可以是平面，也可以是柱面，当剖切面为平面时，剖切平面的位置既有投影面平行面，又有投影面垂直面，且相邻两剖切面的交线垂直于某一投影面。它常用于表达盘盖类零件或具有公共旋转轴线的摇臂类零件的剖视图，如图2—18所示。

（4）各种剖切面的组合

为了充分表达出零件的结构及形状，可以采用几个空间平面组合成复合剖面对零件进行剖切，如图2—19所示。该零件的剖切是沿水平中轴面从左端（小端）开始的；剖切到大端后转而沿以大端中心为圆心的圆弧面继续剖切；到大端键槽的正上方以后又变成沿键槽中心平面的径向平面剖切；到达大端中心以后，最后沿水平中轴面从右端（大端）引出。这种剖切方式实际上是将几个平行的剖切平面和几个相交的剖切面进行了组合。

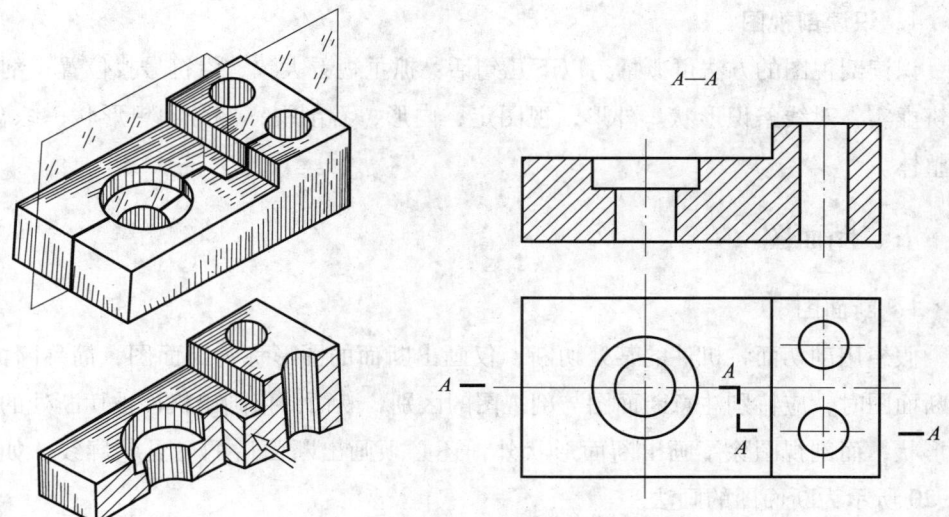

图2—17　用几个平行剖切平面剖切的全剖视图

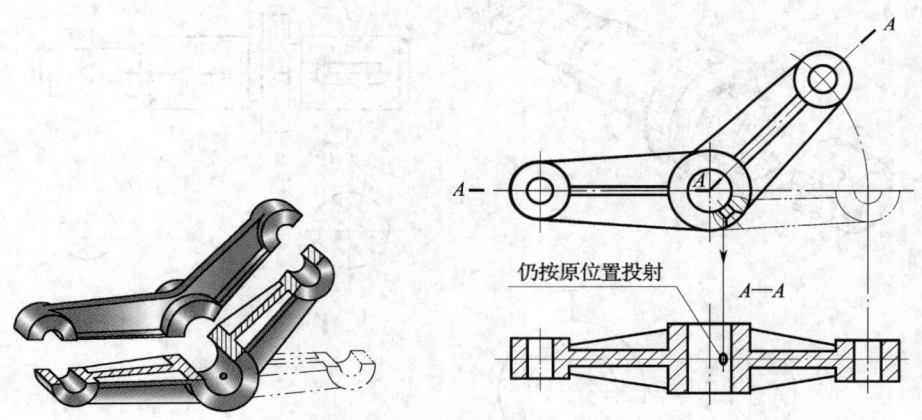

图2—18　用几个相交的剖切面剖切的全剖视图

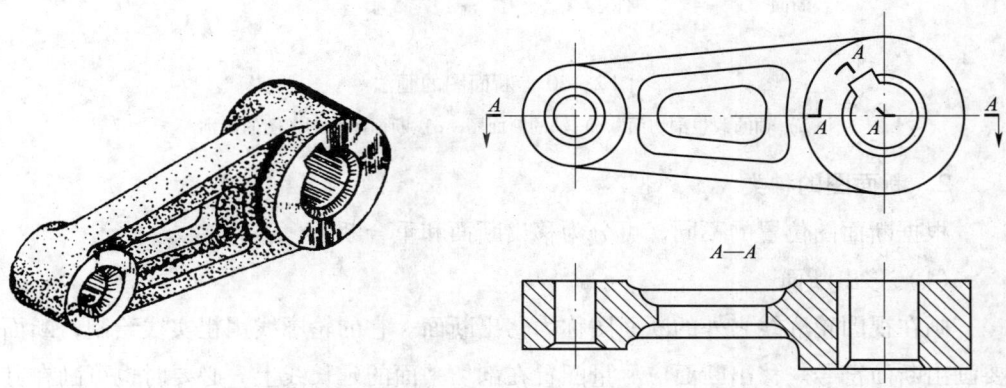

图2—19　用复合剖面剖切零件

4．识读剖视图

识读剖视图的方法可概括为以下几句话：抓主视看大致，沿符号找位置；剖面线辨虚实，对线条识形状。外形，视图定；内形，看剖视；部分，想形状；综合，识整体。

五、断面图

1．断面图

假想用剖切面将机件的某处切断，仅画出断面的图形称为断面图，简称断面。画断面图时，应特别注意断面图与剖视图的区别，断面图仅画出机件被切断处的断面形状；而剖视图除了画出断面形状外，还必须画出断面后的可见轮廓线。如图2—20 所示为断面图的画法。

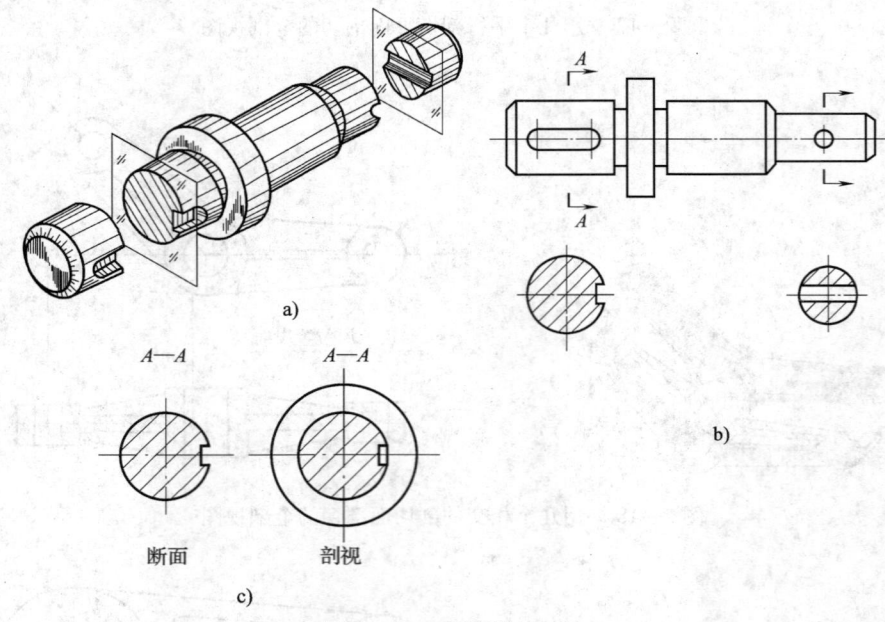

图 2—20　断面图的画法
a）轴的假想剖切面　b）轴的断面图　c）断面图和剖视图的区别

2．断面图的种类

根据断面图位置的不同，可分为移出断面和重合断面。

（1）移出断面

画在视图轮廓线之外的断面图称为移出断面。它的轮廓线用粗实线绘制，断面要画出断面符号。移出断面应尽量配置在剖切平面的延长线上，必要时也可画在其他位置。

(2)重合断面

画在视图轮廓线之内的断面称为重合断面,如图 2—21 所示。它的轮廓线用细实线绘制。当视图中的轮廓线与重合断面的图形重叠时,视图中的轮廓线仍应连续画出,不可间断。重合断面一般不必标注。但若为不对称图形时,须用箭头表示投影方向,如图 2—21 所示。

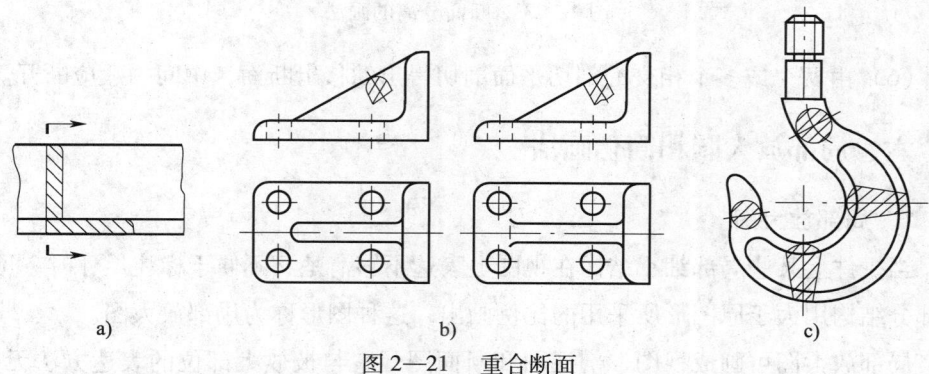

图 2—21 重合断面

a)不对称的重合断面须用箭头表示投影方向 b)肋的重合断面 c)吊钩的重合断面

3. 识读断面图的要点

识读断面图主要是指移出断面的识读,具体应注意以下几点:

(1)找剖切位置及字母,对应字母找断面图。

(2)画在剖切位置延长线上的对称移出断面可不必标注。

(3)画在剖切位置延长线上的不对称的移出断面必须用箭头表示投影方向。

(4)当剖切平面通过回转面形成的孔或凹坑的轴线时,其结构按剖视图要求绘制,如图 2—22 所示。

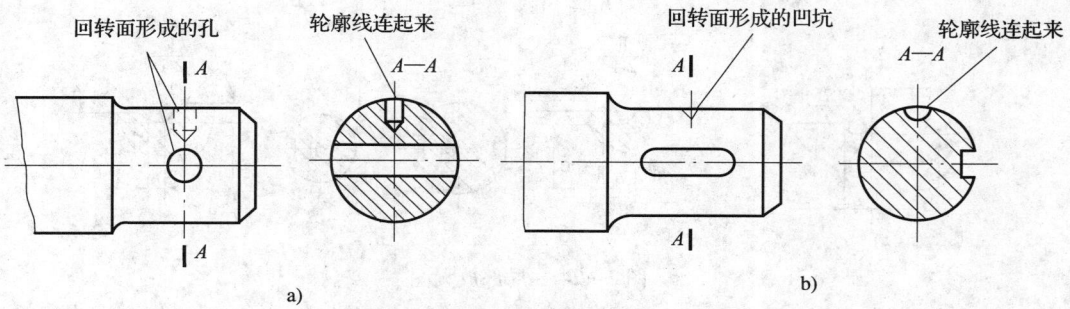

图 2—22 通过圆孔等回转面的轴线时断面的画法

a)通过圆孔轴线时断面的画法 b)通过凹坑轴线时断面的画法

(5)当剖切平面通过非圆孔,会导致出现完全分离的断面时,其结构也应按剖视图要求绘制,如图 2—23 所示。

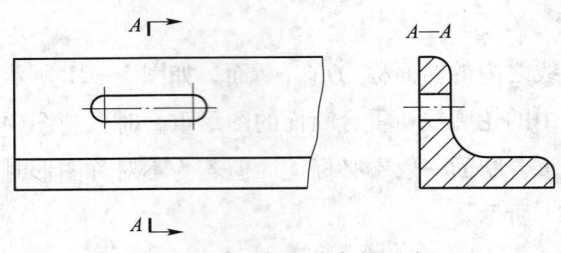

图 2—23　断面分离的画法

（6）由两个或多个相交的剖切平面剖切得出的移出断面，中间一般应断开。

六、局部放大图和简化画法

1. 局部放大图

当机件上某些局部细小结构在视图上表达不够清楚又不便于标注尺寸时，可将该部分结构用大于原图形所采用的比例画出，这种图形称为局部放大图。

局部放大图可画成视图、剖视图和断面图，它与被放大部位的表达方法无关。局部放大图应尽量配置在被放大部位的附近。

当机件上有几处被放大部位时，必须用罗马数字依次标明，并用细实线圆圈出，在相应的局部放大图上方标出相同数字和放大比例，如图 2—24b 所示；如果放大部位仅有一处，则不必标明数字，但必须标明放大比例，如图 2—24a 所示。

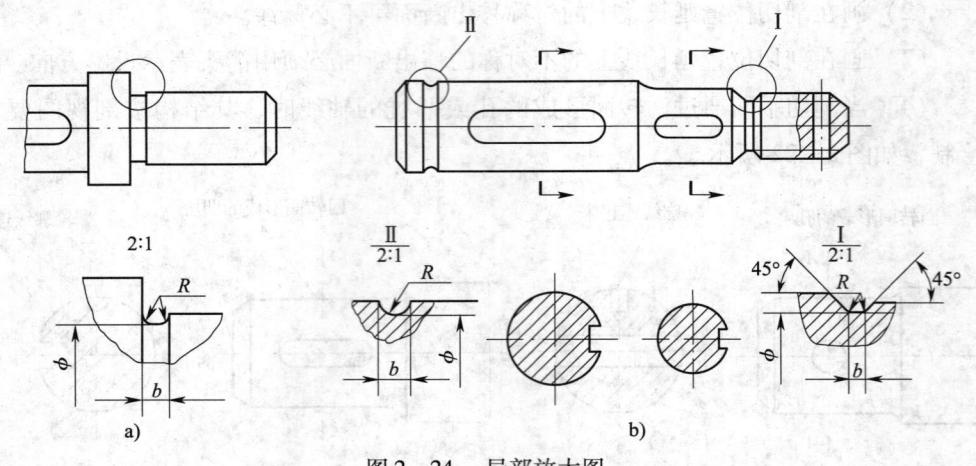

图 2—24　局部放大图

a) 一处放大图的标注　b) 多处放大图的标注

2. 简化画法

（1）对于机件上的肋、轮辐及薄壁等，如按纵向剖切，这些结构都不画剖面符号，而用粗实线将它们与其相邻结构分开。当零件回转体上均匀分布的肋、轮辐、孔等结构不处于剖切平面上时，可将这些结构旋转到剖切平面上画出。如图 2—25 所示为肋与轮辐的简化画法。

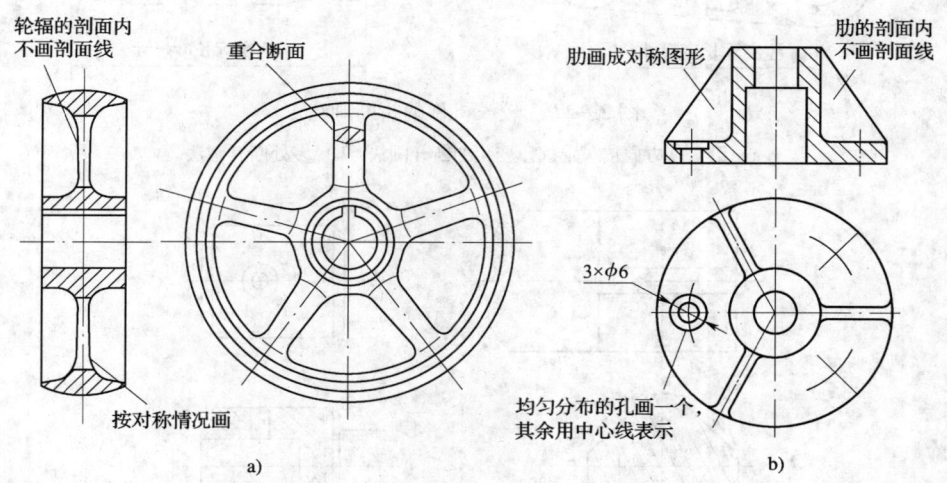

图 2—25　肋与轮辐的简化画法
a) 轮辐的简化画法　b) 肋的简化画法

（2）当机件上具有若干相同结构（如齿、槽、孔等），并按一定规律变化时，只需画出几个完整的结构，其余用细实线相连或标明中心位置，并标明总数，如图 2—26 所示为相同要素的简化画法。

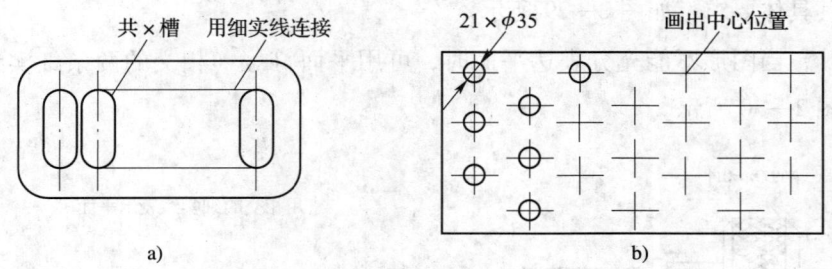

图 2—26　相同要素的简化画法
a) 多个槽的简化画法　b) 多个孔的简化画法

（3）较长的机件（如轴、杆、型材、连杆等）沿长度方向的形状一致或按一定规律变化时，可断开后缩短绘制，但必须按原来的实际长度标注尺寸，如图 2—27 所示为较长机件的折断画法。

（4）机件上较小的结构如在一个图形中已表达清楚时，其他图形可简化或省略，如图 2—28a 所示。在不至于引起误解时，图形中的相贯线允许简化，如用圆弧或直线代替非圆曲线，如图 2—28b 所示。

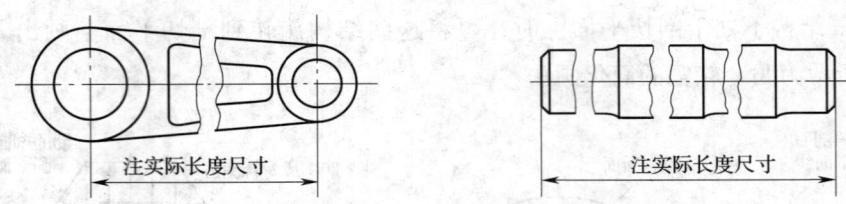

图2—27 较长机件的折断画法

a) 沿长度方向按一定规律变化的断开画法 b) 多处断开画法

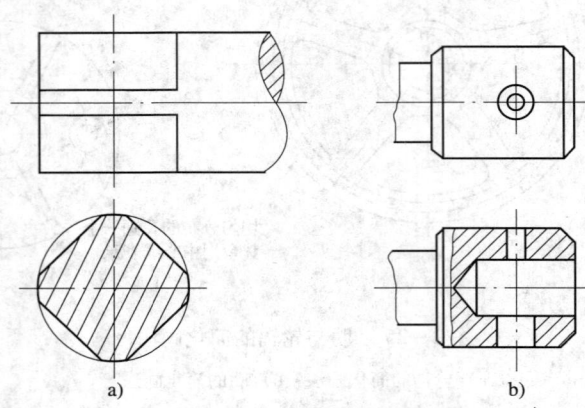

图2—28 较小结构的简化画法

a) 较小结构的省略 b) 相贯线的简化画法

（5）网状物、编织物或机件上的滚花部分可在轮廓线附近用粗实线示意画出，并标明其具体要求，如图2—29所示。

另外，当图形不能充分表达平面时，可用平面符号（相交的两条细实线）表示，如图2—30所示。

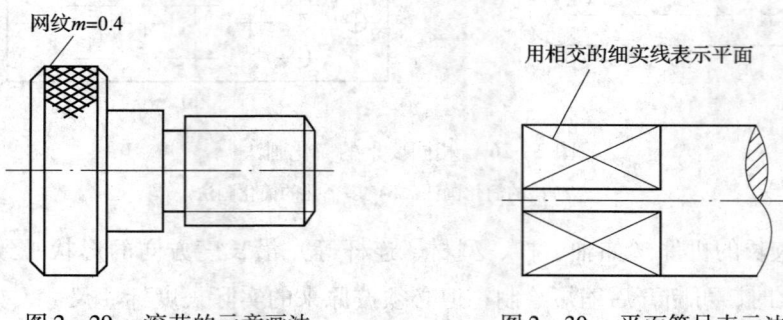

图2—29 滚花的示意画法　　图2—30 平面符号表示法

（6）在不至于引起误解时，对于对称机件的视图可以只画一半或1/4，并在对称中心线的两端画出两条与其垂直的平行细实线，如图2—31所示为对称机件的简化画法。

（7）在不至于引起误解时，零件图中的移出断面允许省略剖面符号，但剖切位置和断面图的标注必须按规定方法标出，如图2—32所示为移出断面的简化画法。

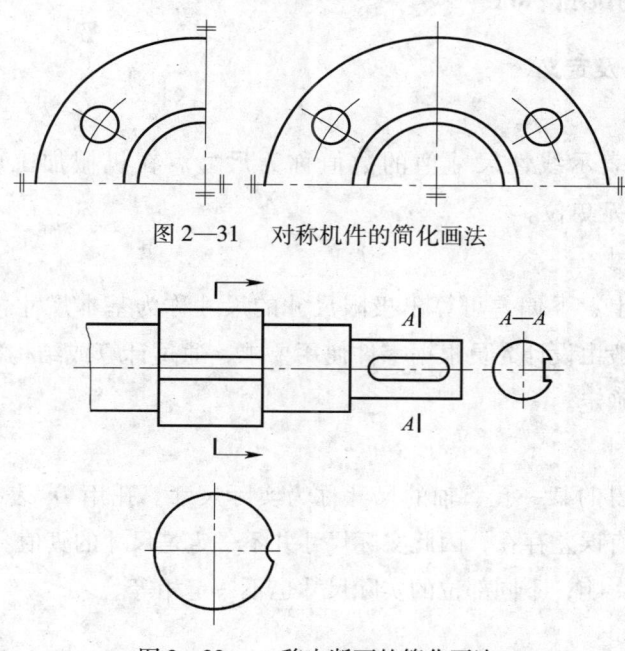

图2—31　对称机件的简化画法

图2—32　移出断面的简化画法

第四节　公差与配合的基本知识

一、基本概念

1. 互换性的概念

互换性是指在同一规格的一批零件或部件中，可以不经选择、修配或调整，任取其中一件进行装配，就能满足机械产品使用性能要求的一种特性。

2. 加工误差及公差

加工工件时，由于工艺系统误差和其他因素误差的影响，工件不可能做得绝对准确，总是有误差存在的。通常把零件加工后几何参数（尺寸、形状和位置）所产生的差异称为加工误差。它包括尺寸误差、形状误差、位置误差和表面粗糙度。要使零件具有互换性，就必须允许零件的几何参数有一个变动量，也就是允许加工误差有一个范围，这个允许的变动量称为公差。它包括尺寸公差、形状公差、位置公差。

二、公差与配合标准

1. 基本术语及定义

（1）尺寸

以特定单位表示线性尺寸值的数值称为尺寸。在机械加工中一般常用毫米（mm）作为特定单位。

（2）基本尺寸

通过它应用上、下偏差可算出极限尺寸的尺寸称为基本尺寸。孔用 D 表示，轴用 d 表示。一般由设计人员根据零件使用要求，通过计算或结构等方面的考虑，并按标准圆整后确定。

（3）实际尺寸

通过测量获得的某一孔、轴的尺寸称为实际尺寸。孔用 D_a 表示，轴用 d_a 表示。由于测量总有误差存在，因此实际尺寸并不一定是尺寸的真值。另外，由于零件的形状误差等影响，不同部位的实际尺寸也不一定相等。

（4）极限尺寸

一个孔或轴允许的尺寸的两个极端称为极限尺寸。其中孔或轴允许的最大尺寸称为最大极限尺寸，孔或轴允许的最小尺寸称为最小极限尺寸。

孔的最大和最小极限尺寸分别以 D_{max} 和 D_{min} 表示，轴的最大和最小极限尺寸分别以 d_{max} 和 d_{min} 表示。

合格零件的实际尺寸应在两个极限尺寸所限制的尺寸范围内，即实际尺寸小于或等于最大极限尺寸，大于或等于最小极限尺寸。孔的合格条件是：$D_{min} \leq D_a \leq D_{max}$；轴的合格条件是：$d_{min} \leq d_a \leq d_{max}$。

（5）尺寸偏差

某一尺寸（实际尺寸、极限尺寸等）减其基本尺寸所得的代数差称为尺寸偏差（简称偏差）。

1）实际偏差。实际尺寸减其基本尺寸所得的代数差称为实际偏差。

孔的实际偏差　　$E_a = D_a - D$

轴的实际偏差　　$e_a = d_a - d$

2）极限偏差。极限尺寸减其基本尺寸所得的代数差称为极限偏差。

上偏差是指最大极限尺寸减其基本尺寸所得的代数差。孔用 ES 表示，轴用 es 表示。

其计算公式为：

$$ES = D_{max} - D$$
$$es = d_{max} - d$$

下偏差是指最小极限尺寸减其基本尺寸所得的代数差。孔用 EI 表示，轴用 ei 表示。

其计算公式为：

$$EI = D_{min} - D$$
$$ei = d_{min} - d$$

(6) 尺寸公差

尺寸公差（简称公差）是指最大极限尺寸减最小极限尺寸之差，或上偏差减下偏差之差。它是允许尺寸的变动量。孔的公差用 T_h 表示，轴的公差用 T_s 表示。

其计算公式为：

$$T_h = D_{max} - D_{min} = ES - EI$$
$$T_s = d_{max} - d_{min} = es - ei$$

例1　某孔、轴分别按 $\phi30^{+0.033}_{0}$ mm 和 $\phi30^{-0.021}_{-0.041}$ mm 加工，试分别计算它们的基本尺寸、极限偏差、极限尺寸和公差。

解：对于 $\phi30^{+0.033}_{0}$ mm 的孔　　　　　　对于 $\phi30^{-0.021}_{-0.041}$ mm 的轴

$D = 30$ mm　　　　　　　　　　　　　$d = 30$

ES = +0.033 mm　　　　　　　　　　　es = -0.021 mm

EI = 0　　　　　　　　　　　　　　　　ei = -0.041 mm

$D_{max} = D + ES$　　　　　　　　　　　$d_{max} = d + es$

　　= 30 + 0.033　　　　　　　　　　　　= 30 + (-0.021)

　　= 30.033 mm　　　　　　　　　　　　= 29.979 mm

$D_{min} = D + EI$　　　　　　　　　　　$d_{min} = d + ei$

　　= 30 + 0　　　　　　　　　　　　　　= 30 + (-0.041)

　　= 30 mm　　　　　　　　　　　　　　= 29.959 mm

$T_h = ES - EI$　　　　　　　　　　　　$T_s = es - ei$

　　= +0.033 - 0　　　　　　　　　　　　= -0.021 - (-0.041)

　　= 0.033 mm　　　　　　　　　　　　　= 0.020 mm

(7) 公差带图

如图 2—33 所示，在公差带图中，公差带由代表上偏差和下偏差或最大极限尺寸和最小极限尺寸的两条直线所限定的一个区域表示。公差带图包括公差带的大小和公差带的位置两部分内容。公差带的大小由公差决定，公差带的位置由基本偏差决定。

2. 标准公差和基本偏差

（1）标准公差和公差等级

1）标准公差。国家标准已对公差值进行标准化，标准中所规定的任一公差称为标准公差。标准公差的数值是按一定公式计算出来的，代号是IT。实际工作中，标准公差用查表法确定。

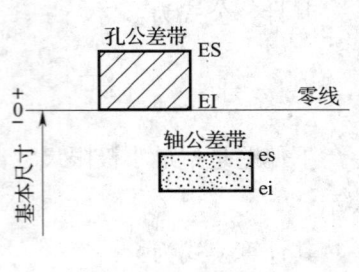

图2—33 公差带图

2）公差等级。公差等级是确定尺寸精确程度的等级。国家标准中将公差等级分为20级，各级标准公差的代号为IT01，IT0，IT1～IT18，其中IT01公差等级最高，IT18公差等级最低。其相应的标准公差值在基本尺寸相同的条件下，随公差等级的降低而依次增大。也就是说，公差等级高，公差值小；公差等级低，公差值大。另一方面，同一公差等级的孔和轴，随基本尺寸的不同，其标准公差值的大小也不同，尺寸小者公差值小，尺寸大者公差值大。总之，标准公差的数值与公差等级及基本尺寸有关，尺寸小于等于500 mm的标准公差数值见表2—3。

表2—3 尺寸小于等于500 mm的标准公差数值

基本尺寸(mm)	标准公差等级																			
	μm										mm									
	IT01	IT0	IT1	IT2	IT3	IT4	IT5	IT6	IT7	IT8	IT9	IT10	IT11	IT12	IT13	IT14	IT15	IT16	IT17	IT18
≤3	0.3	0.5	0.8	1.2	2	3	4	6	10	14	25	40	60	0.10	0.14	0.25	0.40	0.60	1.0	1.4
>3～6	0.4	0.6	1	1.5	2.5	4	5	8	12	18	30	48	75	0.12	0.18	0.30	0.48	0.75	1.2	1.8
>6～10	0.4	0.6	1	1.5	2.5	4	6	9	15	22	36	58	90	0.15	0.22	0.36	0.58	0.90	1.5	2.2
>10～18	0.5	0.8	1.2	2	3	5	8	11	18	27	43	70	110	0.18	0.27	0.43	0.70	1.10	1.8	2.7
>18～30	0.6	1	1.5	2.5	4	6	9	13	21	33	52	84	130	0.21	0.33	0.52	0.84	1.30	2.1	3.3
>30～50	0.6	1	1.5	2.5	4	7	11	16	25	39	62	100	160	0.25	0.39	0.62	1.00	1.60	2.5	3.9
>50～80	0.8	1.2	2	3	5	8	13	19	30	46	74	120	190	0.30	0.46	0.74	1.20	1.90	3.0	4.6
>80～120	1	1.5	2.5	4	6	10	15	22	35	54	87	140	220	0.35	0.54	0.87	1.40	2.20	3.5	5.4
>120～180	1.2	2	3.5	5	8	12	18	25	40	63	100	160	250	0.40	0.63	1.00	1.60	2.50	4.0	6.3
>180～250	2	3	4.5	7	10	14	20	29	46	72	115	185	290	0.46	0.72	1.15	1.85	2.90	4.6	7.2
>250～315	2.5	4	6	8	12	16	23	32	52	81	130	210	320	0.52	0.81	1.30	2.10	3.20	5.2	8.1
>315～400	3	5	7	9	13	18	25	36	57	89	140	230	360	0.57	0.89	1.40	2.30	3.60	5.7	8.9
>400～500	4	6	8	10	15	20	27	40	63	97	155	250	400	0.63	0.97	1.55	2.50	4.00	6.3	9.7

注：基本尺寸小于或等于1 mm时无IT14～IT18。

（2）公差等级的选择

选择公差等级的基本原则是：在满足使用要求的条件下，选择低的公差等级。公差等级一般用类比法选择，也就是参照生产实践的经验进行比较选择。公差等级的主要应用见表2—4，各种加工方法可达到的公差等级见表2—5。

表2—4　　　　　　　　　　　　公差等级的主要应用

应用场合			公差等级（IT）
			01　0　1　2　3　4　5　6　7　8　9　10　11　12　13　14　15　16　17　18
	量块		────
量规	高精度量规		────
	低精度量规		────
配合尺寸	个别特别重要的精度配合		──
	特别重要的精密配合	孔	────
		轴	────
	精密配合	孔	────
		轴	────
	中等精度配合	孔	────
		轴	────
	低精度配合		────
非配合尺寸、一般公差尺寸			──────────
原材料尺寸			────────

表2—5　　　　　　　　　　　　各种加工方法可达到的公差等级

加工方法	公差等级（IT）
	01　0　1　2　3　4　5　6　7　8　9　10　11　12　13　14　15　16
研磨	────────────
珩磨	────────
外圆磨削	────────
平面磨削	────────
金刚石车削	────────
金刚石镗削	────────
拉削	────────
铰孔	────────

续表

加工方法	公差等级（IT）																
	01	0	1	2	3	4	5	6	7	8	9	10	11	12	13	14	15	16
车削									─	─	─	─						
镗削									─	─	─	─						
铣削										─	─							
刨削、插削											─	─						
钻孔												─	─	─				
滚压、挤压												─	─					
冲压												─	─	─				
压铸													─	─	─			
粉末冶金成型								─	─									
粉末冶金烧结									─	─	─							
砂型铸造、气割																	─	
锻造																─		

（3）基本偏差

在国家标准的极限与配合制中，确定公差带相对零线位置的那个极限偏差称为基本偏差，它可以是上偏差或下偏差，基本偏差一般为靠近零线的那个偏差。

当公差带位于零线上方时，基本偏差为下偏差；当公差带位于零线下方时，基本偏差为上偏差，其示意图如图2—34所示。

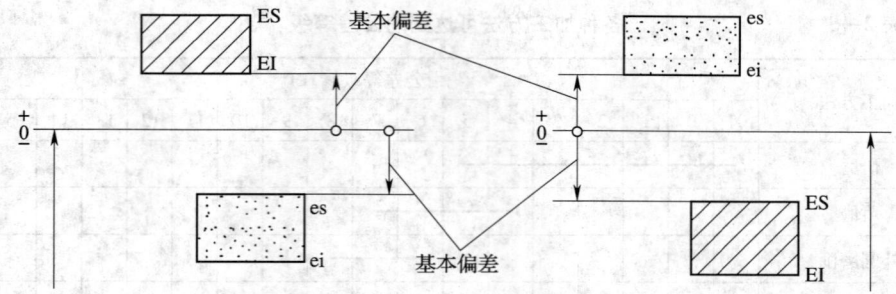

图2—34　基本偏差示意图

国家标准规定的基本偏差代号用拉丁字母表示，并按顺序排列，其中大写的拉丁字母表示孔的基本偏差代号，小写的拉丁字母表示轴的基本偏差代号。孔和轴各有28个基本偏差代号，其中JS和js为完全对称偏差。如图2—35所示为孔和轴的基本偏差系列。

国家标准中又列出轴的基本偏差数值和孔的基本偏差数值，其中轴的基本偏差数值（$d \leqslant 500$ mm）见表 2—6，孔的基本偏差数值（$D \leqslant 500$ mm）见表 2—7。根据基本尺寸、基本偏差代号和公差等级查表便可得到基本偏差值，另一个偏差值需要通过公式计算得到。

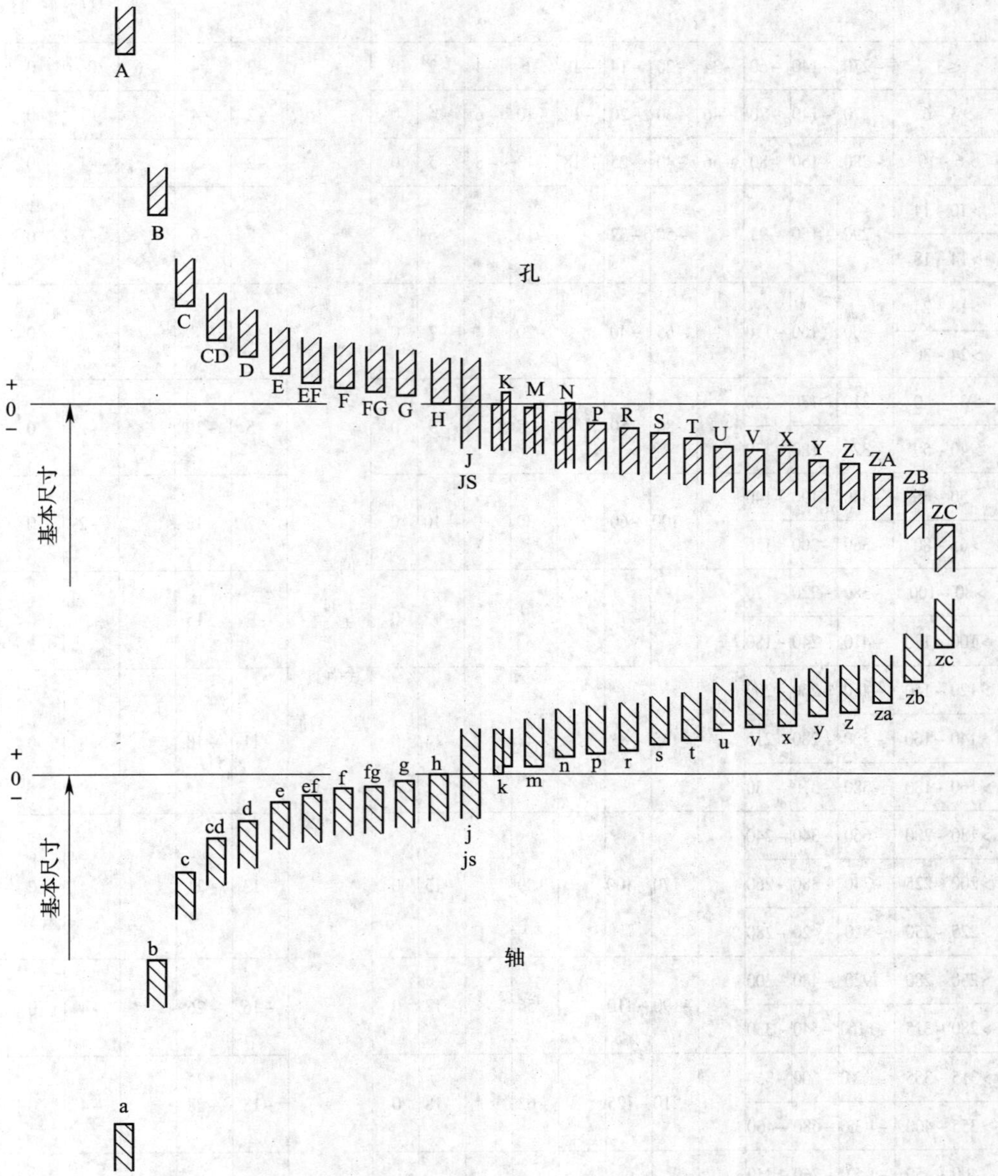

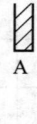

图 2—35　孔和轴的基本偏差系列

表 2—6　　　　　　　　　　轴的基本偏差数值（$d \leqslant 500$ mm）

基本尺寸 (mm)	基本偏差（μm）														
	上偏差 es										js	下偏差 ei			
	a	b	c	cd	d	e	ef	f	fg	g	h		j		k
	所有标准公差等级												IT5和IT6	IT7	IT8	IT4~IT7	≤IT3 / >IT7
≤3	-270	-140	-60	-34	-20	-14	-10	-6	-4	-2	0		-2	-4	-6	0	0
>3~6	-270	-140	-70	-46	-30	-20	-14	-10	-6	-4	0		-2	-4		+1	0
>6~10	-280	-150	-80	-56	-40	-25	-18	-13	-8	-5	0		-2	-5		+1	0
>10~14	-290	-150	-95		-50	-32		-16		-6	0		-3	-6		+1	0
>14~18	-290	-150	-95		-50	-32		-16		-6	0		-3	-6		+1	0
>18~24	-300	-160	-110		-65	-40		-20		-7	0		-4	-8		+2	0
>24~30	-300	-160	-110		-65	-40		-20		-7	0		-4	-8		+2	0
>30~40	-310	-170	-120		-80	-50		-25		-9	0		-5	-10		+2	0
>40~50	-320	-180	-130		-80	-50		-25		-9	0		-5	-10		+2	0
>50~65	-340	-190	-140		-100	-60		-30		-10	0		-7	-12		+2	0
>65~80	-360	-200	-150		-100	-60		-30		-10	0		-7	-12		+2	0
>80~100	-380	-220	-170		-120	-72		-36		-12	0	偏差= $\pm \dfrac{IT_n}{2}$，式中 IT_n 是 IT 数值	-9	-15		+3	0
>100~120	-410	-240	-180		-120	-72		-36		-12	0		-9	-15		+3	0
>120~140	-460	-260	-200		-145	-85		-43		-14	0		-11	-18		+3	0
>140~160	-520	-280	-210		-145	-85		-43		-14	0		-11	-18		+3	0
>160~180	-580	-310	-230		-145	-85		-43		-14	0		-11	-18		+3	0
>180~200	-660	-340	-240		-170	-100		-50		-15	0		-13	-21		+4	0
>200~225	-740	-380	-260		-170	-100		-50		-15	0		-13	-21		+4	0
>225~250	-820	-420	-280		-170	-100		-50		-15	0		-13	-21		+4	0
>250~280	-920	-480	-300		-190	-110		-56		-17	0		-16	-26		+4	0
>280~315	-1 050	-540	-330		-190	-110		-56		-17	0		-16	-26		+4	0
>315~355	-1 200	-600	-360		-210	-125		-62		-18	0		-18	-28		+4	0
>355~400	-1 350	-680	-400		-210	-125		-62		-18	0		-18	-28		+4	0
>400~450	-1 500	-760	-440		-230	-135		-68		-20	0		-20	-32		+5	0
>450~500	-1 650	-840	-480		-230	-135		-68		-20	0		-20	-32		+5	0

续表

基本尺寸（mm）	基本偏差（μm） 下偏差 ei 所有标准公差等级											
	m	n	p	r	s	t	u	v	x	y	z	za	zb	zc
≤3	+2	+4	+6	+10	+14		+18		+20		+26	+32	+40	+60
>3~6	+4	+8	+12	+15	+19		+23		+28		+35	+42	+50	+80
>6~10	+6	+10	+15	+19	+23		+28		+34		+42	+52	+67	+97
>10~14	+7	+12	+18	+23	+28		+33		+40		+50	+64	+90	+130
>14~18	+7	+12	+18	+23	+28		+33	+39	+45		+60	+77	+108	+150
>18~24	+8	+15	+22	+28	+35		+41	+47	+54	+63	+73	+98	+136	+188
>24~30	+8	+15	+22	+28	+35	+41	+48	+55	+64	+75	+88	+118	+160	+218
>30~40	+9	+17	+26	+34	+43	+48	+60	+68	+80	+94	+112	+148	+200	+274
>40~50	+9	+17	+26	+34	+43	+54	+70	+81	+97	+114	+136	+180	+242	+325
>50~65	+11	+20	+32	+41	+53	+66	+87	+102	+122	+144	+172	+226	+300	+405
>65~80	+11	+20	+32	+43	+59	+75	+102	+120	+146	+174	+210	+274	+360	+480
>80~100	+13	+23	+37	+51	+71	+91	+124	+146	+178	+214	+258	+335	+445	+585
>100~120	+13	+23	+37	+54	+79	+104	+144	+172	+210	+254	+310	+400	+525	+690
>120~140	+15	+27	+43	+63	+92	+122	+170	+202	+248	+300	+365	+470	+620	+800
>140~160	+15	+27	+43	+65	+100	+134	+190	+228	+280	+340	+415	+535	+700	+900
>160~180	+15	+27	+43	+68	+108	+146	+210	+252	+310	+380	+465	+600	+780	+1 000
>180~200	+17	+31	+50	+77	+122	+166	+236	+284	+350	+425	+520	+670	+880	+1 150
>200~225	+17	+31	+50	+80	+130	+180	+258	+310	+385	+470	+575	+740	+960	+1 250
>225~250	+17	+31	+50	+84	+140	+196	+284	+340	+425	+520	+640	+820	+1 050	+1 350
>250~280	+20	+34	+56	+94	+158	+218	+315	+385	+475	+580	+710	+920	+1 200	+1 550
>280~315	+20	+34	+56	+98	+170	+240	+350	+425	+525	+650	+790	+1 000	+1 300	+1 700
>315~355	+21	+37	+62	+108	+190	+268	+390	+475	+590	+730	+900	+1 150	+1 500	+1 900
>355~400	+21	+37	+62	+114	+208	+294	+435	+530	+660	+820	+1 000	+1 300	+1 650	+2 100
>400~450	+23	+40	+68	+126	+232	+330	+490	+595	+740	+920	+1 100	+1 450	+1 850	+2 400
>450~500	+23	+40	+68	+132	+252	+360	+540	+660	+820	+1 000	+1 250	+1 600	+2 100	+2 600

注：1. 基本尺寸小于 1 mm 时，基本偏差 a 和 b 均不采用。

2. 公差带 js7~js11，若 IT_n 的数值是奇数，则取 $js = \pm \dfrac{IT_n - 1}{2}$。

表 2—7　　　　　　　　　　孔的基本偏差数值（$D \leqslant 500$ mm）

基本尺寸(mm)	基本偏差数值（μm）															
	下偏差 EI										上偏差 ES					
	所有标准公差等级										IT6	IT7	IT8	≤IT8	>IT8	≤IT8	>IT8	≤IT8	>IT8
	A	B	C	CD	D	E	EF	F	FC	G	H	JS	J			K	M		N
≤3	+270	+140	+60	+34	+20	+14	+10	+6	+4	+2	0		+2	+4	+6	0	0	−2	−2	−4	−4
>3~6	+270	+140	+70	+46	+30	+20	+14	+10	+6	+4	0		+5	+6	+10	−1+Δ		−4+Δ	−4	−8+Δ	0
>6~10	+280	+150	+80	+56	+40	+25	+18	+13	+8	+5	0		+5	+8	+12	−1+Δ		−6+Δ	−6	−10+Δ	0
>10~14	+290	+150	+95		+50	+32		+16		+6	0		+6	+10	+15	−1+Δ		−7+Δ	−7	−12+Δ	0
>14~18	+290	+150	+95		+50	+32		+16		+6	0		+6	+10	+15	−1+Δ		−7+Δ	−7	−12+Δ	0
>18~24	+300	+160	+110		+65	+40		+20		+7	0		+8	+12	+20	−2+Δ		−8+Δ	−8	−15+Δ	0
>24~30	+300	+160	+110		+65	+40		+20		+7	0		+8	+12	+20	−2+Δ		−8+Δ	−8	−15+Δ	0
>30~40	+310	+170	+120		+80	+50		+25		+9	0	偏差 $= \pm \dfrac{IT_n}{2}$，式中 IT_n 是 IT 数值	+10	+14	+24	−2+Δ		−9+Δ	−9	−17+Δ	0
>40~50	+320	+180	+130		+80	+50		+25		+9	0		+10	+14	+24	−2+Δ		−9+Δ	−9	−17+Δ	0
>50~65	+340	+190	+140		+100	+60		+30		+10	0		+13	+18	+28	−2+Δ		−11+Δ	−11	−20+Δ	0
>65~80	+360	+200	+150		+100	+60		+30		+10	0		+13	+18	+28	−2+Δ		−11+Δ	−11	−20+Δ	0
>80~100	+380	+220	+170		+120	+72		+36		+12	0		+16	+22	+34	−3+Δ		−13+Δ	−13	−23+Δ	0
>100~120	+410	+240	+180		+120	+72		+36		+12	0		+16	+22	+34	−3+Δ		−13+Δ	−13	−23+Δ	0
>120~140	+460	+260	+200		+145	+85		+43		+14	0		+18	+26	+41	−3+Δ		−15+Δ	−15	−27+Δ	0
>140~160	+520	+280	+210		+145	+85		+43		+14	0		+18	+26	+41	−3+Δ		−15+Δ	−15	−27+Δ	0
>160~180	+580	+310	+230		+145	+85		+43		+14	0		+18	+26	+41	−3+Δ		−15+Δ	−15	−27+Δ	0
>180~200	+660	+340	+240		+170	+100		+50		+15	0		+22	+30	+47	−4+Δ		−17+Δ	−17	−31+Δ	0
>200~225	+740	+380	+260		+170	+100		+50		+15	0		+22	+30	+47	−4+Δ		−17+Δ	−17	−31+Δ	0
>225~250	+820	+420	+280		+170	+100		+50		+15	0		+22	+30	+47	−4+Δ		−17+Δ	−17	−31+Δ	0
>250~280	+920	+480	+300		+190	+110		+56		+17	0		+25	+36	+55	−4+Δ		−20+Δ	−20	−34+Δ	0
>280~315	+1 050	+540	+330		+190	+110		+56		+17	0		+25	+36	+55	−4+Δ		−20+Δ	−20	−34+Δ	0
>315~355	+1 200	+600	+360		+210	+125		+62		+18	0		+29	+39	+60	−4+Δ		−21+Δ	−21	−37+Δ	0
>355~400	+1 350	+680	+400		+210	+125		+62		+18	0		+29	+39	+60	−4+Δ		−21+Δ	−21	−37+Δ	0
>400~450	+1 500	+760	+440		+230	+135		+68		+20	0		+33	+43	+66	−5+Δ		−23+Δ	−23	−40+Δ	0
>450~500	+1 650	+840	+480		+230	+135		+68		+20	0		+33	+43	+66	−5+Δ		−23+Δ	−23	−40+Δ	0

续表

基本尺寸 (mm)	基本偏差数值（μm） 上偏差 ES 标准公差等级大于 IT7												Δ值（μm） 标准公差等级					
	P~ZC	P	R	S	T	U	V	X	Y	Z	ZA	ZB	ZC	IT3	IT4	IT5	IT6	IT7	IT8
≤3		-6	-10	-14		-18		-20		-26	-32	-40	-60	0	0	0	0	0	0
>3~6		-12	-15	-19		-23		-28		-35	-42	-50	-80	1	1.5	1	3	4	6
>6~10		-15	-19	-23		-28		-34		-42	-52	-67	-97	1	1.5	2	3	6	7
>10~14		-18	-23	-28		-33		-40		-50	-64	-90	-130	1	2	3	3	7	9
>14~18							-39	-45		-60	-77	-108	-150						
>18~24		-22	-28	-35		-41	-47	-54	-63	-73	-98	-136	-188	1.5	2	3	4	8	12
>24~30					-41	-48	-55	-64	-75	-88	-118	-160	-218						
>30~40	在大于 IT7 的相应数值上增加一个 Δ 值	-26	-34	-43	-48	-60	-68	-80	-94	-112	-148	-200	-274	1.5	3	4	5	9	14
>40~50					-54	-70	-81	-95	-114	-136	-180	-242	-325						
>50~65		-32	-41	-53	-66	-87	-102	-122	-144	-172	-226	-300	-405	2	3	5	6	11	16
>65~80			-43	-59	-75	-102	-120	-146	-174	-210	-274	-360	-480						
>80~100		-37	-51	-71	-91	-124	-146	-178	-214	-258	-335	-445	-585	2	4	5	7	13	19
>100~120			-54	-79	-104	-144	-172	-210	-254	-310	-400	-525	-690						
>120~140			-63	-92	-122	-170	-202	-248	-300	-365	-470	-620	-800						
>140~160		-43	-65	-100	-134	-190	-228	-280	-340	-415	-535	-700	-900	3	4	6	7	15	23
>160~180			-68	-108	-146	-210	-252	-310	-380	-465	-600	-780	-1 000						
>180~200			-77	-122	-166	-236	-284	-350	-425	-520	-670	-880	-1 150						
>200~225		-50	-80	-130	-180	-258	-310	-385	-470	-575	-740	-960	-1 250	3	4	6	9	17	26
>225~250			-84	-140	-196	-284	-340	-425	-520	-640	-820	-1 050	-1 350						
>250~280			-94	-158	-218	-315	-385	-475	-580	-710	-920	-1 200	-1 550						
>280~315		-56	-98	-170	-240	-350	-425	-525	-650	-790	-1 000	-1 300	-1 700	4	4	7	9	20	29
>315~355			-108	-190	-268	-390	-475	-590	-730	-900	-1 150	-1 500	-1 900						
>355~400		-62	-114	-208	-294	-435	-530	-660	-820	-1 000	-1 300	-1 650	-2 100	4	5	7	11	21	32
>400~450			-126	-232	-330	-490	-595	-740	-920	-1 100	-1 450	-1 850	-2 400						
>450~500		-68	-132	-252	-360	-540	-660	-820	-1 000	-1 250	-1 600	-2 100	-2 600	5	5	7	13	23	34

注：1. 基本尺寸小于或等于 1 mm 时，基本偏差 A 和 B 及大于 IT8 的 N 均不采用。

2. 公差带 JS7~JS11，若 IT 的数值是奇数，则取 $JS = \pm \dfrac{IT_n - 1}{2}$。

3. 对小于或等于 IT8 的 K，M，N 和小于或等于 IT7 的 P 至 ZC，所需 Δ 值从表内右侧选取。例如，18~30 mm 段的 K7：Δ = 8 μm，所以 ES = -2 + 8 = +6 μm，18~30 mm 段的 S6：Δ = 4 μm，所以 ES = -35 + 4 = -31 μm。

4. 特殊情况：250~315 mm 段的 M6，ES = -9 μm（代替 -11 μm）。

3. 公差带

(1) 公差带代号

孔、轴的公差带代号由基本偏差代号和公差等级代号组成。例如，H8，F8，K7，P7 等为孔的公差带代号；h7，f7，k6，p6 等为轴的公差带代号，如指某一确定基本尺寸的公差带，则基本尺寸标在公差带代号之前。示例如下：

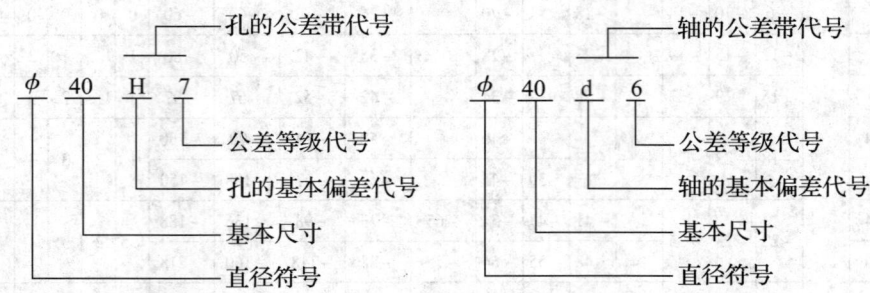

(2) 尺寸偏差的计算

在图 2—35 所示的孔和轴的基本偏差系列中，只画公差带属于基本偏差一端的极限偏差，而另一端开口处的极限偏差则由公差等级来决定。

在实际应用中，先根据基本尺寸查表得到孔或轴的基本偏差值，然后再查表得出标准公差值，再用计算公式计算出另一个极限偏差。

如果基本偏差是上偏差，那么另一个极限偏差就是下偏差，其计算公式为：

下偏差 = 上偏差 − 标准公差

如果基本偏差是下偏差，那么另一个极限偏差就是上偏差，其计算公式为：

上偏差 = 下偏差 + 标准公差

例 2 确定 $\phi 70F8$ 的上偏差和下偏差。

解：先由表 2—7 查出孔的下偏差 $EI = +0.030$ mm，再由表 2—3 查出 $IT8 = 0.046$ mm，然后根据公式计算可得：

$$ES = EI + IT = +0.030 + 0.046 = +0.076 \text{ mm}$$

所以 $\phi 70F8 = \phi 70^{+0.076}_{+0.030}$ mm。

例 3 确定 $\phi 32g6$ 的上偏差和下偏差。

解：先由表 2—6 查出轴的上偏差 $es = -0.009$ mm，再由表 2—3 查出 $IT6 = 0.016$ mm，然后根据公式计算可得：

$$ei = es - IT = -0.009 - 0.016 = -0.025 \text{ mm}$$

所以 $\phi 32g6 = \phi 32^{-0.009}_{-0.025}$ mm。

4．配合制

为了以尽可能少的标准公差带形成多种配合，国家标准规定了两种配合制度，即基孔制和基轴制。

（1）基孔制配合

基孔制配合是指基本偏差为一定的孔的公差带与不同基本偏差的轴的公差带形成各种配合的一种制度，如图2—36a所示。

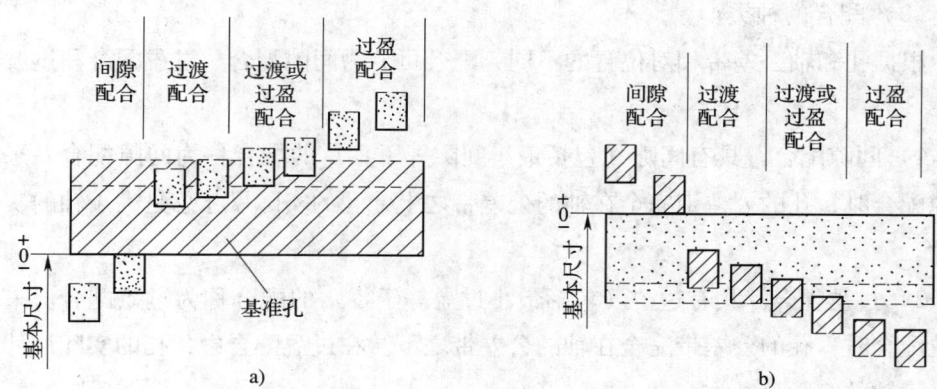

图2—36　基准制配合公差带图
a）基孔制配合　b）基轴制配合

基孔制的特点是：基孔制中的孔称为基准孔，用 H 表示；基准孔的公差带位于零线的上方，其下偏差为零；基准孔的最小极限尺寸等于基本尺寸。

（2）基轴制配合

基轴制配合是指基本偏差为一定的轴的公差带与不同基本偏差的孔的公差带形成各种配合的一种制度，如图2—36b所示。

基轴制的特点是：基轴制中的轴称为基准轴，用 h 表示；基准轴的公差带位于零线的下方，其上偏差为零；基准轴的最大极限尺寸等于基本尺寸。

（3）基准制的选择原则

1）优先选用基孔制。采用基孔制可以减少定值刀具、量具的规格数目，有利于刀具、量具的标准化、系列化，因而经济性好，使用方便。

2）有明显经济效益时选用基轴制。用冷拉钢材制作轴时，当其本身精度（可达 IT8 级）已能满足设计要求，而且无须再加工时，则可选用基轴制。

3）根据标准件选择基准制。当设计的零件与标准件相配合时，基准制的选择应依标准件而定。例如，与滚动轴承内圈相配合的轴应选用基孔制，而与滚动轴承外圈相配合的孔应选用基轴制。

4）特殊情况下可采用混合配合。为了满足配合的特殊要求，允许采用任意孔、轴公差带组成配合。

5．配合及其类别

（1）配合的定义

基本尺寸相同的相互结合的孔和轴公差带之间的关系称为配合。值得注意的是，基本尺寸相同是配合的前提。

（2）配合的种类

根据孔和轴公差带相对位置的不同，配合可分为间隙配合、过盈配合和过渡配合。

1）间隙配合。具有间隙（包括最小间隙等于零）的配合称为间隙配合。采用间隙配合时，孔的公差带完全在轴的公差带之上，孔的实际尺寸总是大于轴的实际尺寸。

2）过盈配合。具有过盈（包括最小过盈等于零）的配合称为过盈配合。采用过盈配合时，孔的公差带完全在轴的公差带之下。在过盈配合中，孔的实际尺寸总是小于轴的实际尺寸。

3）过渡配合。可能具有间隙或过盈的配合称为过渡配合。此时，孔的公差带与轴的公差带相互交叠。过渡配合的定心精度比间隙配合高，而装配又比过盈配合容易。

（3）配合代号

配合代号在图样上的表示是由孔和轴公差带的代号组成的，写成分数形式，如 $\phi50\dfrac{H7}{g6}$ 或 $\phi50H7/g6$，其中分子为孔的公差带代号，分母为轴的公差带代号。

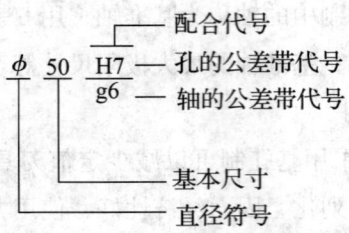

6．线性尺寸的未注公差

未注公差尺寸是指图样上只标注基本尺寸，而不标注极限偏差，也称非配合尺寸。但未注公差的尺寸并不是没有公差。国家标准《一般公差 未注公差的线性和角度尺寸的公差》（GB/T 1804—2000）对此专门做了说明。当零件上的要素采用一般公差时，在图样上不单独注出公差，而是在图样上、技术文件或标准中做出总的说明。GB/T 1804—2000 规定的极限偏差适合于非配合尺寸。对线性尺寸的一般公差规定了 4 个等级，即精密 f、中等 m、粗糙 c 和最粗 v。其中精密 f 最高，逐渐降低，最粗 v 最低。线性尺寸的极限偏差数值见表 2—8。

表 2—8　　　　　　　　线性尺寸的极限偏差数值　　　　　　　　　　　　mm

公差等级	尺寸分段							
	0.5~3	>3~6	>6~30	>30~120	>120~400	>400~1 000	>1 000~2 000	>2 000~4 000
精密 f	±0.05	±0.05	±0.1	±0.15	±0.2	±0.3	±0.5±	—
中等 m	±0.1	±0.1	±0.2	±0.3	±0.5	±0.8	±1.2	±2
粗糙 c	+0.2	±0.3	±0.5	±0.8	±1.2	±2	±3	±4
最粗 v	—	±0.5	±1	±1.5	±2.5	±4	±6	±8

未注公差尺寸的应用范围包括：线性尺寸（如外尺寸、内尺寸等）；角度尺寸，包括通常不注出角度值的角度尺寸；机加工组装件的线性和角度尺寸。

三、公差与配合代号的识别

1. 公差带代号的识别

识读孔、轴公差带代号的主要内容如下：

（1）基本尺寸是多少，如 $\phi30H7$ 的基本尺寸为 30 mm。

（2）公差带代号是代表孔还是代表轴，代号中用大写字母表示的为孔，如 $\phi30H7$ 和 $\phi50F8$ 等；用小写字母表示的为轴，如 $\phi30g6$ 和 $\phi40h7$ 等。

（3）公差等级是多少，如 $\phi30H7$ 的公差等级为 IT7 级。

（4）基本偏差是多少，如 $\phi30H7$ 的基本偏差为 H7。

2. 配合代号的识别

识读孔、轴配合代号的主要内容如下：

（1）基本尺寸是多少。

（2）采用哪种基准制（基孔制、基轴制）。凡是配合代号中分子是 H 的就是基孔制，如 $\phi50\dfrac{H7}{g6}$ 和 $\phi40\dfrac{H8}{f7}$ 等；凡是配合代号中分母是 h 的就是基轴制，如 $\phi50\dfrac{K7}{h6}$ 和 $\phi40\dfrac{F8}{h7}$ 等。如果配合代号中分子是 H、分母是 h，此时配合代号可解释为基孔制、基轴制或基准件配合，如 $\phi50\dfrac{H7}{h6}$。如果配合代号中分子没有 H，分母也没有 h，称为无基准件配合或混合配合，如 $\phi 50 \dfrac{K7}{f6}$。

（3）采用的配合类型是什么（间隙配合、过渡配合或过盈配合），当配合件与基准件配合时，大致可归纳为以下几点：

1) a～h（A～H）任意公差等级均为间隙配合，如 $\phi 50 \dfrac{H7}{g6}$ 和 $\phi 40 \dfrac{H8}{f7}$ 等。

2) j～n（J～N）为过渡配合，如 $\phi 30 \dfrac{H8}{m7}$ 等。

3) p～zc（P～ZC）为过盈配合，如 $\phi 40 \dfrac{P7}{h6}$ 等。

四、公差与配合的标注

1. 零件图上的标注方法

（1）极限偏差标注法

极限偏差标注法在企业实际生产过程中的图样上常见，如 $\phi 30^{+0.021}_{\ 0}$ mm 和 $\phi 30^{+0.028}_{+0.007}$ mm 等。当偏差不为零时，必须标注正负号，如图 2—37a 所示。

（2）公差带代号标注法

公差带代号标注法一般采用专用量具（如塞规、环规等）检验，以适应大批量生产的需要，因此不标注偏差数值，如 $\phi 30H7$ 和 $\phi 30G7$ 等，如图 2—37b 所示。

（3）公差带代号和极限偏差同时标注法

公差带代号和极限偏差同时标注法一般适用于产量不定的情况，它既便于用专用量具检验，又便于用通用量具检验，这时的极限偏差应加上圆括号，如 $\phi 30H7$ ($^{+0.021}_{\ 0}$) 等，如图 2—37c 所示。

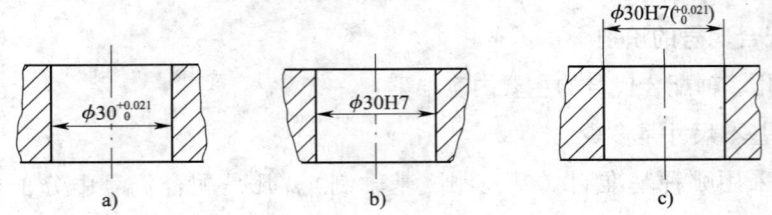

图 2—37 零件图上的标注方法
a) 极限偏差标注法 b) 公差带代号标注法 c) 公差带代号和极限偏差同时标注法

2. 装配图上的标注方法

在装配图中标注配合代号时，必须在基本尺寸的右边用分数的形式将其注出，分子为孔的公差带代号,分母为轴的公差带代号,如图 2—38 所示。在配合代号中,只要出现"H"时就是基孔制配合,出现"h"时就是基轴制配合。图 2—38a,c 所示为基孔制标注法,图 2—38b 所示为基轴制标注法。

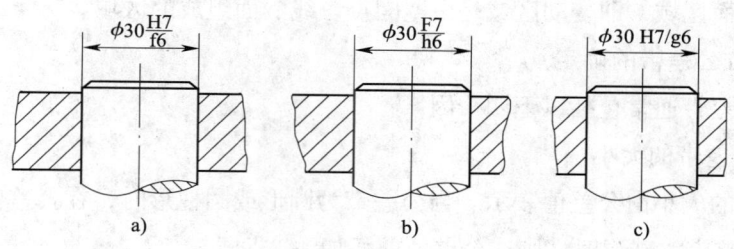

图 2—38 装配图上的标注方法
a) 基孔制标注法 b) 基轴制标注法 c) 斜线标注法

第五节 形状和位置公差

一、形位公差各项目的意义

1. 形位公差种类

国家标准规定了 14 项形位公差,见表 2—9,其中形状公差包括四个项目,形状公差或位置公差包括两个项目,位置公差包括三种八个项目。

表 2—9　　　　　　　　　形位公差项目

分类	项目	符号	分类		项目	符号
形状公差	直线度	—	位置公差	定向	平行度	∥
	平面度	▱			垂直度	⊥
	圆度	○			倾斜度	∠
	圆柱度	⌭		定位	同轴度	◎
形状公差或位置公差	线轮廓度	⌒			对称度	≡
					位置度	⊕
	面轮廓度	⌓		跳动	圆跳动	↗
					全跳动	↗↗

形位公差是形状公差和位置公差的统称。与尺寸公差带一样,形位公差带是限制形位误差变动的区域,构成零件形状的点、线、面必须处于公差带的区域内。所不同的是,尺寸公差是一个平面区域,而形位公差通常是一个空间区域,有时也可能是一个平面区域,即变动区域是由空间点、线、面组成的区域。

2. 形位公差带的确定

形位公差带通常包括以下四个因素:

(1) 公差带的大小

公差带的大小由公差值表示。当公差带为圆形或圆柱形时,在公差值前面加注"ϕ";当公差带为球形时,则在公差值前面加注"$S\phi$"。

(2) 公差带的形状

公差带的形状由被测要素的特征和设计要求决定,它共有 9 种形式,如图 2—39 所示。

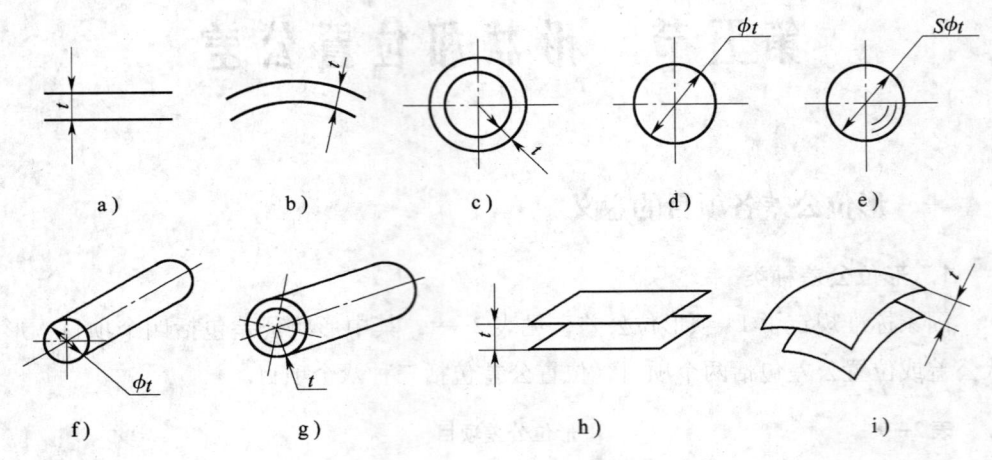

图 2—39 公差带的形状
a) 两平行直线 b) 两等距曲线 c) 两同心圆 d) 一个圆 e) 一个球
f) 一个圆柱 g) 两同轴圆柱 h) 两平行平面 i) 两等距曲面

(3) 公差带的方向

公差带的宽度方向就是给定方向或垂直于被测要素的方向。

二、形位公差的标注

国家标准规定,在技术图样上形位公差采用代号标注。当无法用代号标注时,也允许在技术要求中用相应的文字说明。

1. 形位公差代号的组成

形位公差代号包括形位公差特征项目的符号、形位公差框格和指引线、形位公差数值以及其他有关符号、基准符号。

如图2—40所示，形位公差框格由两格或多格组成。在图样中，框格一律水平放置。框格中从左到右依次填写的内容是：第一格为形位公差特征项目的符号；第二格为形位公差数值和有关符号；第三格以后为基准符号的字母和有关符号。形位公差数值为线性值，若公差带为圆形或圆柱形，则在公差值前加注"φ"；若为球形，则加注"Sφ"。

| // | 0.1 | A |

| ⊕ | φ0.1 | A | C | B |

图2—40　形位公差框格

2. 形位公差的标注方法

（1）被测要素的标注方法

标注被测要素时，用指引线把公差框格与有关的被测要素联系起来，指引线引出端必须与框格垂直。它可以从框格的左端或右端引出，用箭头引向被测要素时必须注意：当被测要素是轮廓或表面时，箭头要指向被测要素的轮廓线或轮廓线的延长线上，同时必须与尺寸线明显地错开；当被测要素是中心要素（如轴线、中心平面等）时，箭头的指引线应与尺寸线的延长线重合，如图2—41所示。

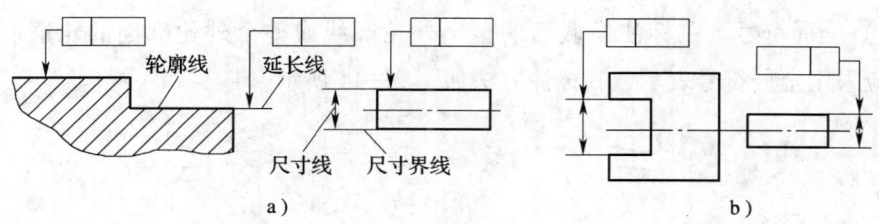

图2—41　被测要素的标注
a）轮廓要素　b）中心要素

（2）基准要素的标注方法

1）基准符号由基准字母、圆圈、连线和粗短横线组成，如图2—42所示。无论基准的方向如何，基准字母都应水平书写。字母一律用大写字母，为了不至于引起误解，字母 E、I、J、M、O、P、L、R 和 F 不采用。

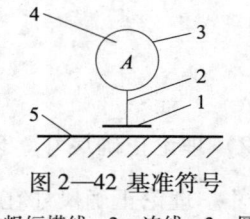

图2—42 基准符号
1—粗短横线　2—连线　3—圆圈
4—基准字母　5—基准要素

2）标注方法。基准要素的标注如图 2—43 所示。当基准要素是轮廓线或表面时，带有基准字母的短横线可标注在要素的外轮廓上或它的延长线上，但应与尺寸线明显错开，如图 2—43a 所示。基准符号还可置于用圆点指向实际表面的指引线上，如图 2—43b 所示。当基准要素是中心要素（如轴线、中心平面等）时，则基准符号中的连线应与尺寸线对齐，如图 2—43c，d 所示。基准符号中的粗短横线除与尺寸线对齐外，也可代替尺寸线的一个箭头，如图 2—43d 所示。

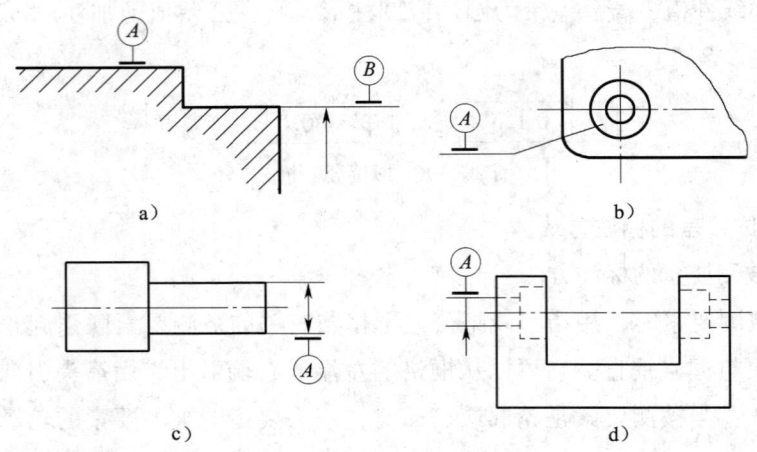

图 2—43　基准要素的标注
a），b）轮廓要素　c），d）中心要素

（3）对形位公差有附加要求时的标注

1）全周符号。在标注横截面的整个外轮廓线或整个外轮廓面的轮廓度公差时，应采用全周符号表示，其标注方法如图 2—44 所示。

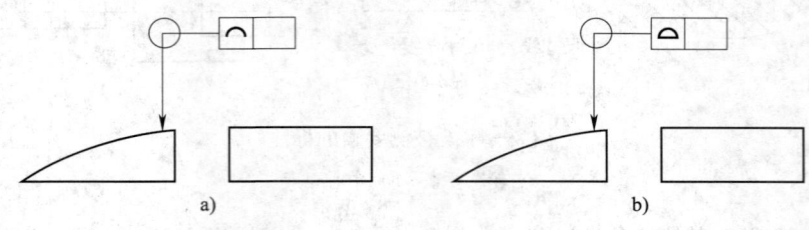

图 2—44　全周符号的标注方法
a）线轮廓度　b）面轮廓度

2）理论正确尺寸。理论正确尺寸是指确定理想被测要素的形状、方向、位置的尺寸。理论正确尺寸在图样中用加方框的数字表示，如 $\boxed{30}$ 和 $\boxed{45°}$ 等，其标注方法如图 2—45 所示。理论正确尺寸不附带公差，其实际尺寸由给定的形位公差控制。

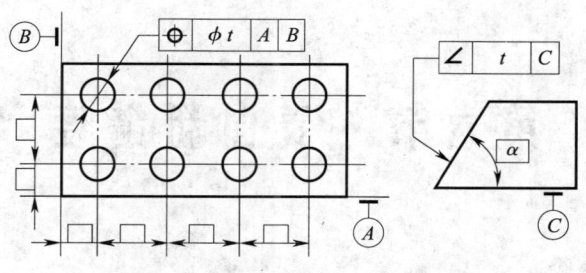

图 2—45　理论正确尺寸的标注方法

3）延伸公差带。根据零件的功能要求，位置度和对称度需延伸到被测要素长度界限之外时，该公差带为延伸公差带。延伸公差带的主要作用是防止零件装配时发生干涉。

延伸公差带的延伸部分用细双点画线绘制，并在图样上标出相应的尺寸。在延伸部分的尺寸前和公差框格中的公差值后分别加注符号"P"，其标注方法如图 2—46 所示。

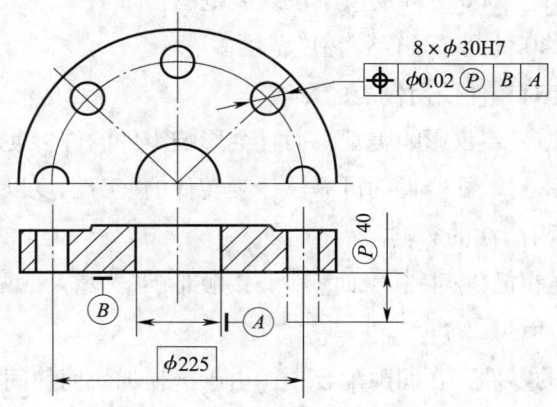

图 2—46　延伸公差带的标注方法

4）最大实体要求。最大实体要求用符号"Ⓜ"表示，此符号置于给出的公差数值或基准符号的字母后面，也可同时置于两者的后面，其标注方法如图 2—47 所示。其中图 2—47a 表示最大实体要求应用于被测要素，图 2—47b 表示最大实体要求应用于基准要素，图 2—47c 表示最大实体要求同时应用于被测要素和基准要素。

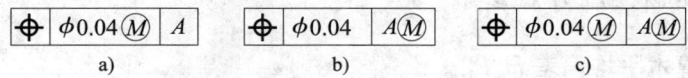

图 2—47　最大实体要求的标注方法

a）置于公差数值之后　b）置于基准符号字母之后　c）分别置于两者之后

第六节 表面粗糙度

一、基本概念

1. 表面粗糙度的定义

经机械加工的表面总是存在着宏观和微观的几何形状误差,其中由较小的间距和峰谷形成的微观几何形状误差称为表面粗糙度。

表面粗糙度与宏观几何形状误差(即形状误差)和波纹度的区别一般以一定的波距与波高之比来划分。

(1) 比值大于 1 000 的属于形状误差范围。

(2) 比值在 40 ~ 1 000 之间的属于波纹度范围。

(3) 比值小于 40 的属于表面粗糙度范围。

2. 表面粗糙度对零件使用性能的影响

若零件表面粗糙,不仅影响美观,而且会影响零件的许多使用功能,如运动面的磨损、贴合面的密封、配合件的可靠性、旋转件的疲劳强度以及耐腐蚀性能等。

(1) 对摩擦和耐磨性的影响

零件实际表面越粗糙,实际接触面减少,接触部分压力增大,两表面的磨损就越快。

(2) 对配合性质的影响

对于表面粗糙的零件,在间隙配合中,由于磨损加快而使间隙增大;对于过盈配合,由于压入装配时将粗糙表面的波峰挤平后填入波谷,造成实际过盈量小于要求的过盈量,以至于降低连接强度。

(3) 对耐腐蚀性能的影响

粗糙的表面易使腐蚀物质附着于表面的微观凹谷,并渗入到金属层内,造成表面锈蚀。

二、表面粗糙度评定参数

1. 轮廓算术平均偏差 R_a

轮廓算术平均偏差是指在取样长度 l 内轮廓偏距绝对值的算术平均值,如图 2—48 所示。R_a 参数越大,表面越粗糙;R_a 参数越小,表面越平整。

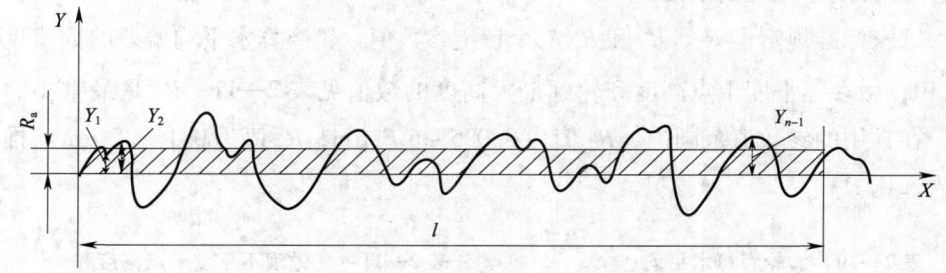

图 2—48　轮廓算术平均偏差 R_a

轮廓偏距是指表面轮廓线上各点到基准线 X 之间的距离，并且规定在 X 基准线上方的轮廓偏距为正，在 X 基准线下方的轮廓偏距为负，所以定义中对轮廓偏距取绝对值。

2．微观不平度十点高度 R_z

微观不平度十点高度是指在取样长度 l 内 5 个最大轮廓峰高的平均值与 5 个最大轮廓谷深的平均值之和，如图 2—49 所示。R_z 值越大，表面越粗糙；反之，就越平整。

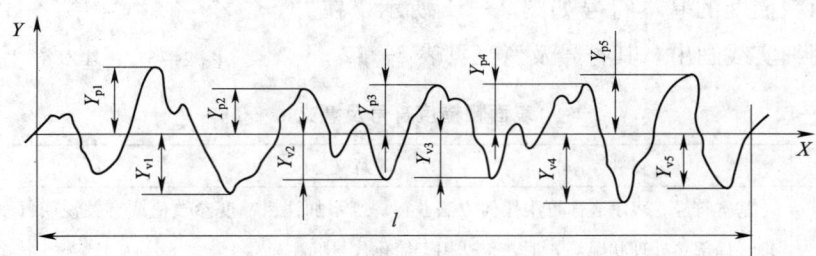

图 2—49　微观不平度十点高度 R_z

3．轮廓最大高度 R_y

轮廓最大高度是指在取样长度内轮廓峰顶线和轮廓谷底线之间的距离，如图 2—50 所示。R_y 值越大，表面越粗糙；反之，就越平整。

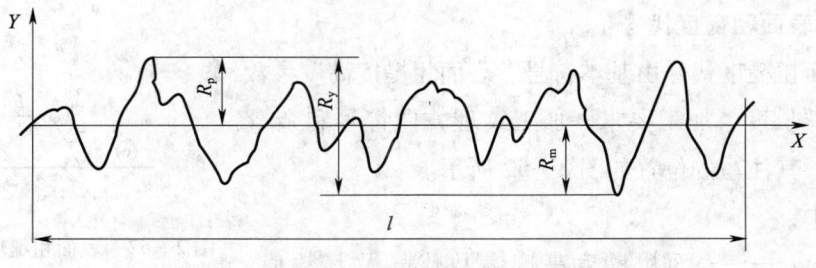

图 2—50　轮廓最大高度 R_y

4. 评定参数值的规定

国家标准规定了 R_a、R_z 和 R_y 三个评定参数值。轮廓算术平均偏差的数值见表 2—10，微观不平度十点高度和轮廓最大高度的数值见表 2—11。R_a 是最重要的参数，在常用的参数值范围内（R_a 值为 0.025～6.3 μm，R_z 值为 0.1～25 μm）推荐优先选用 R_a。

表 2—10　轮廓算术平均偏差的数值　μm

R_a				
0.012	0.2	3.2	50	
0.025	0.4	6.3	100	
0.05	0.8	12.5		
0.1	1.6	25		

表 2—11　微观不平度十点高度和轮廓最大高度的数值　μm

R_z, R_y				
0.025	0.4	6.3	100	1 600
0.05	0.8	12.5	200	
0.1	1.6	25	400	
0.2	3.2	50	800	

三、表面粗糙度的标注

1. 表面粗糙度的符号

表面粗糙度的基本符号如图 2—51 所示，在图样上用细实线画出。其符号及意义见表 2—12。

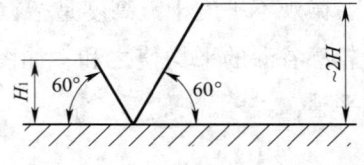

图 2—51　基本符号

表 2—12　表面粗糙度符号及意义

符号	意义
∨	基本符号，表示表面可用任何方法获得。当不加注粗糙度参数值或有关说明（如表面处理、局部热处理状况等）时，仅适用于简化代号标注
∨ (加短划)	基本符号加一短划，表示表面是用去除材料的方法获得。例如，车、铣、钻、磨、剪切、抛光、腐蚀、电火花加工、气割等
∨ (加小圆)	基本符号加一小圆，表示表面是用不去除材料的方法获得，例如，铸、锻、冲压、热轧、冷轧、粉末冶金等，或者是用于保持原供应状况的表面（包括保持上道工序的状况）

2. 表面粗糙度代号

表面粗糙度代号由基本符号、表面粗糙度高度参数值、取样长度、加工要求、加工纹理方向符号和余量等组成，其注写的位置如图 2—52 所示。

图中：

a_1，a_2——表面粗糙度高度参数代号及其数值，μm；

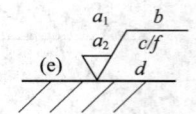

图 2—52　表面粗糙度代号注写的位置

b——加工要求、镀覆、涂覆、表面处理或其他说明等；

c——取样长度，mm；或波纹度，μm；

d——加工纹理方向符号；

e——加工余量，mm；

f——粗糙度间距参数值，mm；或轮廓支撑长度率。

当表面粗糙度参数为轮廓算术平均偏差 R_a 时，参数值前可不标注参数代号；当取样长度 c 采用标准取样长度时，其值可省去不写。

表面粗糙度评定参数的标注示例及意义见表 2—13。

表 2—13　　　　　　表面粗糙度评定参数的标注示例及意义

符号	意义
$\sqrt{3.2}$	用任何方法获得的表面粗糙度，R_a 的上限值为 3.2 μm
$\sqrt{R_y 3.2}$	用去除材料的方法获得的表面粗糙度，R_y 的上限值为 3.2 μm
$\sqrt{R_z 200}$	用不去除材料的方法获得的表面粗糙度，R_z 的上限值为 200 μm
$\sqrt{\genfrac{}{}{0pt}{}{3.2}{1.6}}$	用去除材料的方法获得的表面粗糙度，R_a 的上限值为 3.2 μm，R_a 的下限值为 1.6 μm
$\sqrt{\genfrac{}{}{0pt}{}{3.2}{R_y 12.5}}$	用去除材料的方法获得的表面粗糙度，R_a 的上限值为 3.2 μm，R_y 的上限值为 12.5 μm

注：上限值（或下限值）是指当检测该表面粗糙度时，在所有的实测值中，允许有若干个超过该规定值，但其个数不得大于实测总个数的 16%。

3. 表面粗糙度在图样上的标注方法

表面粗糙度符号、代号应注在图样的可见轮廓线、尺寸界限、引出线或其延长线上。符号的尖端必须从材料外指向表面，表面粗糙度的参数值写在符号尖角的对面，数值的方向应与尺寸数字方向一致。

应注意表面粗糙度符号长边的方向不要搞错，与另一条短边相比，长边总处于顺时针方向，如图 2—53、图 2—54 所示。

当零件所有表面具有相同的表面粗糙度要求时，可统一标注在图样的右上角，如图 2—55 所示。

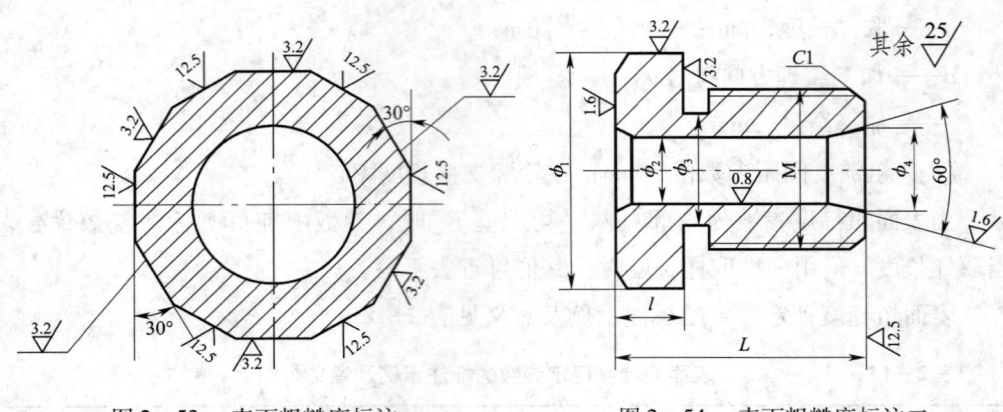

图2—53 表面粗糙度标注一　　　图2—54 表面粗糙度标注二

当图样上位置狭小或不便于标注时，表面粗糙度可以引出标注，如图2—56所示。

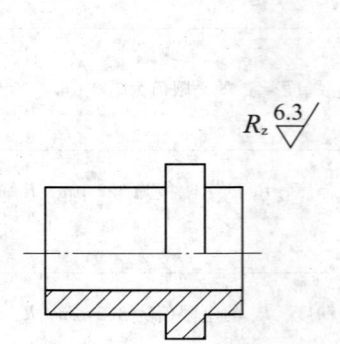
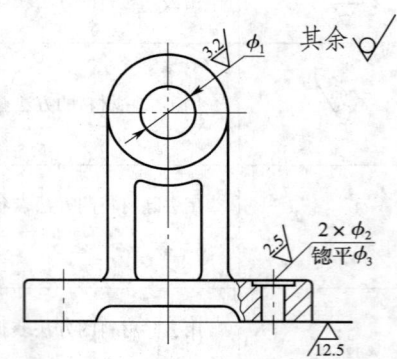

图2—55 表面粗糙度标注在图样的右上角　　　图2—56 表面粗糙度引出标注

当齿轮、渐开线花键的工作表面没有画出齿形时，表面粗糙度可注在分度线上，如图2—57所示。

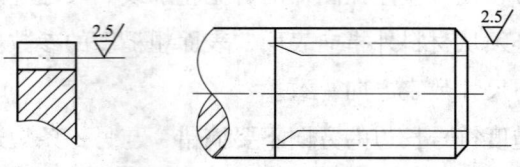

图2—57 表面粗糙度标注在分度线上

第七节　识读装配图

一、识读装配图的方法和步骤

识读装配图的目的主要是了解机器或部件的名称、作用、工作原理，零件之间的装配关系，各零件的作用、结构特点，传动路线，装拆顺序和技术要求等。

识读装配图的方法和步骤如下：

1. 看标题栏和明细表，对整体有概括性的了解

从零件明细表中还可以知道：该机器（或部件）由多少个零件组成，各种零件的材料、数量、采用标准和规格、毛坯来源、与其相配的零件号等。

2. 分析视图

装配图一般是由一个主视图、多个剖视图或局部剖视或断面图来表达的。通过不同方向、不同间隔的剖面线，可以将各相配的零件区分开来，从而想象出每个零件的结构和形状。

3. 分析尺寸

装配图上的尺寸包括以下四类：

（1）规格尺寸

规格尺寸体现所装配的机器规格，如镗床装配图中的主轴直径、最大移动行程等。

（2）安装尺寸

安装尺寸体现机器的安装尺寸或部件与部件相配合的尺寸。

（3）装配尺寸

装配尺寸体现零件之间的配合尺寸、公差及配合形式，如滚动轴承与支撑座内孔以及转轴外圆的配合尺寸。

（4）外形尺寸

外形尺寸提供机器所占有的长、宽、高的空间尺寸，为将来运输和包装提供尺寸依据。

4. 分析装配关系，弄清机器的工作原理

通过对各零部件的分析，需弄清装配图上机器的功能，判断哪些是运动部件，哪些是支撑部件，哪些是工作部件，以及动力的传递路线，机器的受力状况等。

5．了解机器的装拆顺序及采用的装配方式

装配时要了解装配的补偿、调整环节以及维修设备时的可更换部分。

将全部零件进行归类，分别归纳为标准件、外购件、外协件、自制件。自制件的毛坯来源包括铸造、锻造、冲压、气割、剪床下料、锯床下料等。

6．了解机器的技术要求

一张装配图要反映对零部件组装后检验的技术指标，或使用时对工作条件的要求，这些内容一般用文字或符号注写在装配图中的空白处。

二、识读铣刀头装配图

为了掌握识读装配图的技能，下面以铣刀头的装配图（见图2—58）为例说明识读装配图的具体方法和步骤。

1．看标题栏和明细表

（1）产品名称为铣刀头，装配图只有一张，其中的比例表示图中图形与其实物相应要素的线性尺寸之比。

（2）铣刀头共由16种零件组成，其中10种采用了国家标准。

2．分析视图

装配图由一个主视图和一个拆去V带带轮部件的左视图组成。由于铣头刀沿轴截面对称，所以主视图为全剖视图，以便清楚地显示出铣刀头内部的结构。左视图显示出铣刀头与其他部件的安装尺寸，并做了一个局部剖视。

3．分析尺寸

（1）规格尺寸

铣刀盘的直径为120 mm。

（2）安装尺寸

座体上四个连接螺孔的直径为11 mm，螺孔中心距的纵向尺寸为155 mm、横向尺寸为150 mm，铣刀盘旋转中心到座体底面的高度为115 mm。

（3）装配尺寸

轴与轴承的配合尺寸为$\phi 35k6$，轴与带轮的装配尺寸为$\phi 28\frac{H8}{k7}$（过渡配合），轴与铣刀盘的配合尺寸为$\phi 25h6$，轴承与座体孔的配合尺寸为$\phi 80k6$。

（4）外形尺寸

铣刀头的长×宽×高 = 418 mm × 190 mm × 172.5 mm（带轮直径为115 mm，半径为57.5 mm，与轴线高度115 mm之和为172.5 mm）。

技术要求

1. 主轴轴线对底面的平行度公差为0.04/100。
2. 刀盘定位轴颈*A*的径向圆跳动公差为0.02。
3. 刀盘定位端面*B*对 $\phi 25h6$ 轴线的端面圆跳动公差为0.02。
4. 铣刀轴端的轴向窜动公差为0.01。

16	垫圈$\phi 6$	1	65Mn钢	GB/T 93—87
15	螺栓M6×20	1	Q235钢	GB/T 3098—2000
14	挡圈B32	1	35钢	GB/T 892—86
13	键6×6×20	2	45钢	GB/T 1096—2003
12	毡圈	2	半粗羊毛毡	
11	端盖	2	HT200	
10	螺钉8×22	12	Q235钢	GB/T 70—2006
9	调整环	1	35钢	
8	座体	1	HT200	
7	轴	1	45钢	
6	轴承	2		GB/T 297—94
5	键8×7×40	1	45钢	GB/T 1096—2003
4	带轮	1	HT150	A型
3	销	1	35钢	GB/T 119—2000
2	螺钉M6×18	1	Q235钢	GB/T 68—2000
1	挡圈A35	1	35钢	GB/T 892—86
序号	零件名称	数量	材料	备注

铣刀头		比例	质量	共1张	
				共1张	
制图		（厂名）			
审核					

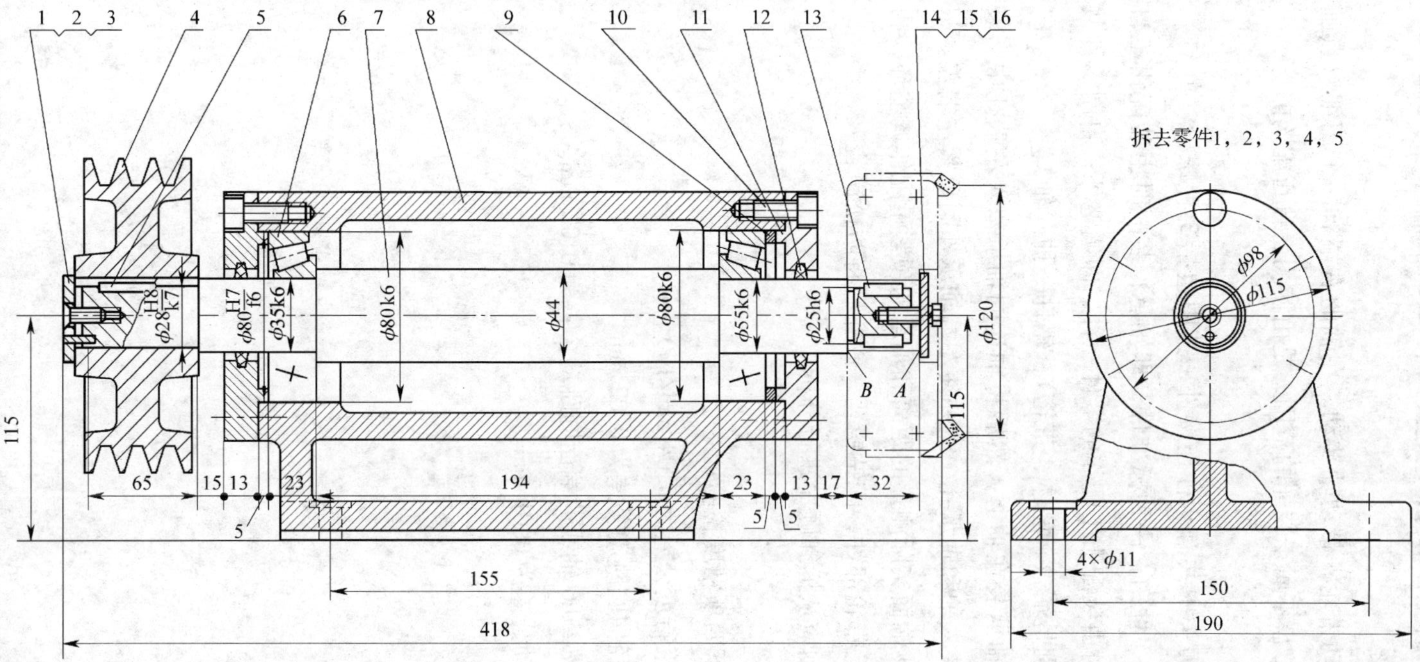

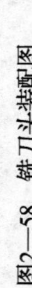

图2—58　铣刀头装配图

4．分析装配关系，弄清工作原理

铣刀头是机床上采用的一种工作部件，它通过四个 M10 的螺栓（穿入 $\phi 11$ mm 的孔中）与机床的机座相连接。

电动机通过三根 V 带驱动带轮，带动轴转动。在轴的右端有一个用细双点画线表示的铣刀盘，说明这个刀盘不属于装配的范围，是由使用者自行配购的。

5．了解装配顺序

（1）由明细表可知，铣刀头中共有 9 种连接件，其中包括 3 种螺栓（螺钉）、3 种垫圈（挡圈）、两种键、一种销；一种标准件，即轴承；装配时由装配钳工自制零件一种，即毡圈；装配时由装配钳工配作的零件一种，即调整环；自制零件共四种，其中铸铁件三种（分别是端盖、座体、带轮），钢件一种（轴）。

（2）装配时，先将左端轴承装在轴上，然后将轴连同轴承塞入左端孔中，装上左端盖。将右端轴承同时装入轴和轴承孔中，并使左端轴承外圈顶紧左端盖。根据右端轴承外圈端面与底座孔端面实际测量的距离和轴承的预紧量配作调整环，再用右端盖压紧轴承，最后装上带轮部件，配钻销孔，铰孔后将防松销装入。

如果是设备维修用图，则应从拆卸顺序进行分析。

6．了解技术要求

整机装配后，要进行以下四项精度检验：

（1）主轴轴线对底面的平行度公差为 0.04 mm/100 mm。

（2）刀盘定位轴颈 A 的径向圆跳动公差为 0.02 mm。

（3）刀盘定位端面 B 对 $\phi 25h6$ 轴线的端面圆跳动公差为 0.02 mm。

（4）铣刀轴端的轴向窜动公差为 0.01 mm。

第三章 常用材料与热处理知识

第一节 金属的性能

一、力学性能

1. 强度

（1）定义

金属材料在静载荷作用下抵抗塑性变形和断裂的能力称为强度。材料力—伸长曲线的形式如图3—1所示。

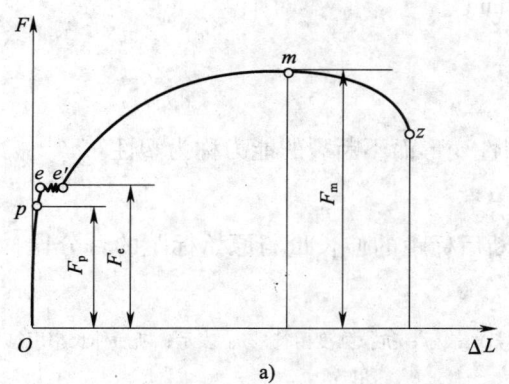 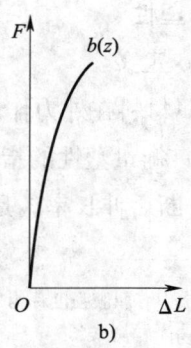

图3—1 材料力—伸长曲线的形式
a）低碳钢拉伸曲线 b）铸铁拉伸曲线

(2) 衡量强度的指标

1) 屈服强度①。金属材料产生屈服时的应力称为屈服强度②，用符号 R_{eL} 表示，其计算公式如下：

$$R_{eL} = \frac{F_e}{S_o}$$

式中 R_{eL} ——屈服强度，MPa；
F_e ——试样产生屈服时的载荷，N；
S_o ——试样原始横截面积，mm²。

对于没有明显屈服现象的脆性材料，可用规定残余延伸强度 $R_{r0.2}$ 表示③。$R_{r0.2}$ 表示试样在卸除载荷后，其标距部分的残余伸长率为 0.2% 时所对应的应力值，其大小可由下式求得，单位为 MPa。

$$R_{r0.2} = \frac{F_{r0.2}}{S_o}$$

式中 $F_{r0.2}$ ——残余伸长率为 0.2% 时的载荷，N；
S_o ——试样原始横截面积，mm²。

2) 抗拉强度。材料在断裂前所能承受的最大应力称为抗拉强度。其计算公式如下：

$$R_m = \frac{F_m}{S_o}$$

式中 R_m ——抗拉强度，MPa；
F_m ——试样拉断前承受的最大载荷，N；
S_o ——试样原始横截面积，mm²。

2. 塑性

(1) 定义

金属材料在外力作用下产生塑性变形而不断裂的能力称为塑性。

(2) 衡量塑性的指标

1) 断后伸长率。是指试样拉断后标距的伸长量与原始标距的百分比，用符号

---

① 在 GB 228—87 中，屈服强度称为屈服点，用符号 σ_s 表示；抗拉强度用符号 σ_b 表示；断后伸长率用符号 δ 表示；断面收缩率用符号 ψ 表示。

② 如果拉伸曲线的屈服阶段出现锯齿状，应分别计算上屈服强度和下屈服强度。试样发生屈服而应力首次下降前的最高应力为上屈服强度，用符号 R_{eH} 表示；在屈服期间不计初始瞬时效应时的最低应力称为下屈服强度，用符号 R_{eL} 表示。

③ 在 GB 228—87 中，规定残余延伸强度 $R_{r0.2}$ 称为规定残余伸长应力，用符号 $\sigma_{r0.2}$ 表示。

A 表示。

$$A = \frac{L_u - L_o}{L_o} \times 100\%$$

式中 L_u——试样拉断后的标距，mm；
L_o——试样的原始标距，mm。

2）断面收缩率。是指试样拉断处横截面积的缩减量与原始横截面积的百分比，用符号 Z 表示。

$$Z = \frac{S_o - S_u}{S_o} \times 100\%$$

式中 S_o——试样原始横截面积，mm²；
S_u——试样拉断后的最小横截面积，mm²。

3．硬度

（1）定义

硬度是指金属材料抵抗其他更硬物体压入其表面的能力，是衡量金属材料软硬程度的指标。

（2）分类

硬度试验方法一般可分为三类，即压入法（如布氏硬度、洛氏硬度、维氏硬度和显微硬度等），划痕法（如莫氏硬度等）以及回跳法（如肖氏硬度等）。下面简单介绍压入法的布氏硬度、洛氏硬度和维氏硬度的测试原理和表示方法。

1）布氏硬度

①原理。布氏硬度的测定原理如图3—2所示。硬度值用查表法查出。布氏硬度试验规范见表3—1。

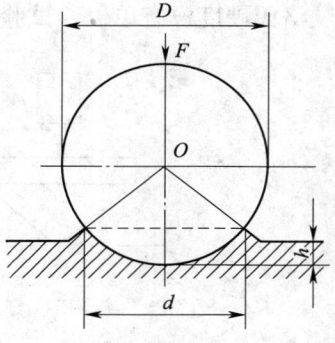

图3—2 布氏硬度的测定原理

表3—1　　　　　　　　布氏硬度试验规范

材料	布氏硬度	F/D^2
钢及铸铁	<140	10
钢及铸铁	≥140	30
铜及其合金	<35	5
铜及其合金	35～130	10
铜及其合金	>130	30

续表

材料	布氏硬度	F/D^2
轻金属及其合金	<35	2.5 (1.25)
	35~80	10 (5 或 15)
	>80	10 (15)
铅、锡		1.25 (1)

注：1. 当试验条件允许时，应尽量选用直径为 10 mm 的球。

2. 当有关标准中没有明确规定时，应使用无括号的 F/D^2 值。

②表示方法。用硬质合金球压头测量的布氏硬度值用 HBW 表示。如果工件有特殊要求时，应将测试条件在硬度值后面标出。例如，用直径为5 mm的硬度合金球，在 7 355 N（750 kgf）试验力作用下，保持 10~15 s，测得的布氏硬度值为 500，则表示为 500HBW 5/750。一般情况下可不标注测试条件。

③适用范围。布氏硬度试验法主要用于铸铁、非铁金属以及经退火、正火和调质处理的钢材的硬度测定。

2）洛氏硬度

①原理。洛氏硬度的试验原理如图 3—3 所示。

洛氏硬度没有单位，试验时硬度值直接从硬度计的表盘上读出。

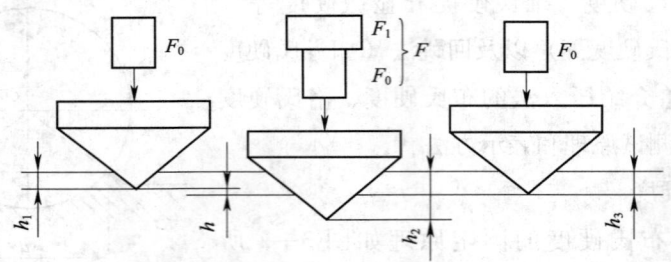

图 3—3　洛氏硬度的试验原理

②标尺及使用范围。常用洛氏硬度标尺的试验条件和应用范围见表 3—2。

表 3—2　　常用洛氏硬度标尺的试验条件和应用范围

硬度标尺	压头类型	总试验力（N）	硬度值有效范围	应用举例
HRC	120°金刚石圆锥体	1 471.0	20~70HRC	一般淬火钢件
HRB	φ1.588 mm 钢球	980.7	20~100HRB	软钢、退火钢、铜合金等
HRA	120°金刚石圆锥体	588.4	20~88HRA	硬质合金、表面淬火钢等

③标注方法。在硬度符号前面注明硬度数值，如 52HRC 和 70HRA 等。

3）维氏硬度

①原理。维氏硬度的试验原理与布氏硬度相似，如图 3—4 所示。其符号用 HV 表示。根据压痕两对角线的平均长度查表即可得出硬度值。

②表示方法。维氏硬度的表示方法与布氏硬度相同，如 620HV30。

③适用范围。维氏硬度试验法可测从极软到极硬的各种金属材料的硬度值，也可测较薄的材料，还可测渗碳、渗氮层的硬度。

4．冲击韧性

（1）定义

金属材料抵抗冲击载荷作用而不破坏的能力称为冲击韧性，简称韧性。

（2）原理

常用大能量一次摆锤冲击试验测定韧性。冲击试验原理如图 3—5 所示。

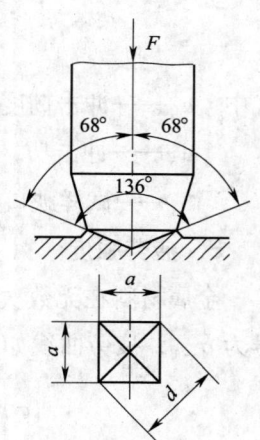

图 3—4　维氏硬度的试验原理

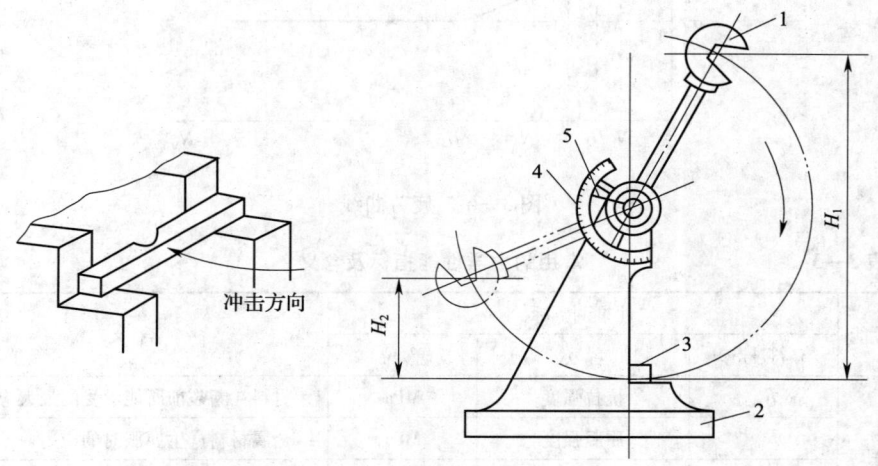

图 3—5　冲击试验原理

1—摆锤　2—机架　3—试样　4—刻度盘　5—指针

$$A_K = GH_1 - GH_2 = G(H_1 - H_2)$$

式中　A_K——冲击功，J；

G——摆锤重力，N；

H_1——摆锤初始高度，m；

H_2——冲击试样后摆锤回升高度，m。

（3）衡量指标

韧性的衡量指标是冲击韧度，其计算公式如下：

$$a_K = \frac{A_K}{S_o}$$

式中　a_K——冲击韧度，J/cm^2；

　　　A_K——冲击功，J；

　　　S_o——试样缺口处横截面积，cm^2。

5．疲劳强度

金属材料在无数次交变载荷的作用下不发生断裂的最大应力称为疲劳强度。符号为 σ_{-1}，疲劳曲线如图 3—6 所示。常用的力学性能指标及含义见表 3—3。

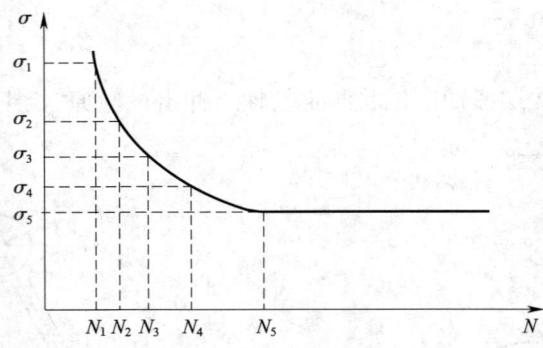

图 3—6　疲劳曲线

表 3—3　　　　　常用的力学性能指标及含义

力学性能	性能指标			含义
	符号	名称	单位	
强度	R_m	抗拉强度	MPa	材料在断裂前所能承受的最大应力
	R_{eL}	屈服强度	MPa	金属材料产生屈服时的应力
	$R_{r0.2}$	规定残余延伸强度	MPa	规定残余伸长率达 0.2% 时所对应的应力
塑性	A	断后伸长率	%	试样拉断后标距的伸长量与原始标距的百分比
	Z	断面收缩率	%	试样拉断处横截面积的缩减量与原始横截面积的百分比

续表

力学性能	性能指标			含 义
	符号	名称	单位	
硬度	HBW	布氏硬度值		球形压痕单位面积上所承受的平均压力
	HRC	C 标尺洛氏硬度值		用洛氏硬度相应标尺刻度满程与压痕深度之差计算的硬度值
	HRB	B 标尺洛氏硬度值		
	HRA	A 标尺洛氏硬度值		
	HV	维氏硬度值		正四棱锥形压痕单位表面积上所承受的平均压力
冲击韧性	a_K	冲击韧度	J/cm^2	冲击试样缺口处单位横截面积上所消耗的冲击功
疲劳强度	σ_{-1}	疲劳强度	MPa	金属材料在无数次交变载荷的作用下不发生断裂的最大应力

二、物理、化学性能

1. 物理性能

金属的物理性能是指金属固有的属性，包括密度、熔点、导热性、导电性、热膨胀性和磁性等。

2. 化学性能

金属的化学性能是指金属在化学作用下所表现的性能，如耐腐蚀性、抗氧化性和化学稳定性等。

三、工艺性能

1. 定义

工艺性能是指金属材料对不同加工工艺方法的适应能力。

2. 内容

金属的工艺性能包括铸造性（流动性、收缩性和偏析），锻造性（塑性、变形抗力），焊接性和切削加工性（表面粗糙度、刀具寿命）等。

第二节 钢铁材料

一、碳素钢

1. 杂质元素对钢的影响

（1）锰和硅

锰和硅主要是在炼钢后期进行脱氧处理时有意加入的，属于有益元素。另外，锰还可以减轻硫的有害性。

（2）硫和磷

硫使钢产生热脆性，磷使钢产生冷脆性。硫和磷属于有害杂质，应严格控制它们的含量。

2. 碳素钢的分类

（1）按钢的含碳量①分类

1）低碳钢：$w_C \leq 0.25\%$。

2）中碳钢：$w_C = 0.25\% \sim 0.60\%$。

3）高碳钢：$w_C \geq 0.60\%$。

（2）按钢的质量分类

1）普通碳素钢：$w_S \leq 0.050\%$，$w_P \leq 0.045\%$。

2）优质碳素钢：$w_S \leq 0.035\%$，$w_P \leq 0.035\%$。

3）高级优质碳素钢：$w_C \leq 0.025\%$，$w_P \leq 0.025\%$。

（3）按用途分类

1）碳素结构钢。主要用于制造各种机械零件和工程构件，其含碳量一般小于0.70%。

2）碳素工具钢。主要用于制造各种刀具、模具和量具等，其含碳量一般大于0.70%。

3. 常用碳素钢简介

（1）普通碳素结构钢

---

① 本书中金属材料中的含碳量以及各种合金元素的含量均为质量分数。

1）用途。主要用于工程结构及普通零件，如厂房、桥梁、船舶等建筑结构，以及铆钉、螺钉、螺母等一些受力不大的零件。

2）牌号。由屈服强度的第一个汉语拼音字母"Q"、屈服强度的数值、质量等级符号和脱氧方法符号四部分组成，如 Q235-A·F。常用普通碳素结构钢的牌号、化学成分和力学性能见表3—4。

表3—4　　　　普通碳素结构钢的牌号、化学成分和力学性能

牌号	等级	化学成分（%）					脱氧方法	力学性能		
		w_C	w_{Mn}	w_{Si}	w_S	w_P		R_{eL} (MPa)	R_m (MPa)	A (%)
					不大于					
Q195	—	0.06~0.12	0.25~0.50	0.30	0.050	0.045	F，b，Z	195	315~390	33
Q215	A	0.09~0.15	0.25~0.55	0.30	0.050	0.045	F，b，Z	215	335~450	31
	B				0.045					
Q235	A	0.14~0.22	0.30~0.65	0.30	0.050	0.045	F，b，Z	235	375~460	26
	B	0.12~0.20	0.30~0.70		0.045		F，b，Z			
	C	≤0.18	0.35~0.80	0.30	0.040	0.040	TZ			
	D	≤0.17			0.035	0.035				
Q255	A	0.18~0.28	0.40~0.70	0.30	0.050	0.045	F，b，Z	255	410~550	24
	B				0.045					
Q275	—	0.28~0.38	0.50~0.80	0.35	0.050	0.045	b，Z	275	490~630	20

（2）优质碳素结构钢

1）用途。常用于制造重要的机械零件，使用前一般都要经过热处理来改善力学性能。

2）牌号

①用两位数字表示该钢平均含碳量的万分数，如45和50分别表示平均含碳量为0.45%和0.50%的优质碳素结构钢。

②若为沸腾钢或各种专用钢，则在牌号后面标出规定的符号，如10F和20Mn等。

优质碳素结构钢的牌号、化学成分和力学性能见表3—5。

表3—5　　　　优质碳素结构钢的牌号、化学成分和力学性能

牌号	化学成分（%）			力学性能					钢材交货状态硬度 HBW	
	w_C	w_{Si}	w_{Mn}	R_{eL} (MPa)	R_m (MPa)	A (%)	Z (%)	a_K (J/cm²)	热轧钢	退火钢
				不小于					不大于	
08F	0.05~0.11	≤0.03	0.25~0.50	175	295	35	60	—	131	
08	0.05~0.11	0.17~0.37	0.35~0.65	195	325	33	60	—	131	

续表

牌号	化学成分(%)			力学性能					钢材交货状态硬度 HBW	
	w_C	w_{Si}	w_{Mn}	R_{eL} (MPa)	R_m (MPa)	A (%)	Z (%)	a_K (J/cm²)	热轧钢	退火钢
				不小于					不大于	
10F	0.07~0.13	≤0.07	0.25~0.50	185	315	33	55	—	137	—
10	0.07~0.13	0.17~0.37	0.35~0.65	205	335	31	55	—	137	—
15F	0.12~0.18	≤0.07	0.25~0.50	205	355	29	55	—	143	—
15	0.12~0.18	0.17~0.37	0.35~0.65	225	375	27	55	—	143	—
20	0.17~0.24	0.17~0.37	0.35~0.65	245	410	25	55	—	156	—
25	0.22~0.30	0.17~0.37	0.50~0.80	275	450	23	50	88.3	170	—
30	0.27~0.35	0.17~0.37	0.50~0.80	295	490	21	50	78.5	179	—
35	0.32~0.40	0.17~0.37	0.50~0.80	315	530	20	45	68.7	197	—
40	0.37~0.45	0.17~0.37	0.50~0.80	335	570	19	45	58.8	217	187
45	0.42~0.50	0.17~0.37	0.50~0.80	355	600	16	40	49	229	197
50	0.47~0.55	0.17~0.37	0.50~0.80	375	630	14	40	39.2	241	217
55	0.52~0.60	0.17~0.37	0.50~0.80	380	645	13	35	—	255	217
60	0.57~0.65	0.17~0.37	0.50~0.80	400	675	12	35	—	255	229
65	0.62~0.70	0.17~0.37	0.50~0.80	410	695	10	30	—	255	229
70	0.67~0.75	0.17~0.37	0.50~0.80	420	715	9	30	—	269	229
75	0.72~0.80	0.17~0.37	0.50~0.80	880	1 080	7	30	—	285	241
80	0.77~0.85	0.17~0.37	0.50~0.80	930	1 080	6	30	—	285	241
85	0.82~0.90	0.17~0.37	0.50~0.80	980	1 130	6	30	—	302	255
15Mn	0.12~0.19	0.17~0.37	0.70~1.00	245	410	26	55	—	163	—
20Mn	0.17~0.24	0.17~0.37	0.70~1.00	275	450	24	50	—	197	—
25Mn	0.22~0.30	0.17~0.37	0.70~1.00	295	490	22	50	88.3	207	—
30Mn	0.27~0.35	0.17~0.37	0.70~1.00	315	540	20	45	78.5	217	187
35Mn	0.32~0.40	0.17~0.37	0.70~1.00	335	560	18	45	68.7	229	197
40Mn	0.37~0.45	0.17~0.37	0.70~1.00	355	590	17	45	58.8	229	207
45Mn	0.42~0.50	0.17~0.37	0.70~1.00	375	620	15	40	49	241	217
50Mn	0.48~0.56	0.17~0.37	0.70~1.00	390	645	13	40	39.2	255	217
60Mn	0.57~0.65	0.17~0.37	0.70~1.00	410	695	11	35	—	269	229
65Mn	0.62~0.70	0.17~0.37	0.90~1.20	430	735	9	30	—	285	229
70Mn	0.67~0.75	0.17~0.37	0.90~1.20	450	785	8	30	—	285	229

3）性能与用途

①低碳钢。强度、硬度较低，塑性、韧性及焊接性良好。主要用于制作冲压件、焊接结构件及强度要求不高的机械零件和渗碳件，如深冲器件、压力容器、小轴、销子、法兰盘、螺钉和垫圈等。

②中碳钢。具有较高的强度和硬度，其塑性和韧性随含碳量的增加而逐步降低，切削性能良好。经调质后，能获得较好的综合力学性能。主要用来制作受力较大的机械零件，如连杆、曲轴、齿轮和联轴器等。

③高碳钢。具有较高的强度、硬度和弹性，但焊接性不好，切削性稍差，冷变形塑性差。主要用来制造具有较高强度、耐磨性和弹性的零件，如气门弹簧、弹簧垫圈、板簧和螺旋弹簧等弹性元件及耐磨零件。

（3）碳素工具钢

碳素工具钢的牌号以汉字"碳"的第一个汉语拼音字母的字首"T"及后面的阿拉伯数字表示。其中数字表示钢中平均含碳量的千分数，如 T8 和 T12A。碳素工具钢的牌号、化学成分、力学性能和用途见表 3—6。

表 3—6　　　　碳素工具钢的牌号、化学成分、力学性能和用途

牌号	化学成分（%）					热处理		应用举例
	w_C	w_{Mn}	w_{Si}	w_S	w_P	淬火温度（℃）	HRC（不小于）	
T7	0.65～0.74	≤0.40	≤0.35	≤0.03	≤0.035	800～820 水淬	62	用于制造受冲击而要求较高硬度和耐磨性的工具，如木工用的凿子、锤头、钻头、模具等
T8	0.75～0.84	≤0.40	≤0.35	≤0.03	≤0.035	780～800 水淬	62	用于制造受中等冲击的工具和耐磨机件，如刨刀、冲模、丝锥、圆板牙、手工锯条等
T8Mn	0.80～0.90	0.40～0.60	≤0.35	≤0.03	≤0.035		62	
T9	0.85～0.94	≤0.40	≤0.35	≤0.03	≤0.035		62	
T10	0.95～1.04	≤0.40	≤0.35	≤0.03	≤0.035	760～780 水淬	62	
T11	1.05～1.14	≤0.40	≤0.35	≤0.03	≤0.035	760～780 水淬	62	用于制造不受冲击而要求极高硬度的工具和耐磨机件，如钻头、锉刀、刮刀、量具等
T12	1.15～1.24	≤0.40	≤0.35	≤0.03	≤0.035	760～780 水淬	62	
T13	1.25～1.35	≤0.40	≤0.35	≤0.03	≤0.035	760～780 水淬	62	

（4）铸造碳钢

1）成分。铸造碳钢的含碳量一般在 0.20%～0.60% 之间。

2）牌号。用"铸钢"两个汉字汉语拼音字母的字首"ZG"后面加两组数字组成，第一组数字代表屈服强度，第二组数字代表抗拉强度，如 ZG270-500。

3）用途。铸造碳钢一般用于制造形状复杂、力学性能要求较高的重型机械零件，如轧钢机机架、水压机横梁、锻锤和砧座等。

铸造碳钢的牌号、化学成分和力学性能见表 3—7。

表 3—7　　　　　　　铸造碳钢的牌号、化学成分和力学性能

牌号	化学成分（%）					室温下的力学性能				
	w_C	w_{Si}	w_{Mn}	w_P	w_S	R_{eL}（MPa）	R_m（MPa）	A（%）	Z（%）	a_K（J/cm²）
						不大于				
ZG200~400	0.20	0.50	0.80	0.04		200	400	25	40	60
ZG230~450	0.30	0.50	0.90	0.04		230	450	22	32	45
ZG270~500	0.40	0.50	0.90	0.04		270	500	18	25	35
ZG310~570	0.50	0.60	0.90	0.04		310	570	15	21	30
ZG340~640	0.60	0.60	0.90	0.04		340	640	10	18	20

注：适用于壁厚 10 mm 以下的铸件。

二、合金钢

1. 合金钢的特点及分类

（1）特点

合金元素对钢组织和性能的影响主要包括以下几点：

1）强化铁素体，可提高钢的强度和硬度（但塑性和韧性有所下降）。

2）形成合金碳化物，稳定渗碳体，提高钢的硬度和耐磨性。

3）细化晶粒，提高钢的强度和韧度。

4）稳定奥氏体，提高淬透性。

5）稳定回火组织，提高回火温度，消除淬火应力，提高钢的回火稳定性。

（2）分类

1）按用途分类

①合金结构钢。用于制造机械零件和工程结构件。

②合金工具钢。用于制造各种工具（如刃具、模具、量具等）。

③特殊性能钢。具有某种特殊物理和化学性能的钢。

2）按合金元素总含量分类

①低合金钢：合金元素总含量小于5%。

②中合金钢：合金元素总含量为5%~10%。

③高合金钢：合金元素总含量大于10%。

（3）牌号表示方法

1）合金结构钢的牌号。用"两位数字（平均含碳量的万分之几）+化学元素符号+数字（小于1.5%不标）"表示，如40Cr。

2）合金工具钢的牌号

①含碳量小于1.0%时，用"一位数字（平均含碳量的千分之几）+化学元素符号+数字"表示，如9SiCr。

②含碳量大于1.0%时，用"化学元素符号+数字"表示，如Cr12MoV。

③高速钢的平均含碳量小于1.0%时，其含碳量也不予标出，如W18Cr4V。

3）特殊性能钢的牌号。特殊性能钢的牌号与合金工具钢的表示方法相同，如不锈钢2Cr13。当其含碳量小于等于0.10%时，用0表示，如0Cr18Ni9；当含碳量小于等于0.03%时，用00表示，如00Cr30Mo2等。

4）特殊专用钢的牌号。为表示钢的用途，在钢的牌号前面冠以汉语拼音字母字首，而不标含碳量，合金元素含量的标注也与上述有所不同。例如，滚动轴承钢前面标"G"（"滚"字的汉语拼音字母字首），如GCr15。牌号中铬元素后面的数字表示含铬量的千分数，其他元素仍按百分数表示，如GCr15SiMn。

2. 常用合金钢

（1）合金结构钢

1）低合金结构钢

①成分。含碳量为0.1%~0.25%，含锰量小于3%。

②用途。主要用于各种工程结构。

③分类。按主要性能及使用特性不同，低合金结构钢又可分为低合金高强度结构钢、低合金耐热钢及低合金专业用钢等。常用低合金高强度结构钢的牌号和应用见表3—8。

表3—8　　　　常用低合金高强度结构钢的牌号和应用

牌号		应用
新标准	旧标准	
Q295	09MnV，09MnNb，09Mn2，12Mn	车辆的冲压件，冷弯型钢，螺旋焊管，拖拉机轮圈，低压锅炉汽包，中、低压化工容器，输油管道，储油罐和油船等
Q345	12MnV，14MnNb，16Mn，16MnRE，18Nb	船舶，铁路车辆，桥梁，管道，锅炉，压力容器，石油储罐，起重及矿山机械，电站设备及厂房钢架等
Q390	15MnTi，16MnNb，15MnV	中、高压锅炉汽包，中、高压石油化工容器，大型船舶，桥梁，车辆，起重机及其他较高载荷的焊接结构件等
Q420	15MnVN，14MnVTiRE	大型船舶，桥梁，电站设备，起重机械，机车车辆，中压或高压锅炉和容器以及其他大型焊接结构件等
Q460		淬火加回火后可用于大型挖掘机，起重运输机械，钻井平台等

2）合金渗碳钢

①用途。主要用于制造承受强烈冲击载荷和摩擦力的机械零件，如拖拉机、汽车中的变速齿轮，内燃机上的凸轮轴、活塞销等。

②性能特点。工作表面具有高硬度、高耐磨性，心部具有良好的塑性和韧性。

③成分特点。含碳量在 0.10%～0.25% 之间，常加入铬、镍、锰、硅、硼等元素，以及钡、钒、钛等碳化物形成元素。

④热处理特点。渗碳 + 淬火 + 低温回火。

常用合金渗碳钢的牌号、力学性能和用途见表3—9。

表3—9　　常用合金渗碳钢的牌号、力学性能和用途

牌号	试样毛坯尺寸（mm）	力学性能					用途
		R_m（MPa）	R_{eL}（MPa）	A（%）	Z（%）	a_K（J/cm²）	
		不小于					
20Cr	15	835	540	10	40	60	齿轮、齿轮轴、凸轮、活塞销等
20Mn2B	15	980	785	10	45	70	齿轮、轴套、气阀挺杆、离合器等
20MnVB	15	1 080	885	10	45	70	重型机床的齿轮和轴、汽车后桥齿轮等
20CrMnTi	15	1 080	835	10	45	70	汽车和拖拉机上的变速齿轮、传动轴等
12CrNi3	15	930	685	11	50	90	重载荷下工作的齿轮、凸轮轴、油泵转子等
20Cr2Ni4	15	1 180	1 080	10	45	80	大型齿轮和轴，也可用做调质件等

3）合金调质钢

①用途。主要用于制造在重载荷下同时需承受冲击载荷作用的一些重要零件，如汽车、拖拉机、机床上的齿轮、主轴、连杆、高强度螺栓等。

②性能特点。具有高强度、高韧度的良好的综合力学性能。

③成分特点。含碳量一般为 0.25%～0.50%，常加入少量铬、锰、硅、镍、硼等合金元素，以及少量钼、钡、钨、钛等碳化物形成元素。

④热处理特点。调质处理。

常用合金调质钢的牌号、力学性能、热处理和用途见表3—10。

表3—10　　常用合金调质钢的牌号、力学性能、热处理和用途

牌号	力学性能					热处理				用途
	R_m (MPa)	R_{eL} (MPa)	A (%)	Z (%)	a_K (J/cm²)	淬火		回火		
						温度(℃)	介质	温度(℃)	介质	
	不小于									
40Cr	980	785	9	45	60	850	油	520	水、油	齿轮、花键轴、后半轴、连杆、主轴
45Mn2	885	735	10	45	60	840	油	520	水、油	齿轮、齿轮轴、连杆盖、螺栓
35CrMo	980	835	12	45	80	850	油	520	水、油	大电动机轴、锤杆、连杆、轧钢机轧辊、曲轴
30CrMnSi	1 080	835	10	45	50	880	油	520	水、油	飞机起落架、螺栓
40MnVB	980	785	10	45	60	850	油	520	水、油	汽车和机床上的轴、齿轮
30CrMnTi	1 470	—	9	40	60	880	油	200	水、空气	汽车主动锥齿轮、后主动齿轮、齿轮轴
38CrMoAlA	980	835	14	50	90	940	水、油	640	水、油	磨床主轴、精密丝杠、量规、样板

4）合金弹簧钢

①用途。主要用于制造弹簧等弹性零件。

②性能特点。高的强度、高的疲劳强度、足够的塑性和韧性。

③成分特点。合金弹簧钢的含碳量一般为0.45%～0.70%，常加入的合金元素有锰、硅、铬、钡和钨等。

④热处理特点。热成形弹簧，截面尺寸大于等于8 mm的大型弹簧，一般采用淬火＋中温回火；冷成形弹簧，截面尺寸小于等于8 mm的弹簧，一般采用去应力退火。

常用弹簧钢的牌号、化学成分、热处理、力学性能和用途见表3—11。

表3—11　　常用弹簧钢的牌号、化学成分、热处理、力学性能和用途

牌号	化学成分（%）					热处理		力学性能				用途
	w_C	w_{Si}	w_{Mn}	w_{Cr}	w_V	淬火（℃）	回火（℃）	R_{eL}（MPa）	R_m（MPa）	A（%）	Z（%）	
								不小于				
55Si2Mn	0.52~0.60	1.50~2.00	0.60~0.90	≤0.35		870油	480	1 200	1 300	6	30	用于制造直径为20~25 mm、230℃以下使用的弹簧等
60Si2Mn	0.56~0.64	0.17~0.37	0.60~0.90	≤0.35		870油	480	1 200	1 300	5	25	用于制造直径为25~30 mm、230℃以下使用的弹簧等
50CrVA	0.46~0.54	0.17~0.37	0.50~0.80	0.80~1.10	0.10~0.20	870油	500	1 150	1 300	10	40	用于制造直径为30~50 mm、210℃以下使用的弹簧等
60Si2CrVA	0.56~0.64	1.40~1.80	0.40~0.70	0.90~1.20	0.10~0.20	870油	410	1 700	1 900	6	20	用于制造直径小于50 mm、250℃以下使用的弹簧等

5）滚动轴承钢

①用途。滚动轴承钢用来制造各种轴承的内圈、外圈及滚动体（滚珠、滚柱、滚针）；各种工具（如刀具、冷冲模、量具等）及性能要求与滚动轴承相似的耐磨零件。

②性能特点。高的硬度和耐磨性、高的弹性极限和接触疲劳强度、足够的韧性和一定的耐腐蚀性。

③成分特点。含碳量为0.95%~1.15%，含铬量为0.40%~1.65%，另外还含有硅、锰等元素。

④热处理特点。预备热处理：球化退火；最终热处理：淬火+低温回火。

常用滚动轴承钢的牌号、化学成分、热处理和用途见表3—12。

表3—12　　常用滚动轴承钢的牌号、化学成分、热处理和用途

牌号	化学成分（%）				热处理（℃）		回火后硬度HRC	用途
	w_C	w_{Cr}	w_{Si}	w_{Mn}	淬火	回火		
GCr6	1.05~1.15	0.40~0.70	0.15~0.35	0.20~0.40	800~820 水、油	150~170	62~64	直径小于10 mm的滚珠、滚柱及滚针

续表

牌号	化学成分（%）				热处理（℃）		回火后硬度 HRC	用途
	w_C	w_{Cr}	w_{Si}	w_{Mn}	淬火	回火		
GCr9	1.00~1.10	0.90~1.20	0.15~0.35	0.20~0.40	800~820 水、油	150~170	62~66	直径小于20 mm 的滚珠、滚柱及滚针
GCr9SiMn	1.00~1.10	0.90~1.20	0.40~0.70	1.20	800~830 水、油	150~160	62~64	$\phi25~50$ mm 的滚珠，直径小于22 mm 的滚柱
GCr15	0.95~1.05	1.30~1.65	0.15~0.35	0.20~0.40	800~840 油	150~160	62~64	壁厚小于12 mm、外径小于250 mm 的套圈
GCr15SiMn	0.95~1.05	1.30~1.65	0.45~0.65	0.90~1.20	800~830 油	150~200	61~65	直径大于50 mm 的滚珠，直径大于22 mm 的滚柱；壁厚大于12 mm、外径小于250 mm 的套圈

（2）合金工具钢

1）合金刃具钢

①低合金刃具钢。低合金刃具钢是在碳素工具钢的基础上加入少量合金元素的钢。钢中主要加入铬、锰、硅、钨、钒等元素。这类钢的强度和耐磨性比碳素工具钢高。一般工作温度不得超过300℃。

常用低合金刃具钢的牌号、化学成分、热处理和用途见表3—13。

表3—13　　常用低合金刃具钢的牌号、化学成分、热处理和用途

牌号	化学成分（%）					热处理					用途
						淬火			回火		
	w_C	w_{Cr}	w_{Si}	w_{Mn}	其他	温度（℃）	介质	HRC（不小于）	温度（℃）	HRC	
9SiCr	0.85~0.95	0.95~1.25	1.20~1.60	0.30~0.60		820~860	油	62	180~200	60~62	冷冲模、圆板牙、丝锥、钻头、铰刀、拉刀
8MnSi	0.75~0.85	—	0.30~0.60	0.80~1.10		820~860	油	60	180~200	58~60	木工錾子、锯条或其他刀具

续表

牌号	化学成分（%）						热处理					用途
							淬火			回火		
	w_C	w_{Cr}	w_{Si}	w_{Mn}	其他		温度（℃）	介质	HRC（不小于）	温度（℃）	HRC	
9Mn2V	0.85~0.95	—	≤0.40	1.70~2.00	w_V=0.10~0.25		780~810	油	62	150~200	60~62	量规、量块、精密丝杠、丝锥、圆板牙
CrWMn	0.90~1.05	0.90~1.20	0.15~0.35	0.80~1.10	w_W=1.20~1.60		800~830	油	62	140~160	62~65	淬火后变形小的刀具，如拉刀、长丝杠及量规；形状复杂的冲模

②高速钢

a. 性能特点。高的红硬性（可达600℃）、高硬度、高耐磨性。

b. 成分特点。钢中含有较多的碳（0.7%~1.5%）和大量的钨、铬、钒、钼等强碳化物形成元素。

c. 热处理特点。高速钢（W18Cr4V）热处理工艺曲线如图3—7所示。

d. 用途。常用于制造切削速度较高的刀具（如车刀、铣刀、钻头等）和形状复杂、载荷较大的成形刀具（如齿轮铣刀、拉刀等）；冷挤压模及某些耐磨零件。

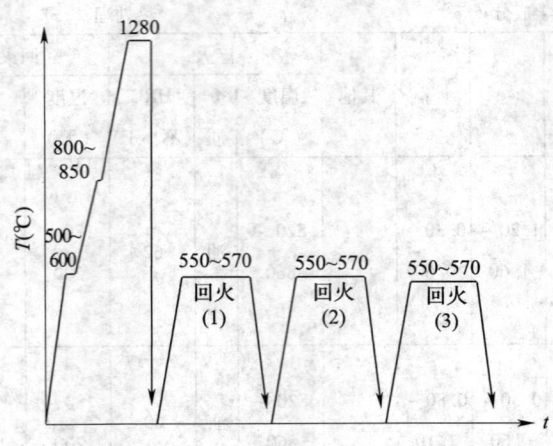

图3—7 高速钢（W18Cr4V）热处理工艺曲线

常用高速钢的牌号、化学成分和热处理见表3—14。

表3—14　　　　　常用高速钢的牌号、化学成分和热处理

牌 号	化学成分（%）						热处理			
							退火		淬火、回火	
	w_C	w_{Cr}	w_W	w_{Mo}	w_V	其他	温度（℃）	HBW	淬火（℃）	回火（℃）	HRC
W18Cr4V	0.70～0.80	3.80～4.40	17.5～19.0	≤0.30	1.00～1.40			<255	1270～1285	550～570	>63
W18Cr4VCo5	0.70～0.80	3.75～4.50	17.5～19.0	0.40～1.00	0.80～1.20	w_{Co}=4.25～5.75	850～870	<269	1270～1290	540～560	>63
W6Mo5Cr4V2	0.80～0.90	3.80～4.40	4.50～5.50	4.50～5.50	1.75～2.20			<255	1210～1230	540～560	>64
CW6Mo5Cr4V2	0.95～1.05	3.80～4.40	4.50～5.50	4.50～5.50	1.75～2.20			<255	1190～1210	540～560	>64
W2Mo9Cr4V2	0.97～1.05	3.50～4.00	8.20～9.20	8.20～9.20	1.75～2.25		840～880	<255	1190～1210	540～560	>65
W9Mo3Cr4V	0.77～0.87	3.80～4.40	2.70～3.30	2.70～3.30	1.30～1.70			<255	1210～1230	540～560	>64

2）合金模具钢

①冷作模具钢

a. 用途。用于制造使金属在冷加工过程中变形的模具，如冷冲模、冷挤压模、拉丝模等。

b. 性能。具有高的硬度和耐磨性、一定的韧性和抗疲劳性，大型模具还要求有良好的淬透性。

c. 常用钢种。小型冷作模具一般采用Cr12和Cr12MoV等高碳铬钢制造。

②热作模具钢

a. 用途。用来制造使金属在热加工过程中成型的模具，如热锻模、热挤压模和压铸模等。

b. 性能。具有热强性、红硬性、高温耐磨性和高抗氧化性，以及较高的抗热疲劳性和导热性。

c. 成分。中碳（含碳量为0.3%～0.6%）合金钢，加入的合金元素有铬、镍、锰、硅、钼、钨、钒等。

d. 常用钢种。一般采用 5CrMnMo 和 5CrNiMo 钢制作热锻模，用 3Cr2W8V 钢制作热挤压模和压铸模。

3) 合金量具钢。制造量具没有专用的钢种，碳素工具钢、合金工具钢和滚动轴承钢均可用来制造量具。对于精度要求较高的量具，一般采用微变形合金工具钢制造，如 CrWMn，CrMn 和 GCr15 钢等。

量具钢的应用实例见表 3—15。

表 3—15　　　　　　　　　　量具钢的应用实例

量具名称	钢号
平样板、卡板	15，20，50，55，60，60Mn，65Mn
一般量规	T10A，T12A，9SiCr
高精度量规	Cr12，GCr15
高精度、形状复杂的量规	CrWMn

注：15 钢和 20 钢经渗碳、淬火后使用。

(3) 特殊性能钢

1) 不锈耐酸钢

①铬不锈钢。常用铬不锈钢的牌号有 1Cr13，2Cr13 和 3Cr13 等，通称 Cr13 型不锈钢。

②铬镍不锈钢。常用铬镍不锈钢的牌号有 0Cr19Ni9 和 1Cr18Ni9 等，通称 18-8 型不锈钢。常用不锈钢的牌号、化学成分、热处理、力学性能和用途见表 3—16。

表 3—16　　　常用不锈钢的牌号、化学成分、热处理、力学性能和用途

类别	钢号	化学成分（%）			热处理		力学性能（不小于）				用途
		w_C	w_{Cr}	其他	淬火（℃）	回火（℃）	R_{eL}（MPa）	R_m（MPa）	A（%）	硬度	
马氏体钢	1Cr13	≤0.15	12~14	—	1000~1050 水、油	700~790	420	600	20	187HBW	用于制作汽轮机叶片、水压机阀、螺栓、螺母等抗弱腐蚀介质并承受冲击的零件
	2Cr13	0.16~0.40	12~14	—	1000~1050 水、油	600~770	450	600	16	197HBW	

续表

类别	钢号	化学成分（%）			热处理		力学性能（不小于）				用途
		w_C	w_{Cr}	其他	淬火（℃）	回火（℃）	R_{eL}（MPa）	R_m（MPa）	A（%）	硬度	
马氏体钢	3Cr13	0.26~0.40	12~14	—	1 000~1 050 油	200~300	—	—	—	48HRC	用于制作耐磨的零件，如加油泵轴、阀门零件、轴承、弹簧以及医疗器械
	4Cr13	0.35~0.45	12~14	—	1 050~1 100 油	200~300	—	—	—	50HRC	
	0Cr13	≤0.08	12~14	—	1 000~1 050 水、油	700~790	350	500	24	—	用于制作抗水蒸气及含硫石油腐蚀的设备
	1Cr17	≤0.12	16~18	—	—	750~800	250	400	20	—	用于制作硝酸生产企业、食品生产企业的设备
	1Cr28	≤0.15	27~30	—	—	700~800	300	450	20	—	用于制作制浓硝酸的设备
	1Cr17Ni2	≤0.12	16~18	w_{Ni}=1.50~2.50	—	700~800	300	450	20	—	用途同1Cr17，但晶间腐蚀抗力较高
奥氏体钢	0Cr19Ni9	≤0.08	18~20	w_{Ni}=8~10.5	固溶处理 1 050~1 100 水	—	180	490	40	—	用于制作深冲零件、焊镍铬钢的焊芯
	1Cr19Ni9	0.04~0.10	18~20	w_{Ni}=8~11	固溶处理 1 100~1 150 水	—	200	550	45	—	用于制作耐硝酸、有机酸、盐、碱溶液腐蚀的设备
	1Cr18Ni9Ti	≤0.12	17~19	w_{Ni}=8~11 w_{Ti}：0.8~5	固溶处理 1 000~1 100 水	—	200	550	40	—	用于制作焊芯、抗磁仪表、医疗器械、耐酸容器及输送管道

注：奥氏体不锈钢中含硅量小于1%，含锰量小于2%，其余钢中Si和Mn的含量一般不大于0.8%。

2）耐热钢

①抗氧化钢

a. 性能。高温下有较好的抗氧化能力且具有一定的强度。

b. 用途。主要用于制造长期在高温下工作但强度要求不高的零件，如各种加热炉的底板、渗碳处理用的渗碳箱等。

c. 常用牌号。常用的抗氧化钢有 4Cr9Si2 和 1Cr13SiAl 等。

②热强钢

a. 性能。高温下具有良好的抗氧化能力及较高的高温强度。

b. 常用牌号及用途。常用的热强钢有 15CrMo 和 4Cr14Ni14W2Mo 等，它们有较高的热强性，可用于制作内燃机重负荷排气阀。

3）耐磨钢

①用途。主要用于制造承受严重摩擦和强烈冲击的零件，如车辆履带、破碎机颚板、球磨机衬板、挖掘机铲斗和铁路道岔等。

②性能。具有良好的韧性和耐磨性。

③常用钢种。高锰钢是典型的耐磨钢，常用牌号是 ZGMn13。

三、铸铁

1. 铸铁的分类

根据碳存在的形式不同，铸铁可以分为以下几种：

（1）白口铸铁

碳主要以渗碳体的形式存在，其断口呈银白色。这类铸铁性能既硬又脆，很难进行切削加工，主要用于炼钢。

（2）麻口铸铁

碳大部分以渗碳体形式存在，少部分以石墨形式存在，断口呈灰白色，脆性较大，工业中很少使用。

（3）灰口铸铁

碳大部分或全部以石墨形式存在，其断口呈暗灰色。它是目前工业生产中应用最广泛的一种铸铁。

根据灰口铸铁中石墨的存在形态不同，又可将其分为以下几种：

1）灰铸铁。石墨以片状形态存在于铸铁中。

2）可锻铸铁。石墨以团絮状形态存在于铸铁中。

3）球墨铸铁。石墨以球状形态存在于铸铁中。

4）蠕墨铸铁。石墨以蠕虫状形态存在于铸铁中。

2．常用铸铁简介

（1）灰铸铁

1）化学成分。含碳量为 2.7%～3.6%，含硅量为 1.0%～3%，含锰量为 0.4%～1.2%，含硫量小于 0.15%，含磷量小于 0.3%。

2）组织。灰铸铁的组织是由金属基体和片状石墨组成的。根据基体组织的不同，灰铸铁可分为以下三种：

①铁素体基体灰铸铁（铁素体＋片状石墨）。

②铁素体—珠光体基体灰铸铁（铁素体＋珠光体＋片状石墨）。

③珠光体基体灰铸铁（珠光体＋片状石墨）。

3）性能。强度低，塑性、韧性差，但具有良好的铸造性、切削加工性，较高的耐磨性、减振性及较低的缺口敏感性。

4）灰铸铁的孕育处理

①孕育处理。是指在浇注前往铁液中加入少量孕育剂（如硅铁或硅钙合金等），使石墨片及基体组织得到细化，又称变质处理。

②性能。强度有很大提高，塑性、韧性有所改善。常用于力学性能要求较高、截面尺寸变化较大的大型铸铁件。

5）灰铸铁的牌号及用途。灰铸铁的牌号由"灰铁"两字汉语拼音字母的字首"HT"及后面的阿拉伯数字组成，数字表示最低抗拉强度，如 HT200。灰铸铁的牌号、力学性能及应用见表 3—17。

表 3—17　　　　　　灰铸铁的牌号、力学性能及应用

铸铁类别	牌号	铸件壁厚（mm）	力学性能 R_m（MPa）	HBW	应用
铁素体灰铸铁	HT100	2.5～10	130	110～166	适用于制造载荷小，对摩擦和磨损无特殊要求的不重要的零件，如防护罩、盖、油盘、手轮、支架、底板、重锤、小手柄、镶导轨的机床底座等
		10～20	100	93～140	
		20～30	90	87～131	
		30～50	80	82～122	
铁素体—珠光体灰铸铁	HT150	2.5～10	175	137～205	适用于制造承受中等载荷的零件，如机座、支架、箱体、刀架、床身、轴承座、工作台、带轮、法兰、泵体、阀体、管路附件（工作压力不大）、飞轮、电动机座等
		10～20	145	119～179	
		20～30	130	110～166	
		30～50	120	105～157	

续表

铸铁类别	牌号	铸件壁厚 (mm)	力学性能 R_m (MPa)	HBW	应用
珠光体灰铸铁	HT200	2.5~10	220	157~236	适用于制造承受较大载荷和要求一定的气密性或耐腐蚀性等较重要的零件，如气缸、齿轮、机座、飞轮、床身、气缸体、活塞、齿轮箱、制动轮、联轴器盘、中等压力阀体、泵体、液压缸、阀门等
		10~20	195	148~222	
		20~30	170	134~200	
		30~50	160	129~190	
	HT250	4.0~10	270	175~262	
		10~20	240	164~247	
		20~30	220	157~236	
		30~50	200	150~225	
孕育铸铁	HT300	10~20	290	182~272	适用于制造承受高载荷、耐磨和高气密性的重要零件，如重型机床、剪床、压力机、自动机床的床身、机座、机架、高压液压件、活塞环、齿轮、凸轮、车床卡盘、衬套、大型发动机的气缸体、缸套、气缸盖等
		20~30	250	168~251	
		30~50	230	161~241	
	HT350	10~20	340	199~298	
		20~30	290	182~272	
		30~50	260	171~257	

6）灰铸铁的热处理。灰铸铁常用的热处理方法有去应力退火、表面淬火和石墨化退火。

（2）可锻铸铁

1）化学成分。含碳量为2.2%~2.8%，含硅量为1.2%~1.8%，含锰量为0.4%~0.6%，含磷量小于0.1%，含硫量小于0.25%。

2）组织与性能

①组织。根据生产工艺的不同，可锻铸铁可分为铁素体（黑心）可锻铸铁（铁素体+团絮状石墨）和珠光体可锻铸铁（珠光体+团絮状石墨）。

②性能。铁素体可锻铸铁具有一定的强度和一定的塑性与韧性；珠光体可锻铸铁则具有较高的强度、硬度和耐磨性，塑性与韧性则较差。

3）可锻铸铁的牌号及用途

①牌号。可锻铸铁的牌号一般由三个字母和两组数字组成，前两个字母"KT"是"可铁"两个字汉语拼音字母的字首，第三个字母代表可锻铸铁的类别，后面两组数字分别代表最低抗拉强度和断后伸长率的数值，如KTH300-06。

②用途。可锻铸铁广泛应用于汽车、拖拉机制造行业，常用来制造形状复杂、承受冲击载荷的薄壁中、小型零件。

可锻铸铁的牌号、力学性能和应用见表3—18。

表3—18　　　　可锻铸铁的牌号、力学性能和应用

牌　号		试样直径 d（mm）	R_m（MPa）	R_{eL}（MPa）	A（%）	硬度 HBW	应用
A	B		不小于				
KTH300-6	—	12 或 15	300	—	6	不大于150	适用于承受动载荷和静载荷且要求气密性好的零件，如管道配件，中、低压阀门
—	KTH330-08		330	—	8		适用于承受中等动载荷和静载荷的零件，如机床扳手、车轮壳、钢丝绳接头
KTH350-10	—		350	200	10		适用于承受较高的冲击、振动及扭转载荷下工作的零件，如汽车上的差速器壳，前、后轮毂，转向节壳，制动器
—	KTH370-12		370	—	12		
KTZ450-06	—		450	270	6	150~200	韧度较低，但强度高，适用于承受较高载荷、耐磨损的重要零件，如曲轴、凸轮轴、连杆、齿轮、活塞环、摇臂、扳手
KTZ550-04	—		550	340	4	180~230	
KTZ650-02	—		650	450	2	210~260	
KTZ700-02	—		700	530	2	240~290	

（3）球墨铸铁

1）化学成分。含碳量为3.6%~3.9%，含硅量为2.0%~2.8%，含锰量为0.6%~0.8%，含硫量小于0.07%，含磷量小于0.1%。

2）组织

①铁素体+球状石墨。

②铁素体+珠光体+球状石墨。

③珠光体+球状石墨。

3）牌号、性能及用途

①牌号。由"球铁"两字汉语拼音字母的字首"QT"及两组数字组成，两组数字分别代表其最低抗拉强度和断后伸长率，如QT400-18。

②性能。具有良好的力学性能和工艺性能。

③用途。可代替铸钢、合金铸钢、可锻铸铁制造一些受力复杂，强度、硬度、韧度和耐磨性要求较高的零件，如内燃机曲轴、凸轮轴、连杆，减速箱齿轮以及轧钢机轧辊等。

球墨铸铁的牌号、力学性能和用途见表3—19。

表3—19　　　　　　球墨铸铁的牌号、力学性能和用途

牌号	R_m（MPa）	$R_{r0.2}$（MPa）	A（%）	硬度HBW	用途
	不小于				
QT400-18	400	250	18	130~180	汽车轮毂、驱动桥壳体、差速器壳体、离合器壳、拨叉、阀体、阀盖等
QT400-15	400	250	15	130~180	
QT450-10	450	310	10	160~210	
QT500-7	500	320	7	170~230	内燃机的机油泵齿轮、铁路机车车辆的轴瓦、飞轮等
QT600-3	600	370	3	190~270	柴油机曲轴；轻型柴油机凸轮轴，连杆，气缸套和进、排气门座；磨床、铣床、车床主轴，矿车车轮
QT700-2	700	420	2	225~305	
QT800-2	800	480	2	245~335	
QT900-2	900	600	2	280~360	汽车锥齿轮、转向节、传动轴，内燃机曲轴、凸轮轴

4）球墨铸铁的热处理。球墨铸铁常用的热处理方法有退火、正火、调质和等温淬火。

第三节　钢铁材料的热处理

一、热处理概述

1．定义

热处理是指将钢在固态下采用适当的方式进行加热、保温和冷却，以获得所需组织和性能的工艺。

2．目的

（1）提高零件的使用性能，充分发挥钢材的潜力，延长零件的使用寿命。

（2）改善工件的工艺性能，提高加工质量，减少刀具磨损。

3. 分类

常用的热处理方法分为整体热处理（如退火、正火、淬火、回火等），表面热处理（如表面淬火、物理气相沉积和化学气相沉积等）以及化学热处理（如渗碳、渗氮和碳氮共渗等）三大类。

二、整体热处理

1. 退火

（1）定义

退火是指将钢加热到一定温度保温后，随炉缓慢冷却的热处理工艺。

（2）目的

降低硬度，提高塑性，细化或均匀组织，消除应力。

（3）方法

常用的退火方法有以下三种：

1）完全退火。是指将钢加热到 Ac_3 以上 30~50℃，保温，随炉冷却到 600℃ 以下出炉空冷的工艺方法。主要用于中碳钢及低、中碳合金结构钢的铸件、锻件、焊接件。

2）球化退火。是指将钢加热到 Ac_1 以上 20~30℃，充分保温后，随炉冷却到 600℃ 以下出炉空冷的工艺方法。主要用于共析钢及过共析钢件。

3）去应力退火。是指将钢加热到 Ac_1 以下某一温度（一般为 500~600℃），保温一段时间，然后随炉冷却的工艺方法。主要用于消除铸件、锻件、焊接件及冷冲压件的残余应力。

2. 正火

（1）定义

将钢加热到 Ac_3 或 Ac_{cm} 以上 30~50℃，保温适当时间，出炉后在空气中冷却的热处理工艺称为正火。

（2）目的

1）改善低碳钢和低碳合金钢的切削加工性能。

2）细化晶粒。当力学性能要求不高时，正火可作为最终热处理。

3）消除过共析钢中的网状渗碳体，改善钢的力学性能，为球化退火做组织准备。

4）代替中碳钢和低碳合金结构钢的退火，改善组织结构和切削加工性能。

3. 淬火

（1）定义

将钢加热到 Ac_3 或 Ac_1 以上适当温度，保温一段时间后，以大于临界冷却速度（v_c）的速度冷却，以获得马氏体或下贝氏体组织的热处理工艺称为淬火。

（2）目的

获得马氏体组织，提高钢的强度、硬度和耐磨性。

（3）工艺简介

1）淬火加热温度。亚共析钢：Ac_3 以上 30~50℃；共析钢、过共析钢：Ac_1 以上 30~50℃。

2）淬火冷却介质。常用的淬火冷却介质有水、油、盐水、碱水等。一般碳钢采用水冷，合金钢采用油冷。

3）淬火方法。常用淬火方法包括单液淬火、双介质淬火、马氏体分级淬火、贝氏体等温淬火。淬火方法工艺曲线如图 3—8 所示。

4）淬火缺陷。常见淬火缺陷包括氧化与脱碳、过热与过烧、变形与开裂、硬度不足与软点。

4. 回火

（1）定义

回火是指将淬火钢加热到 Ac_1 以下某一温度，保温一段时间，然后冷却至室温的热处理工艺。

（2）目的

减小或消除淬火应力，防止工件变形与开裂，稳定工件尺寸以及获得工件所需的组织和性能。

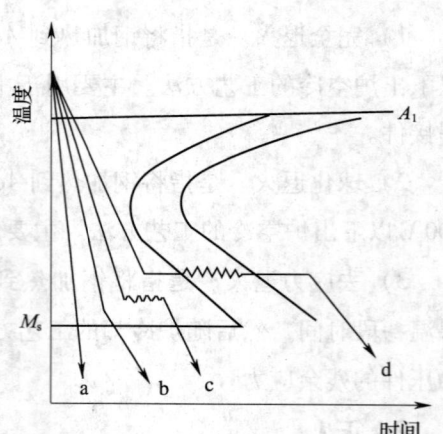

图 3—8 淬火方法工艺曲线
a—单液淬火 b—双介质淬火
c—马氏体分级淬火 d—贝氏体等温淬火

（3）回火的分类及其应用

1）低温回火（150~250℃）。低温回火得到的组织为回火马氏体，其性能是：具有高硬度和高耐磨性，内应力和脆性有所降低。主要用于各种刃具、量具、冷作模具、滚动轴承、渗碳件和表面淬火件等。

2）中温回火（350~500℃）。中温回火得到的组织为回火屈氏体，其性能是：具有较高的弹性极限和屈服强度，有一定的韧度和硬度。主要用于各种弹性零件和热作模具等。

3)高温回火(500~650℃)。高温回火得到的组织为回火索氏体。其性能是:具有较好的综合力学性能。广泛用于汽车、拖拉机、机床等机械中的重要结构零件,如各种轴、齿轮、连杆、高强度螺栓等。

淬火后进行高温回火称为调质处理。

三、表面热处理

1. 定义

表面热处理是仅对工件表层进行热处理,以改变其组织和性能的工艺方法。

2. 表面淬火

(1) 定义

表面淬火是指对工件表面快速加热至淬火温度,并立即以大于 v_c 的速度冷却,使表层强化的热处理工艺。

(2) 特点

表面淬火不改变工件表层的成分,只改变表层的组织,其心部组织不发生变化。

(3) 方法

根据淬火加热方法的不同,常用的有感应加热表面淬火和火焰加热表面淬火。

(4) 用途

表面淬火适用于工件表层要求具有高强度、硬度、耐磨性及疲劳强度,而心部要具有足够的塑性和韧性的工件,如汽车、拖拉机、机床和工程机械中的齿轮、轴类零件;高碳钢、低合金钢制造的工具和量具;铸铁冷轧辊及大模数齿轮等。

四、化学热处理

1. 定义

化学热处理是指将工件置于一定温度的活性介质中保温,使一种或几种元素渗入工件表层,改变其化学成分,从而使工件获得所需组织和性能的热处理工艺。

2. 目的

通过化学热处理,可使工件表面强化,改善工件表面的物理性能和化学性能。

3. 方法

化学热处理常用的方法有渗碳、渗氮、碳氮共渗和渗金属等。

(1) 渗碳

渗碳是指使碳原子渗入工件表层的工艺方法。渗碳可分为气体渗碳、液体渗碳和固体渗碳三种。工件渗碳后经淬火及低温回火，表面具有高硬度和高耐磨性，心部具有较好的韧性。

（2）渗氮

将氮原子渗入工件表层的过程称为渗氮（又称氮化）。其目的是提高工件表面的硬度、耐磨性、疲劳强度、红硬性和耐腐蚀性。常用的渗氮方法有气体渗氮、液体渗氮及离子渗氮等。主要适用于要求具有高耐磨性和高精度的零件，如精密机床的丝杠、镗床主轴、重要的阀门等。

第四节 有色金属及非金属材料简介

一、有色金属

1. 铝及铝合金

（1）纯铝

纯铝是银白色的金属，密度为 2.72g/cm³，导电性、导热性好，有良好的耐腐蚀性，强度、硬度低，塑性好，可以冷、热变形加工。铝及铝合金广泛用于电气工程、航天和汽车等行业。工业纯铝的牌号、化学成分和用途见表3—20。

表3—20　　　　　　工业纯铝的牌号、化学成分和用途

新牌号	旧牌号	化学成分（%）		用途
		w_{Al}	杂质总量	
1070	L1	99.7	0.3	用于制造垫片、电容、电子管隔离罩、电缆、导电体和装饰件
1060	L2	99.6	0.4	
1050	L3	99.5	0.5	
1035	L4	99.3	0.7	
1200	L5	99.0	1.00	用于制造不受力而具有某种特性的零件，如电线保护导管、通信系统的零件、垫片和装饰件

（2）铝合金

1）定义。在纯铝中加入适量的硅、铜、镁、锌、锰等合金元素所形成的合金

称为铝合金。

2）分类。铝合金按其化学成分和工艺特点不同可分为变形铝合金和铸造铝合金。

①变形铝合金。变形铝合金分为防锈铝、硬铝、超硬铝和锻铝四类。常用变形铝合金的牌号、力学性能和用途见表3—21。

表3—21　　　　　常用变形铝合金的牌号、力学性能和用途

类别	新牌号	旧牌号	半成品种类	状态①	力学性能		用途
					R_m（MPa）	A（%）	
防锈铝	5A02	LF2	冷轧板材 热轧板材 挤压板材	O H112 O	167～226 117～157 ≤226	16～18 7～6 10	用于制造在液体中工作的中等强度的焊接件、冷冲压件和容器、骨架零件等
	3A21	LF21	冷轧板材 热轧板材 挤制厚壁管材	O H112 H112	98～147 108～118 ≤167	18～20 15～12 —	用于制造要求高的可塑性和良好的焊接性、在液体或气体介质中工作的低载荷零件，如油箱、油管、液体容器、饮料罐等
硬铝	2A11	LY11	冷轧板材（包铝） 挤压棒材 拉挤制管材	O T4 O	226～235 353～373 ≤245	12 10～12 10	用做各种要求中等强度的零件和构件、冲压的连接部件、空气螺旋桨叶片、局部镦粗的零件（如螺栓和铆钉等）
	2A12	LY12	冷轧板材（包铝） 挤压棒材 拉挤制管材	T4 T4 O	407～427 255～275 ≤245	10～13 8～12 10	用量最大。用做各种要求高载荷的零件和构件（但不包括冲压件和锻件），如飞机上的骨架零件、蒙皮、翼梁、铆钉等在150℃以下工作的零件
	2B11	LY8	铆钉线材	T4	225	—	主要用做铆钉材料
超硬铝	7A03	LC3	铆钉线材	T6	284	—	受力结构的铆钉
	7A04 7A09	LC4 LC9	挤压棒材 冷轧板材 热轧板材	T6 O T6	490～510 ≤240 490	5～7 10 3～6	用做承力构件和高载荷零件，如飞机上的大梁、桁条、加强框、蒙皮、翼肋、起落架零件等，通常多用以取代2A12

续表

类别	新牌号	旧牌号	半成品种类	状态①	力学性能 R_m (MPa)	力学性能 A (%)	用途
锻铝	2A50	LD5	挤压棒材	T6	353	12	用做形状复杂和中等强度的锻件及冲压件，如内燃机活塞，空气压缩机叶片、叶轮、圆盘以及其他在高温下工作的复杂锻件。2A70耐热性好
	2A70	LD7	挤压棒材	T6	353	8	
	2A80	LD8	挤压棒材	T6	441~432	8~10	
	2A14	LD10	热轧板材	T6	432	5	用做高负荷和形状简单的锻件和模锻件

① 状态符号采用 GB/T 16475—1996 规定的代号：O—退火状态，T4—固溶处理＋自然时效，T6—固溶处理＋完全人工时效，H112—加工硬化状态。

② 铸造铝合金。常用的铸造铝合金有铝—硅系铸造铝合金、铝—铜系铸造铝合金、铝—镁系铸造铝合金和铝—锌系铸造铝合金。为了进一步提高铝合金的强度，还可以加入少量的其他金属元素，通过淬火、时效以提高强度。铸造铝合金的代号用"铸铝"两字汉语拼音字母的字首"ZL"及后面三位数字表示。第一位数字表示铝合金的类别（1为铝—硅系，2为铝—铜系，3为铝—镁系，4为铝—锌系）；后两位数字表示铝合金的顺序号。常用铸造铝合金的代号、化学成分、力学性能和用途见表3—22。

表3—22　　常用铸造铝合金的代号、化学成分、力学性能和用途

合金代号	化学成分（%） w_{Si}	化学成分（%） w_{Cu}	化学成分（%） w_{Mg}	化学成分（%） 其他	铸造方法与合金状态	力学性能（不低于） R_m (MPa)	力学性能（不低于） A (%)	力学性能（不低于） HBW	用途
ZL101	6.5~7.5		0.25~0.45		J，T5	202	2	60	用于制造飞机、仪器上的零件，以及工作温度低于185℃的化油器
					S，T5	192	2	60	
ZL102	10.0~13.0				J，SB	153	2	50	用于制造仪表、抽水机壳体，承受低载荷、工作温度低于200℃的气密性零件
					JB，SB	143	4	50	
					T2	133	4	50	
ZL105	4.5~5.5	1.0~1.5	0.4~0.6		J，T5	231	0.5	70	用于制造形状复杂，在225℃下工作的零件，如风冷发动机的气缸头、油泵体、机匣等
					S，T5	212	1.0	70	
					S，T6	222	0.5	70	

续表

合金代号	化学成分（%）				铸造方法与合金状态	力学性能（不低于）			用途
	w_{Si}	w_{Cu}	w_{Mg}	其他		R_m (MPa)	A (%)	HBW	
ZL108	11.0~13.0	1.0~2.0	0.4~1.0	$w_{Mn}=$ 0.3~0.9	J，T1 J，T6	192 251	— —	85 90	用于制造要求高温强度及低膨胀系数的零件，如高速内燃机活塞、耐热零件等
ZL201		4.5~5.3		$w_{Mn}=$ 0.6~1.0 $w_{Ti}=$ 0.15~0.35	S，T4 S，T5	290 330	8 4	70 90	用于制造在175~300℃之间工作的零件，如内燃机汽缸、活塞、支臂等
ZL202		9.0~11.0			S，J S，J，T6	104 163	— —	50 100	用于制造形状简单、要求表面光洁的中等承载零件
ZL301			9.0~11.5		J，S T4	280	9	60	用于制造工作温度低于150℃，在大气或海水中工作，承受大振动载荷的零件
ZL401	6.0~8.0	0.1~0.3		$w_{Zn}=$ 9.0~13.0	J，T1 S，T1	241 192	1.5 2	90 80	用于制造工作温度低于200℃，形状复杂的汽车、飞机零件

注：铸造方法与合金状态的符号：J—金属型铸造；S—砂型铸造；B—变质处理；T1—人工时效（不进行淬火）；T2—290℃退火；T4—固溶处理＋自然时效；T5—固溶处理＋不完全人工时效（时效温度低或时间短）；T6—固溶处理＋完全人工时效（180℃以下，时间较长）。

2．铜及铜合金

（1）纯铜

纯铜呈玫瑰红色，表面形成氧化铜膜后外观为紫红色，故俗称紫铜。纯铜的密度为 8.96 g/cm³，熔点为 1 083℃，其导电性、导热性仅次于金和银，塑性非常好，易于冷、热压力加工，在大气及淡水中有良好的耐腐蚀性。

常用冷加工方法制造电线、电缆、铜管以及配制铜合金等。常用铜的牌号、化学成分和用途见表3—23。

表3—23　　　　　　　　　　常用铜的牌号、化学成分和用途

组别	牌号	化学成分（%）			用途
		w_{Cu}（不小于）	杂质	杂质总量	
			w_{Bi}	w_{Pb}		

组别	牌号	w_{Cu}（不小于）	w_{Bi}	w_{Pb}	杂质总量	用途
纯铜	T1	99.95	0.001	0.003	0.05	导电、导热、耐腐蚀器具材料，如电线、蒸发器、雷管、储藏器等
	T2	99.90	0.001	0.005	0.1	
	T3	99.70	0.002	0.01	0.3	一般用铜材，如电气开关、管道、铆钉等
无氧铜	TU1	99.97	0.001	0.003	0.03	电真空器件、高导电性导线
	TU2	99.95	0.001	0.004	0.05	

（2）铜合金

铜合金分为黄铜、白铜（铜镍合金）和青铜三类，机械制造业常用的是黄铜和青铜。

1）黄铜。黄铜是以锌为主加元素的铜合金。它分为普通黄铜和特殊黄铜。

①普通黄铜。普通黄铜分为单相黄铜和双相黄铜两类。单相黄铜塑性很好，适于冷、热变形加工。双相黄铜强度高，热状态下塑性良好，适于热变形加工。

普通黄铜的牌号用"H"+数字表示。其中"H"表示普通黄铜的"黄"字汉语拼音字母的字首，数字表示平均含铜量的百分数。

常用黄铜的牌号、化学成分、力学性能和用途见表3—24。

②特殊黄铜。在普通黄铜中加入其他合金元素所形成的合金称为特殊黄铜。特殊黄铜有锡黄铜、硅黄铜、锰黄铜、铅黄铜和铝黄铜等。

特殊黄铜的代号由"H"+主加元素的元素符号（除锌以外）+铜含量的百分数+主加元素含量的百分数组成，如HPb59-1等。

表3—24　　　　　常用黄铜的牌号、化学成分、力学性能和用途

组别	牌号	化学成分（%）		力学性能			用途
		w_{Cu}	其他	R_m (MPa)	A (%)	HBW	
普通黄铜	H90	88.0~91.0	余量 Zn	$\frac{260}{480}$	$\frac{45}{4}$	$\frac{53}{130}$	用于制造双金属片、供水和排水管、艺术品、证章等
	H68	67.0~70.0	余量 Zn	$\frac{320}{660}$	$\frac{55}{3}$	$\frac{-}{150}$	用于制造复杂的冲压件、散热器外壳、波纹管、轴套、弹壳等
	H62	60.5~63.5	余量 Zn	$\frac{330}{600}$	$\frac{49}{3}$	$\frac{56}{164}$	用于制造销钉、铆钉、螺钉、螺母、垫圈、夹线板、弹簧等

续表

组别	牌号	化学成分（%）		力学性能			用途
		w_{Cu}	其他	R_m (MPa)	A (%)	HBW	
特殊黄铜	HSn90-1	88.0~91.0	w_{Sn} = 0.25~0.75 余量 Zn	$\dfrac{280}{520}$	$\dfrac{45}{5}$	$\dfrac{58}{148}$	用于制造船舶零件、汽车和拖拉机的弹性套管等
	HSi80-3	79.0~81.0	w_{Si} = 2.5~4.0 余量 Zn	$\dfrac{300}{600}$	$\dfrac{58}{4}$	$\dfrac{90}{110}$	用于制造船舶零件、蒸汽（<265℃）条件下工作的零件
	HMn58-2	57.0~60.0	w_{Mn} = 1.0~2.0 余量 Zn	$\dfrac{400}{700}$	$\dfrac{40}{10}$	$\dfrac{85}{175}$	用于制造弱电电路用的零件
	HPb59-1	57.0~60.0	w_{Pb} = 0.8~1.9 余量 Zn	$\dfrac{400}{650}$	$\dfrac{45}{16}$	$\dfrac{44}{80}$	用于制造热冲压及切削加工零件，如销钉、螺钉、螺母、轴套等
	HAl59-3-2	57.0~60.0	w_{Al} = 2.5~3.5 w_{Ni} = 2.0~3.0 余量 Zn	$\dfrac{380}{650}$	$\dfrac{50}{15}$	$\dfrac{75}{155}$	用于制造船舶、电动机及其他在常温下工作的高强度、耐腐蚀零件

注：力学性能中分母的数值为50%变形程度的硬化状态测定，分子的数值为600℃下退火状态测定。

铸造黄铜的牌号用"ZCu"＋主加元素的元素符号及含量＋其他元素的元素符号及含量表示，如ZCuZn38和ZCuZn40Mn2等。常用铸造黄铜的牌号、化学成分、力学性能和用途见表3—25。

表3—25　　常用铸造黄铜的牌号、化学成分、力学性能和用途

牌号	化学成分（%）		力学性能			用途
	w_{Cu}	其他	R_m (MPa)	A (%)	HBW	
ZCuZn38	60.0~63.0	余量 Zn	$\dfrac{295}{295}$	$\dfrac{30}{30}$	$\dfrac{60}{70}$	用于制造法兰、阀座、手柄、螺母等

续表

牌号	化学成分（%）		力学性能			用途
	w_{Cu}	其他	R_m（MPa）	A（%）	HBW	
ZCuZn25Al6-Fe3Mn3	60.0~66.0	$w_{Al}=4.5~7.0$ $w_{Fe}=2.0~4.0$ $w_{Mn}=1.5~4.0$ 余量 Zn	$\frac{725}{740}$	$\frac{10}{7}$	$\frac{157}{166}$	用于制造耐磨板、滑块、蜗轮、螺栓等
ZCuZn40Mn2	57.0~60.0	$w_{Mn}=1.0~2.0$ 余量 Zn	$\frac{345}{390}$	$\frac{20}{25}$	$\frac{80}{90}$	用于制造在淡水、海水、蒸汽中工作的零件，如阀体、阀杆、泵、管接头等
ZCuZn33Pb2	63.0~67.0	$w_{Pb}=1.0~3.0$ 余量 Zn	$\frac{180}{—}$	$\frac{12}{—}$	$\frac{50}{—}$	用于制造煤气和给水设备的壳体、仪器的构件

注：力学性能中分子的数值为砂型铸造试样测定，分母的数值为金属型铸造试样测定。

2）青铜

①定义。除了黄铜和白铜以外的铜合金统称为青铜。

②分类。按主加元素种类的不同，青铜可分为锡青铜、铝青铜、硅青铜和铍青铜等。

③牌号。青铜的牌号由"Q"+主加元素的元素符号及含量+其他加入元素的含量组成，其中"Q"表示青铜的"青"字汉语拼音字母的字首，如 QSn4-3 和 QAl7 等。铸造青铜牌号的表示方法与铸造黄铜的牌号相同。常用青铜的牌号、化学成分、力学性能和用途见表3—26。常用铸造青铜的牌号、化学成分、力学性能和用途见表3—27。

表3—26　　常用青铜的牌号、化学成分、力学性能和用途

牌号	化学成分（%）		力学性能			用途
	第一主加元素	其他	R_m（MPa）	A（%）	HBW	
QSn4-3	$w_{Sn}=3.5~4.5$	$w_{Zn}=2.7~3.3$ 余量 Cu	$\frac{350}{550}$	$\frac{40}{4}$	$\frac{60}{160}$	用于制造弹性元件、管配件、化工机械中的耐磨零件及抗磁零件

续表

牌号	化学成分（%）		力学性能			用途
	第一主加元素	其他	R_m (MPa)	A (%)	HBW	
QSn6.5-0.1	$w_{Sn}=6.0\sim7.0$	$w_P=0.1\sim0.25$ 余量 Cu	$\frac{400}{750}$	$\frac{65}{9}$	$\frac{80}{180}$	用于制造弹簧、接触片、振动片、精密仪器中的耐磨零件
QSn4-4-4	$w_{Sn}=3.0\sim5.0$	$w_{Pb}=3.5\sim4.5$ $w_{Zn}=3.0\sim5.0$ 余量 Cu	$\frac{310}{650}$	$\frac{46}{3}$	$\frac{62}{170}$	用于制造重要的减摩零件，如轴承、轴套、蜗轮、丝杠、螺母等
QAl7	$w_{Al}=6.0\sim8.0$	余量 Cu	$\frac{470}{980}$	$\frac{70}{3}$	$\frac{70}{154}$	用于制造有重要用途的弹性元件
QAl9-4	$w_{Al}=8.0\sim10.0$	$w_{Fe}=2.0\sim4.0$ 余量 Cu	$\frac{550}{900}$	$\frac{40}{5}$	$\frac{110}{180}$	用于制造耐磨零件，如轴承、蜗轮、齿圈等；以及在蒸汽及海水中工作的高强度、耐腐蚀零件
QBe2	$w_{Be}=1.8\sim2.1$	$w_{Ni}=0.2\sim0.5$ 余量 Cu	$\frac{500}{950}$	$\frac{40}{3}$	$\frac{90HV}{250HV}$	用于制造重要的弹性元件、耐磨零件以及在高速、高压、高温下工作的轴承
QSi3-1	$w_{Si}=2.7\sim3.5$	$w_{Mn}=1.0\sim1.5$ 余量 Cu	$\frac{370}{700}$	$\frac{55}{3}$	$\frac{80}{180}$	用于制造弹性元件以及在腐蚀介质下工作的耐磨零件，如齿轮等

注：力学性能中分母的数值为50%变形程度的硬化状态测定，分子的数值为600℃下退火状态测定。

表 3—27 常用铸造青铜的牌号、化学成分、力学性能和用途

牌号	化学成分（%）		力学性能			用途
	第一主加元素	其他	R_m (MPa)	A (%)	HBW	
ZCuSn5Pb5Zn5	$w_{Sn}=4.0\sim6.0$	$w_{Zn}=4.0\sim6.0$ $w_{Pb}=4.0\sim6.0$ 余量 Cu	$\frac{200}{200}$	$\frac{13}{13}$	$\frac{60}{60}$	用于制造较高负荷及中速的耐磨、耐腐蚀零件，如轴瓦、缸套、蜗轮等

续表

牌号	化学成分（%）		力学性能			用途
	第一主加元素	其他	R_m (MPa)	A (%)	HBW	
ZCuSn10Pb1	$w_{Sn}=9.0\sim11.5$	$w_{Pb}=0.5\sim1.0$ 余量 Cu	$\dfrac{200}{310}$	$\dfrac{3}{2}$	$\dfrac{80}{90}$	用于制造高负荷、高速耐磨零件，如轴瓦、衬套、齿轮等
ZCuPb30	$w_{Pb}=27.0\sim33.0$	余量 Cu	—	—	$\dfrac{—}{25}$	用于制造高速双金属轴瓦
ZCuAl9Mn2	$w_{Al}=8.0\sim10.0$	$w_{Mn}=1.5\sim2.5$ 余量 Cu	$\dfrac{390}{440}$	$\dfrac{20}{20}$	$\dfrac{85}{95}$	用于制造耐腐蚀、耐磨零件，如齿轮、衬套、蜗轮等

注：力学性能中分子的数值为砂型铸造试样测定，分母的数值为金属型铸造试样测定。

3. 轴承合金

（1）对轴承合金性能的要求

1）足够的强度和硬度。

2）较高的耐磨性和较小的摩擦因数。

3）足够的塑性和韧性，较高的抗疲劳强度。

4）良好的导热性及耐腐蚀性。

5）良好的磨合性。

（2）轴承合金简介

轴承合金按主要成分不同可分为锡基、铅基、铜基、铝基等，其中应用最广泛的是锡基轴承合金和铅基轴承合金，又称巴氏合金。

1）锡基轴承合金（锡基巴氏合金）

①特点。锡基轴承合金是以锡为基础，加入少量锑、铜等元素组成的合金。具有适中的硬度、小的摩擦因数、较好的塑性及韧性、优良的导热性和耐腐蚀性等优点，常用于重要的轴承。

②牌号。轴承合金的牌号用"Z"（"铸"字汉语拼音字母的字首）+ 基本元素符号 + 主加元素符号 + 主加元素含量 + 辅加元素符号 + 辅加元素含量组成，如 ZSnSb11Cu6 为锡基铸造轴承合金，主加元素锑（Sb）的含量为11%，辅加元素铜（Cu）的含量为6%。

锡基轴承合金的牌号、化学成分、力学性能和用途见表3—28。

表3—28　　锡基轴承合金的牌号、化学成分、力学性能和用途

牌号	化学成分（%）					HBW（不低于）	用途
	w_{Sb}	w_{Cu}	w_{Pb}	杂质	w_{Sn}		
ZSnSb12Pb10Cu4	11.0~13.0	2.5~5.0	9.0~11.0	0.55	余量	29	用于制造一般发动机的主轴承，但不适用于高温条件
ZSnSb11Cu6	10.0~12.0	5.5~6.5	—	0.55	余量	27	用于制造1 500 kW以上蒸汽机、3 700 kW的涡轮压缩机、涡轮泵及高速内燃机的轴承
ZSnSb8Cu4	7.0~8.0	3.0~4.0	—	0.55	余量	24	用于制造大型机器轴承及重载汽车发动机轴承
ZSnSb4Cu4	4.0~5.0	4.0~5.0	—	0.50	余量	20	用于制造涡轮内燃机的高速轴承及轴承衬套

2）铅基轴承合金（铅基巴氏合金）

①特点。铅基轴承合金是以铅锑合金为基础，加入锡、铜等元素组成的轴承合金。强度、硬度、韧性均低于锡基轴承合金，摩擦因数较大，只适用于中等负荷的轴承。

②牌号。铅基轴承合金的表示方法与锡基轴承合金相同，如 ZPbSb16Sn16Cu2等。铅基轴承合金的牌号、化学成分、力学性能和用途见表3—29。

表3—29　　铅基轴承合金的牌号、化学成分、力学性能和用途

牌号	化学成分（%）					HBW（不低于）	用途
	w_{Sb}	w_{Cu}	w_{Sn}	杂质	w_{Pb}		
ZPbSb16Sn16Cu2	15.0~17.0	1.5~2.0	15.0~17.0	0.60	余量	30	用于制造110~880 kW的蒸汽涡轮机、150~750 kW的电动机和小于1 500 kW的起重机中重载推力轴承

续表

牌号	化学成分（%）					HBW（不低于）	用途
	w_{Sb}	w_{Cu}	w_{Sn}	杂质	w_{Pb}		
ZPbSb15Sn5Cu3Cd2	14.0~16.0	2.5~3.0	5.0~6.0	0.40	$w_{Cd}=$ 1.75~2.25 $w_{As}=$ 0.6~1.0 余量 Pb	32	用于制造船舶机械、小于250 kW的电动机和水泵轴承
ZPbSb15Sn10	14.0~16.0	—	9.0~11.0	0.50	余量	24	用于制造高温、中等压力下的机械轴承
ZPbSb15Sn5	14.0~15.5	0.5~1.0	4.0~5.5	0.75	余量	20	用于制造低速、轻压力下的机械轴承
ZPbSb10Sn6	9.0~11.0	—	5.0~7.0	0.75	余量	18	用于制造重载、耐腐蚀、耐磨轴承

二、常用非金属材料简介

1. 工程塑料

工程塑料是指用于制造工程结构、机器零件、工业容器和设备的塑料，主要有聚甲醛、聚酰胺（尼龙）、聚碳酸酯、ABS四种，还有聚砜、聚氯醚、聚苯醚等。这类塑料具有较高的强度、弹性模量、韧度和耐磨性，耐腐蚀性和耐热性较好。常用塑料的种类、特点和用途见表3—30。

表3—30　　常用塑料的种类、特点和用途

类别	名称	代号	主要特点	用途
热塑性塑料	聚乙烯	PE	具有良好的耐腐蚀性和电绝缘性。高压聚乙烯柔软性、透明性较好；低压聚乙烯强度高，耐磨性、耐腐蚀性、绝缘性良好	高压聚乙烯：用于制造薄膜、软管和塑料瓶 低压聚乙烯：用于制造塑料管、塑料板、塑料绳，以及承载不高的零件，如齿轮、轴承等
	聚酰胺（尼龙）	PA	具有韧性好，耐磨、耐疲劳、耐油、耐水等综合性能，但吸水性强，成型收缩不稳定	用于制造一般机器零件，如轴承、齿轮、凸轮轴、蜗轮、铰链等

续表

类别	名称	代号	主要特点	用途
热塑性塑料	浓缩塑料（聚甲醛）	POM	具有优良的综合力学性能，尺寸稳定性好，耐磨、耐老化性能良好，吸水性小，可在104℃下长期使用。遇火易燃，长期在大气中暴晒会老化	用于制造减摩、耐磨零件，如轴承、齿轮、凸轮轴、仪表外壳、化油器、线圈骨架等
热塑性塑料	聚砜	PSF	具有良好的耐寒、耐热、抗蠕变及尺寸稳定性。耐酸、碱和高温蒸汽。可在-65~150℃下长期工作	用于制造耐腐蚀、减摩、耐磨、绝缘零件，如齿轮、凸轮、仪表外壳和接触器等
热塑性塑料	有机玻璃（聚甲基丙烯酸甲酯）	PMMA	透光性好，可透过92%的太阳光，强度高，耐紫外线和大气老化，易于加工成型	用于制造航空、仪器、仪表和无线电工业中的透明件，如飞机的座舱、电视机屏幕、汽车风窗、光学镜片等
热塑性塑料	ABS塑料（聚乙烯—丁二烯—丙烯腈）	ABS	兼有三组元的性能，坚韧、质硬、刚度高。同时，耐热性、耐腐蚀性、尺寸稳定性好，易于加工成型	用于制造一般机械的减摩、耐磨零件，如齿轮、电视机外壳、转向盘、凸轮等
热固性塑料	环氧塑料	EP	强度较高，韧性较好，电绝缘性优良，化学稳定性和耐有机溶剂性好。因填料不同，性能也有所不同	用于制造塑料模具、精密量具、电工电子元件及线圈的灌封与固定
热固性塑料	酚醛塑料（电木）	PF	采用木屑作为填料的酚醛塑料俗称"电木"。具有优良的耐热性、绝缘性、化学稳定性、尺寸稳定性和抗蠕变性，这些性能均优于热塑性塑料。电性能及耐热性随填料不同而有差异	用于制造一般机械零件、绝缘件、耐腐蚀零件及水润滑零件
热固性塑料	氨基塑料	UF	具有优良的电绝缘性和耐电弧性。硬度高，耐磨，耐油脂及溶剂。难自燃。着色性好，使用过程中不会失去其光泽	用于制造一般机器零件、绝缘件和装饰件，如玩具、餐具、开关、纽扣等
热固性塑料	有机硅塑料		电绝缘性能优良；可在180~200℃下长期使用；憎水性好，防潮性强；耐辐射，耐臭氧	主要为浇铸料和粉料：浇铸料用于制造电工电子元件及线圈的灌封与固定；粉料用于压制耐热件和绝缘件

2. 橡胶

橡胶制品是以生胶为基础，加入适量的配合剂而制成的。室温下具有高弹性，优良的伸缩性和积蓄能量的能力；良好的耐磨性、隔声性、阻尼性和绝缘性。橡胶可用于制作轮胎，动、静态密封件（如旋转轴、管道接口密封件等），减振、防振件（如机座减振垫片、汽车底盘橡胶弹簧等），传动件（如三角胶带、传动滚子等）以及运输胶带、管道、电线、电缆、电工绝缘材料和制动件等。工业上常用橡胶的种类、特点和用途见表3—31。

表3—31　　　　工业上常用橡胶的种类、特点和用途

种类	代号	主要特点	用途
天然橡胶	NR	耐磨，抗撕裂，加工性能良好，但不耐高温，耐油和耐溶剂性差，耐臭氧性差，易老化	用于制造轮胎、胶带、胶管及通用橡胶制品等
丁苯橡胶	SBR	耐磨性、耐老化和耐热性优良，比天然橡胶好。力学性能与天然橡胶相近，但加工性能比天然橡胶差，特别是自黏性差、生胶强度低	用于制造轮胎、胶带、胶管及通用橡胶制品等
氯丁橡胶	CR	力学性能、耐臭氧性、耐腐蚀性、耐油性及耐溶剂性较好，但密度大，电绝缘性差，加工时易粘辊、粘模	用于制造胶管、胶带、电缆黏结剂、模压制品及汽车门窗嵌条等
硅橡胶	SI	可在-100～300℃下工作，具有良好的耐气候性和耐臭氧性、优良的电绝缘性，但强度低，耐油性不好	用于制造耐高、低温制品及电绝缘制品，如各种管道系统的接头、垫片、O形密封圈等
氟橡胶	FPM	耐高温，可在315℃下工作。耐油、耐高真空、耐腐蚀性优于其他橡胶，抗辐射性能优良，但加工性能差，价格较高	用于制造耐化学腐蚀制品，如化工衬里、垫圈、高级密封件、高真空橡胶件等

第四章 电工知识

第一节 通用设备常用电器种类及用途

一、常用低压电器

1. 刀开关

（1）开启式负荷开关

开启式负荷开关是一种简单的手动控制电器，其中 HK 系列瓷底胶盖刀开关的结构如图 4—1 所示。

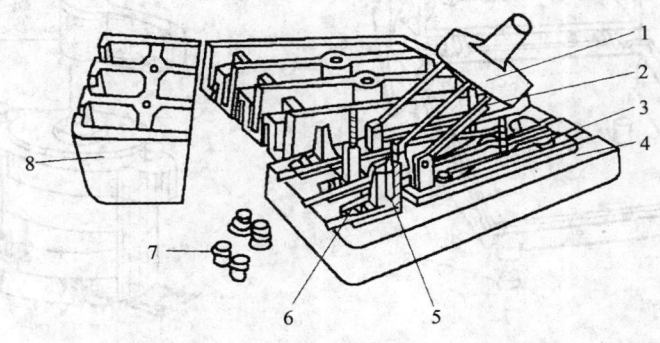

图 4—1　HK 系列瓷底胶盖刀开关的结构

1—瓷柄　2—动触点　3—出线座　4—瓷底　5—静触点　6—进线座　7—胶盖紧固螺钉　8—胶盖

1）特点。结构简单，操作方便，价格低廉。因不设专门的灭弧装置，所以不宜分断负载电流，不宜频繁操作。

2）用途。常用于照明、电热设备及小容量电动机的控制线路中。

3）种类。根据刀极数不同，可分为两极刀开关和三极刀开关。两极刀开关用于控制单相电路，三极刀开关用于控制三相电路。

（2）封闭式负荷开关

HH 系列封闭式负荷开关的结构如图 4—2 所示。

1）特点

①采用储能分、合闸方式，使触点的分合速度与手柄操作速度无关，有利于迅速熄灭电弧，从而提高开关的通断能力，延长开关的使用寿命。

②设置联锁装置，保证开关在合闸状态下开关盖不能开启，开关盖开启时不能合闸，以确保操作安全。

2）用途。常用于不频繁接通和分断的电路，或作为电源的隔离开关，也可用来直接启动小功率电动机。

2．转换开关

（1）组合开关

HZ10—10/3 型组合开关的外形如图 4—3 所示。

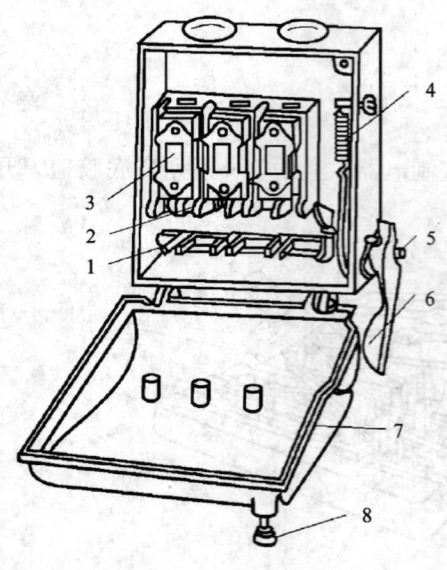
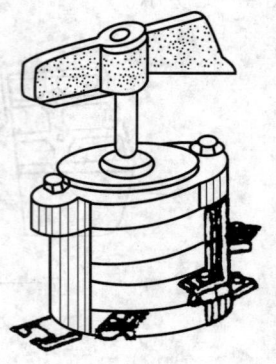

图 4—2　HH 系列封闭式负荷开关的结构
1—U 形动触点　2—静夹座
3—瓷插式熔断器　4—速断弹簧　5—转轴
6—操作手柄　7—开关盖　8—开关盖锁紧螺钉

图 4—3　HZ10—10/3 型组合开关的外形

1）特点。通过左右旋转动触点来代替闸刀的推合和拉开，结构较为紧凑。

2）用途。多用在机床电气控制线路中，作为电源的引入开关，也可以用来不频繁地接通和断开电源。

（2）倒顺开关

1）特点。倒顺开关只能在 90°范围内旋转，手柄有倒、顺、停三个位置，手柄只能从"停"位置左转 45°和右转 45°。

2）用途。主要用于 5 kW 级以下的小容量异步电动机的正转、反转和星形—三角形降压启动的手动控制。

3．低压断路器（自动空气开关）

（1）特点

低压断路器具有操作安全，安装、使用方便，工作可靠，动作值可调，分断能力较强，兼顾多种保护以及动作后不需要更换元件等优点。

（2）用途

低压断路器是低压配电网络和电力驱动系统中常用的一种配电电器，它集控制和多种保护功能于一体，在正常情况下可用于不频繁接通和断开电路以及控制电动机的运行。当电路中发生短路、过载和失压等故障时，低压断路器能自动切断故障电路，保护线路和电气设备。

4．主令电器

（1）按钮

按钮的常见类型如图 4—4 所示。

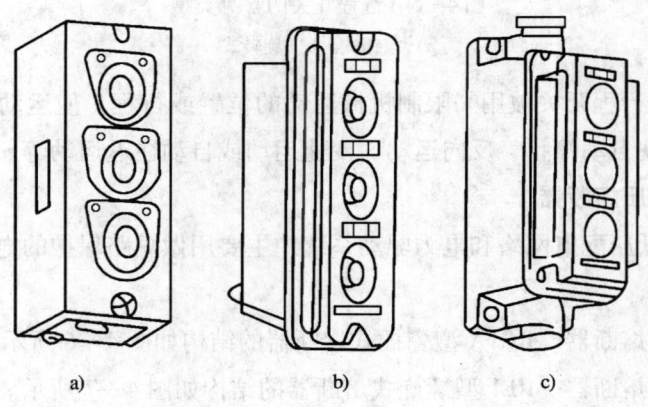

图 4—4　按钮的常见类型

a) LA10—3H 型　b) LA10—3K 型　c) LA10—3S 型

1)特点。按钮是一种具有储能、复位功能的手动控制开关,触点只允许通过小电流,常用于控制电路。

2)种类。按钮分为常开按钮、常闭按钮和复合按钮。

3)功能。按钮与接触器、继电器等配合使用,能够实现对主电路的通断控制。

(2)行程开关

1)常见类型。行程开关的种类很多,按结构不同可分为按钮式(直动式)(见图4—5a)、旋转式(滚轮式)(见图4—5b)和微动式三种。按动作方式不同可分为瞬动型和蠕动型两种。另外,还有晶体管无触点位置开关,也称为接近开关。

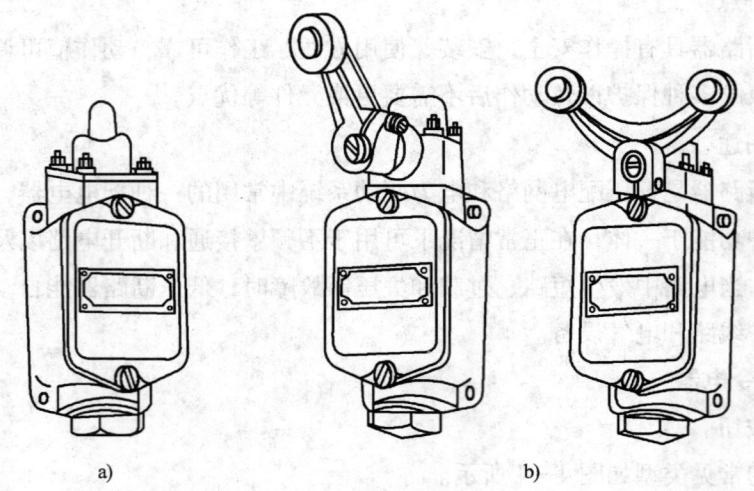

图4—5 行程开关的常见类型
a)按钮式 b)旋转式

2)用途。行程开关被用来限制机械运动的位置或行程,使运动机械按一定的位置或行程实现自动停止、反向运动、变速运动或自动往返运动等。

5.常用低压熔断器

熔断器是低压配电网络和电力驱动系统中主要用做短路保护的电器。

(1)分类

1)瓷插式熔断器。RC1A型瓷插式熔断器的结构如图4—6所示。

2)螺旋式熔断器。RL1型螺旋式熔断器的结构如图4—7所示。

(2)熔断器的选用

1)额定电流的选择。熔体额定电流的选择与熔断器的使用环境和负载性质有关。

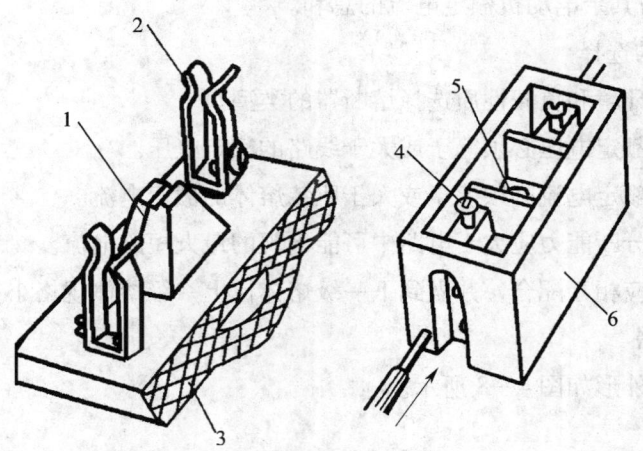

图 4—6　RC1A 型瓷插式熔断器的结构
1—熔丝　2—动触点　3—瓷盖　4—静触点　5—空腔　6—瓷座

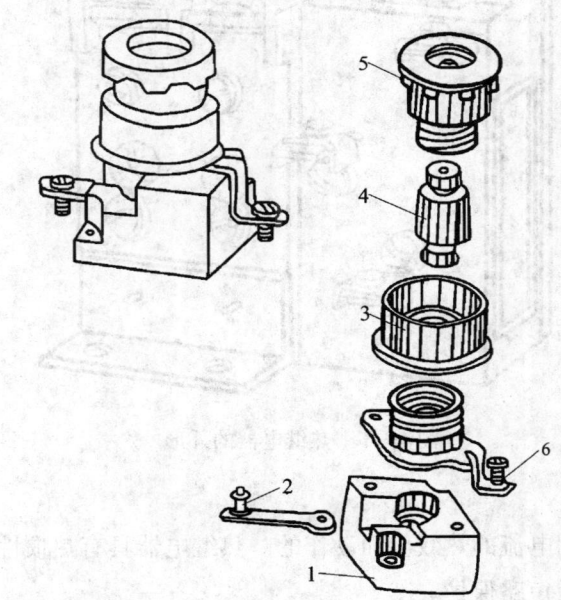

图 4—7　RL1 型螺旋式熔断器的结构
1—瓷座　2—下接线端　3—瓷套　4—熔断管　5—瓷帽　6—上接线端

①对照明、电热等电流较平稳、无冲击电流的负载短路保护，熔体的额定电流应等于或稍大于负载的额定电流。

②对一台不经常启动且启动时间不长的电动机的短路保护，熔体的额定电流应为电动机额定电流的 1.5~2.5 倍。

③对多台电动机的短路保护，熔体的额定电流应等于最大容量电动机额定电流

的1.5~2.5倍与其余电动机额定电流的总和。

2）熔断器的选择

①根据使用环境和负载性质选择熔断器的类型。

②熔断器的额定电压必须等于或大于线路的额定电压。

③熔断器的额定电流必须等于或大于所装熔体的额定电流。

④熔断器的分断能力应大于电路中可能出现的最大短路电流。

⑤各级熔体应相互配合，并做到下一级熔体比上一级熔体规格小。

6．热继电器

热继电器的外形如图4—8所示。

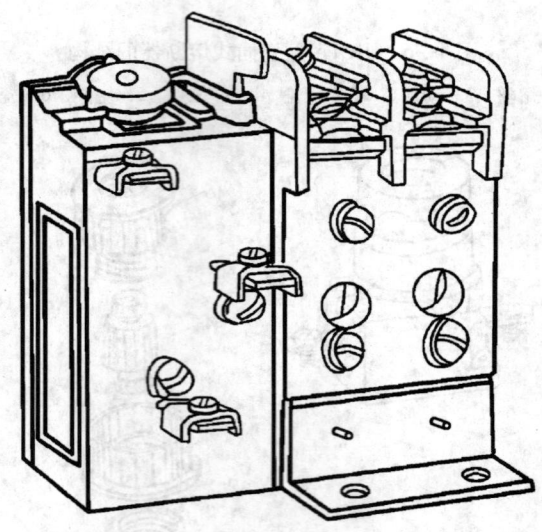

图4—8　热继电器的外形

（1）特点

热继电器是利用电流的热效应而动作的。热继电器具有热惯性和机械惰性，因此热继电器不能用做短路保护。

（2）用途

热继电器主要用于电动机的过载保护、电流不平衡运行的保护以及其他电气设备发热状态的控制。

二、常用电气仪表

1．万用表

（1）万用表的种类

常用的万用表有模拟式万用表和数字式万用表。

（2）万用表的用途

万用表可用于测量直流电流、直流电压、交流电压和直流电阻等电量。

（3）使用万用表的注意事项

1）接线要正确。万用表面板上的插孔（或接线柱）都有极性标记，用来测直流时，要注意正、负极性；在用万用表欧姆挡去辨别二极管的极性时，应记住其正极插孔是内部电池的负极。测电流时，万用表应与电路串联；测电压时，万用表则应与电路并联。

2）测量挡位要正确。测量挡位的选择包括测量对象的选择及量程的选择。测量前应根据测量的对象及其大小粗略估计，选择相应的挡位。例如，测量电流或电压时，应使指针的偏转在满偏转的1/2以上；测量电阻时，应使被测电阻尽量接近刻度盘的中心等。这样，测量的结果会比较准确。万用表使用完毕，应把转换开关旋转至交流电压的最高挡，以防止下次测量时由于粗心而发生事故。

3）使用前要调零。为了得到准确的测量结果，使用万用表之前应注意指针是否指在零位上，如不指零，应调整表盖上的机械零位调节器，使指针指零。在测量电阻之前，还要进行欧姆调零，欧姆调零的时间要短，以减少电池的消耗。

4）严禁带电测量电阻。在带电情况下测量电阻时，由于被测电阻上有电压的串入，会严重影响测量结果，甚至可能烧毁表头。

2．钳形电流表

（1）特点

钳形电流表可以在不断电的情况下测量工作电流，从而很方便地了解负载的工作情况。

（2）使用注意事项

1）测量前应估计被测电流的大小，选择合适的量程挡；若无法估计，则应先用较大的量程挡测量，然后再根据被测电流的大小逐步换成合适的量程。

2）测量时应将被测载流导线放在钳口的中心位置，以免增大误差。

3）为了使读数准确，钳口的接合面应保持良好的接触；如有杂声，应将钳口重新开合一次。

4）测量较小的电流时，为了使读数准确，在条件允许的情况下，可将被测导线多绕几圈，再放进钳口进行测量，实际电流值等于仪表的读数除以钳口中导线的圈数。

5）测量完毕，一定要把仪表的量程开关置于最大量程位置上，以防止下次使用时因疏忽大意而未选择量程就进行测量，造成损坏仪表的意外事故。

第二节 电动机、变压器和电力驱动基础知识

一、电动机与变压器

1. 电动机的分类及应用范围

电动机是指根据电磁感应原理，把电能转换成机械能，输出机械转矩的原动机。

（1）分类

电动机可分为交流电动机和直流电动机两大类。交流电动机又可分为异步电动机和同步电动机。根据交流电的不同，还可分为三相交流电动机和单相交流电动机。

（2）应用范围

1）三相笼型异步电动机。三相笼型异步电动机的结构简单，价格低廉，运动可靠，维修方便，但启动和调速性能较差。三相笼型异步电动机广泛用于不要求调速和启动性能要求不高的场合。

2）三相绕线转子异步电动机。这类电动机主要用于启动、制动比较频繁，启动、制动转矩较大，而且有一定调整要求的生产机械上。

3）三相同步电动机。这类电动机主要用于要求大功率和要求改善功率因数的场合。

4）直流电动机。直流电动机的启动性能好，可以实现无级平滑调速，且调速范围广，精度高，因此多用于要求在大范围内平滑调速和需要准确控制位置的生产机械上。

2. 三相笼型异步电动机的结构及使用

（1）基本结构

三相笼型异步电动机包括定子、转子及支撑构件三大部分，其结构如图4—9所示。

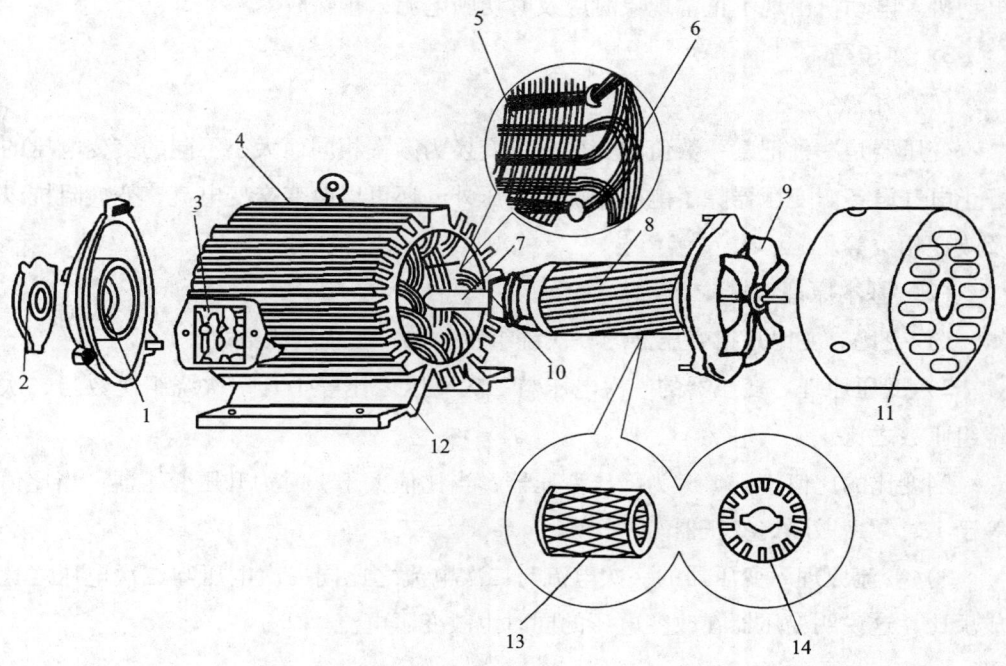

图4—9 三相笼型异步电动机的结构
1—端盖 2—轴承盖 3—接线盒 4—散热肋
5—定子铁心 6—定子绕组 7—转轴 8—转子
9—风扇 10—轴承 11—罩壳 12—机座
13—转子（笼型）绕组 14—转子铁心

1) 定子。定子是用来产生旋转磁场的，它由定子铁心和定子绕组组成。

2) 转子。转子是电动机的转动部分，它的作用是带动其他机械旋转做功。转子由转子铁心、转子绕组和转轴三部分组成。

3) 支撑构件。支撑构件包括机座和端盖等。

（2）工作原理

当笼型异步电动机的定子绕组通以三相交流电时，产生旋转磁场，旋转磁场切割转子绕组，于是在转子绕组中就产生感应电流，电流在磁场中受到力的作用，使转子受到电磁力矩的作用，并以低于旋转磁场的速度随旋转磁场旋转。

（3）正确使用与维护

1) 使用前的检查。查看电动机是否清洁，绝缘是否完好，接线是否正确，电动机转轴是否转动灵活，接地装置是否良好等。

2）运行中的监视与维护。电动机运行时，要通过听、看、闻等方法随时监视电动机。电动机出现不正常现象时应及时切断电源，排除故障。

3. 变压器

（1）用途

变压器是一种把某一数值的交变电压变换为频率相同而大小不同的交变电压的静止电气设备。变压器除了能改变交变电压外，还可以改变交变电流、变换阻抗以及改变相位等。

（2）基本原理

1）变比。变比是指变压器的一次绕组匝数与二次绕组匝数之比。

2）变压原理。变压器的一次电压与二次电压之比等于其一次绕组匝数与二次绕组匝数之比。

当变比的比值小于 1 时为降压变压器；当比值大于 1 时为升压变压器；当比值等于 1 时常用做隔离变压器。

3）变流原理。变压器的一次电流与二次电流之比同一次电压与二次电压之比成反比，这说明变压器在改变电压的同时也改变了电流。

二、电力驱动基础知识

1. 基本电气元件符号

电气简图用图形与文字符号见表 4—1。

表 4—1　　　　　　　电气简图用图形与文字符号

类别	名称	图形符号	文字符号	类别	名称	图形符号	文字符号
开关	单极控制开关		SA	开关	三极控制开关		QS
开关	手动开关一般符号		SA	开关	三极隔离开关		QS

续表

类别	名称	图形符号	文字符号	类别	名称	图形符号	文字符号
开关	三极负荷开关		QS	热继电器	常闭触点		FR
开关	组合旋钮开关		QS	时间继电器	通电延时（缓吸）线圈		KT
开关	低压断路器		QF	时间继电器	断电延时（缓放）线圈		KT
开关	控制器或操作开关		SA	时间继电器	瞬时闭合的常开触点		KT
接触器	线圈操作器件		KM	时间继电器	瞬时断开的常闭触点		KT
接触器	常开主触点		KM	时间继电器	延时闭合的常开触点		KT
接触器	常开辅助触点		KM	时间继电器	延时断开的常闭触点		KT
接触器	常闭辅助触点		KM	电压继电器	常闭触点		KV
热继电器	热元件		FR	非电量控制的继电器	速度继电器常开触点		KS

续表

类别	名称	图形符号	文字符号	类别	名称	图形符号	文字符号
非电量控制的继电器	压力继电器常开触点		KP	电动机	他励直流电动机		M
熔断器	熔断器		FU	位置开关	常开触点		SQ
电磁操作器	电磁铁的一般符号	或	YA		常闭触点		SQ
	电磁吸盘		YH		复合触点		SQ
	电磁离合器		YC	按钮	常开按钮		SB
	电磁制动器		YB		常闭按钮		SB
	电磁阀		YV		复合按钮		SB
电动机	三相笼型异步电动机	M 3~	M		急停按钮		SB
	三相绕线转子异步电动机	M 3~	M		钥匙操作式按钮		SB

续表

类别	名称	图形符号	文字符号	类别	名称	图形符号	文字符号
时间继电器	延时闭合的常闭触点	或	KT	电压继电器	过电压线圈	$U>$	KV
	延时断开的常开触点	或	KT		欠电压线圈	$U<$	KV
中间继电器	线圈		KA		常开触点		KV
	常开触点		KA	电动机	直流并励电动机	Ⓜ	M
	常闭触点		KA		直流串励电动机	Ⓜ	M
电流继电器	过电流线圈	$I>$	KA	发电机	发电机	Ⓖ	G
	欠电流线圈	$I<$	KA		直流测速发电机	Ⓣ Ⓖ	TG
	常开触点		KA	变压器	单相变压器		TC
	常闭触点		KA		三相变压器		TM

续表

类别	名称	图形符号	文字符号	类别	名称	图形符号	文字符号
灯	信号灯（指示灯）	⊗	HL	互感器	电流互感器		TA
	照明灯	⊗	EL		电压互感器		TV
接插器	插头和插座	—⊂ 或 ⊃—	X		电抗器		L

2. 电力驱动基本控制线路

(1) 手动正转控制线路

用铁壳开关控制电动机启动和停止的手动正转控制线路如图4—10所示。其特点是电气线路简单，但不安全，不方便，操作劳动强度大，不能进行自动控制。

(2) 点动正转控制线路

点动正转控制线路如图4—11所示。其动作原理是：按下启动按钮，接触器线圈通电，主触点闭合，电动机转动；松开按钮，接触器失电，电动机停转。该电路的特点是采用了接触器控制，以小电流控制大电流，这种控制方式较安全。

(3) 具有过载保护的自锁正转控制线路

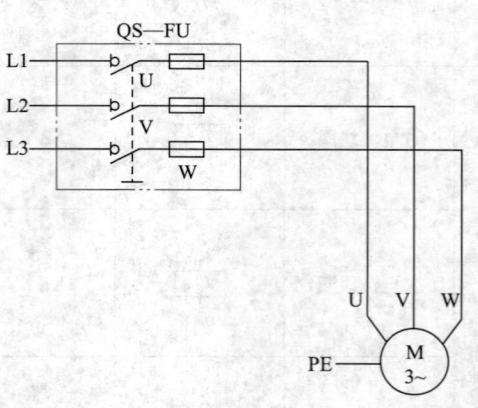

图4—10　手动正转控制线路

具有过载保护的自锁正转控制线路如图4—12所示。电路的工作情况是：合上电源开关QS，引入电源。

启动：按下启动按钮 SB1→KM 线圈得电 →┬→ KM自锁触点闭合
　　　　　　　　　　　　　　　　　　　　└→ KM主触点闭合 →电动机 M 启动连续运转。

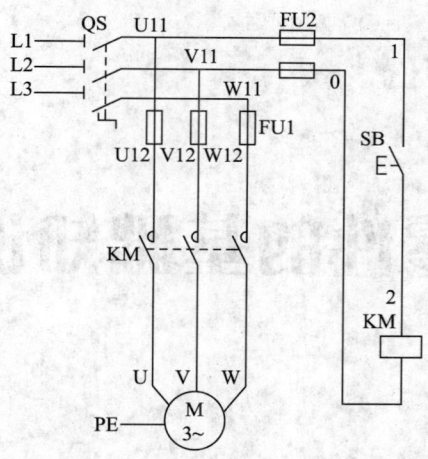

图 4—11　点动正转控制线路

停止：按下停止按钮 SB2→KM 线圈失电 → KM主触点分断 / KM自锁触点分断 → 电动机 M 失电停转。

具有过载保护的自锁控制线路不仅能使电动机连续运转，而且具有短路保护、过载保护以及失压、欠压保护功能。

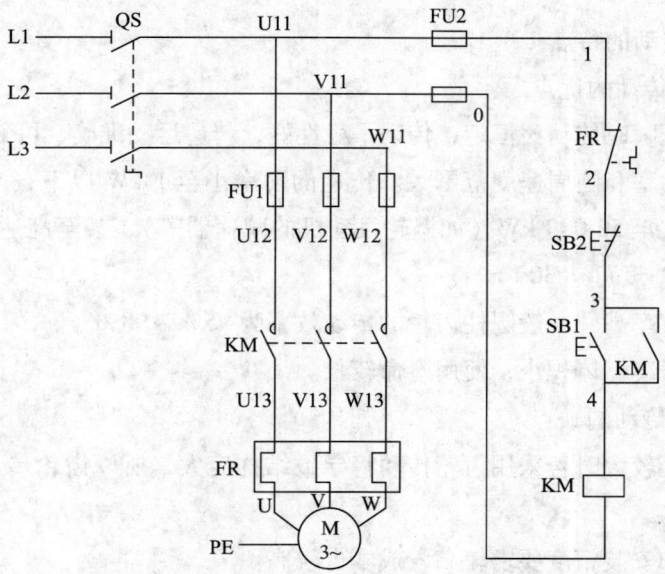

图 4—12　具有过载保护的自锁正转控制线路

第五章

机械传动及零件的基础知识

第一节 齿轮传动、链传动和带传动

一、齿轮传动

1. 齿轮传动的特点

（1）齿轮传动的优点

1）能保证瞬时传动比恒定，传动平稳性好，传递运动准确、可靠。

2）传递功率和圆周速度范围大。传递的功率小至 1 kW 以下（如仪表中的齿轮传动等），大至 50 000 kW（如涡轮发动机的减速器等），甚至高达 100 000 kW；其传动时圆周速度可达 300 m/s。

3）传动效率高，一般圆柱齿轮的传动效率为 95%～98%。

4）结构紧凑，体积小，使用寿命较长。

（2）齿轮传动的缺点

1）中心距较大时若采用齿轮传动将导致结构庞大，所以齿轮传动不适用于距离较远的传动。

2）制造和安装精度要求较高，成本也较高。

3）齿轮的齿数为整数，能获得的传动比受到限制，不能实现无级变速。

4）不能实现过载保护。

2. 模数制直齿圆柱齿轮的基本参数

（1）齿数

齿数是指齿轮轮齿的数目。齿数根据齿轮传动的转速比选定，用符号 z 表示。

（2）模数

模数是衡量轮齿大小的基本参数，用符号 m 表示，其计量单位是毫米（mm）。模数反映了轮齿的承载能力，模数大，齿形大，承载能力大。模数已经标准化、系列化了。

模数 m 为分度圆齿距 p 与圆周率 π 或分度圆直径 d 与齿数 z 的比值，其计算公式为：

$$m = \frac{p}{\pi} = \frac{d}{z}$$

（3）压力角

压力角是指轮廓曲线上受压力方向与运动速度方向的夹角，用符号 α 表示，如图5—1所示。

压力角的大小对齿轮的轮齿强度及传动力的大小有影响。由于齿廓曲线各点的曲率不同，受力方向也不同。而速度方向始终是圆周切线方向，所以齿廓上各点的压力角大小不同。齿顶部压力角大，近齿根部压力角小，基圆上压力角为零。

我国规定分度圆标准压力角 $\alpha = 20°$。

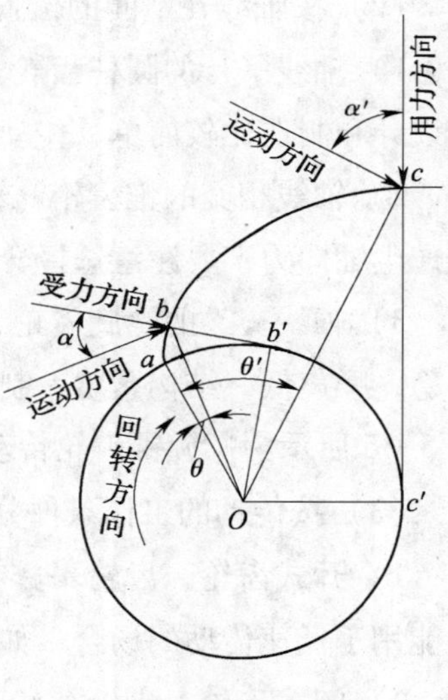

（4）齿顶高系数

齿顶高系数是表示齿顶高的参数，是齿顶高度与模数之比，用符号 h_a^* 表示。

我国规定标准齿轮的齿顶高系数 $h_a^* = 1$。

图5—1 压力角

（5）顶隙系数

顶隙系数是表示一对齿轮啮合时齿顶间隙的系数，顶隙系数用符号 c^* 表示。

我国规定标准齿轮的顶隙系数 $c^* = 0.25$。

3. 齿轮的种类和应用范围

（1）按啮合方式分类

1）外啮合齿轮。这种齿轮加工方便，安装简单，使用普遍。传动时，主动轮和从动轮的旋转方向相反。如图5—2所示为外啮合齿轮传动。

2）内啮合齿轮。这种齿轮结构紧凑，传动时，主动轮和从动轮的旋转方向相同。如图5—3所示为内啮合齿轮传动。

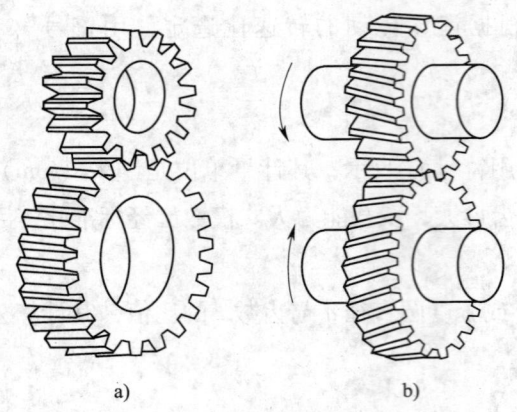

图5—2 外啮合齿轮传动　　　　　　　　图5—3 内啮合齿轮传动

a) 直齿圆柱齿轮　b) 斜齿圆柱齿轮

(2) 按轴线在空间的位置分类

1) 轴线平行的圆柱齿轮。轴线平行的圆柱齿轮用于传递平行轴线间的运动。其设计和制造比较简单，传动精度和传动效率都较高，如图5—2所示。

2) 轴线相交的锥齿轮。轴线相交的锥齿轮用来传递相交轴间的运动。传动时会产生轴向力，要注意选择合适的轴承，如图5—4所示为锥齿轮传动。

3) 轴线交叉的螺旋齿轮、双曲面齿轮和蜗杆蜗轮。这类结构传动比大，工作平稳，噪声低，结构紧凑，制造和设计复杂，如图5—5所示为螺旋圆柱齿轮传动，图5—6所示为螺旋锥齿轮传动，图5—7所示为蜗杆蜗轮传动。

(3) 按传动的工作条件分类

1) 开式齿轮。齿轮暴露在外或只有简陋的罩壳，润滑条件差，齿轮易磨损，只能用于低速传动的场合，如农机具等。

2) 闭式齿轮。齿轮全部置于密封箱内，装配精确，润滑良好，多用于中、高速和较重要的场合，如拖拉机变速器齿轮等。

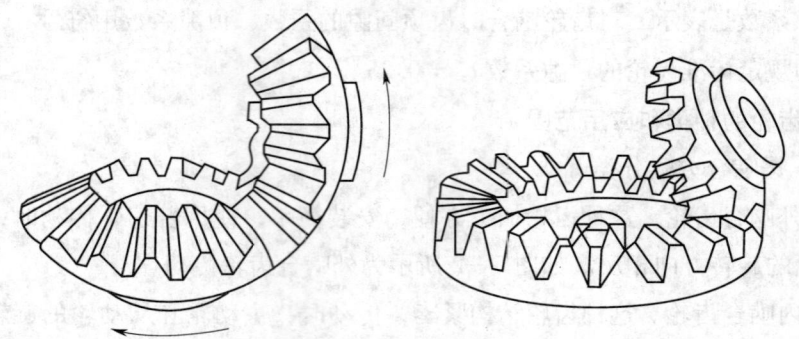

图5—4 锥齿轮传动

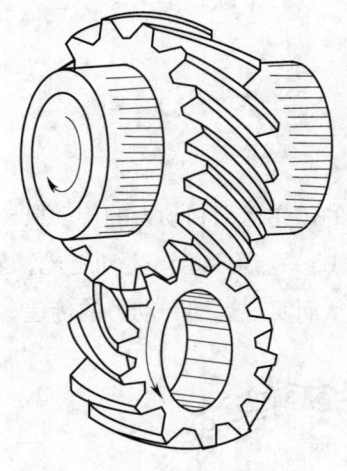

图5—5 螺旋圆柱齿轮传动

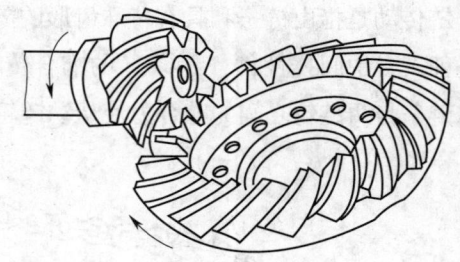

图5—6 螺旋锥齿轮传动

(4) 按齿轮轮齿的形态分类

1) 直齿。如图5—2a所示,直齿轮的齿向与齿轮轴线方向一致。加工方便,安装简单,可用于需要改变齿轮轴向位置的变速机构。

2) 斜齿。如图5—2b所示为齿线方向与齿轮轴线成一定角度的斜齿轮。其齿面接触好,重合度大,传动平稳,但有轴向力。在如图5—8所示的人字齿轮传动中,它除具有斜齿轮的优点外,传动中两边轴向力相互抵消,但加工和装拆比较麻烦,常用于一些重型大功率传动。

3) 曲齿。如图5—5、图5—6和图5—7所示,各轮齿齿线是弯曲形状的。其传动平稳,传动功率大,高速适应性好,制造、安装比较复杂。其中螺旋锥齿轮传动在拖拉机结构中应用最为广泛。

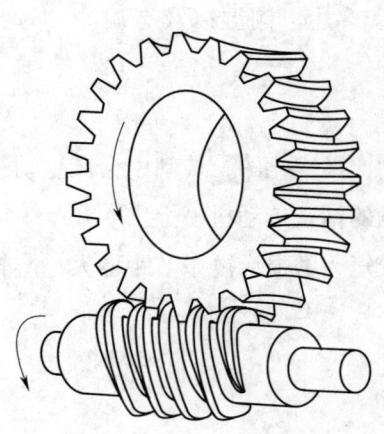

图5—7 蜗杆蜗轮传动

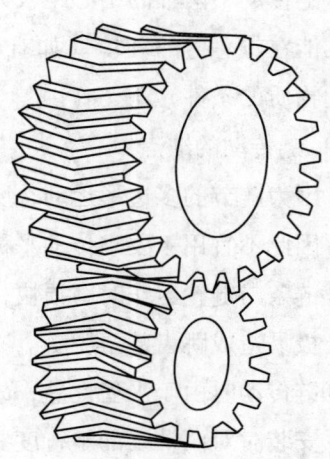

图5—8 人字齿轮传动

二、链传动

1. 链传动的组成和特点

（1）链传动的组成

链传动是指由链条和具有特殊齿形的链轮组成的传递运动和动力的传动机构。它是一种具有中间挠性件（链条）的啮合传动，如图5—9所示。当主动链轮回转时，依靠链条与两链轮之间的啮合力使从动链轮回转，从而实现运动和动力的传递。

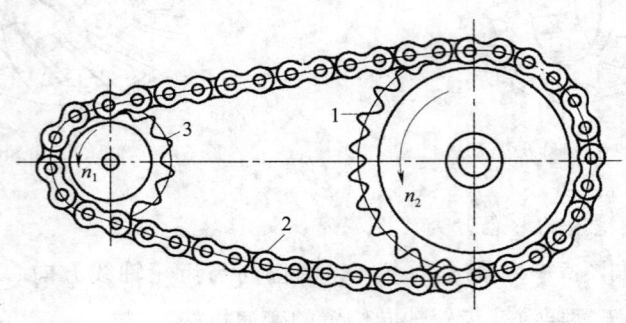

图5—9　链传动
1—从动链轮　2—链条　3—主动链轮

（2）链传动的特点

1）链传动的优点

①链传动是啮合传动，因此能保证准确的平均传动比。

②链条装在链轮上不需要很大的张紧力，对轴的传动压力小。

③链传动中两轴的中心距较大，最大可达 5~6 m。

④能在较恶劣的环境（如有油污、高温、多尘、潮湿以及有泥沙、易燃物和腐蚀性物质的条件）下工作。

2）链传动的缺点

①因为链节的多边形运动，所以瞬时传动比是变化的，传动中会产生动载荷和冲击，因此不宜用于要求传动平稳、传动精确的精密传动机械上。

②链条与链轮工作时磨损快，使用寿命较短，磨损后链条节距增大，链轮齿形变瘦，极易造成跳齿甚至脱链。

③链传动时由于平稳性差，故有噪声。

④安装时对两轴线的平行度要求较高。

⑤无过载保护作用。

2．链传动的类型

最常用的链传动有滚子链和齿形链两种。

（1）滚子链

滚子链的结构如图 5—10 所示，它由内链板、外链板、销轴、套筒和滚子组成。为了使链板各截面上的抗拉强度大致相等，并能减轻链条质量的惯性力，链板都制成"8"字形。链条中各相邻两销轴中心的距离称为节距，用符号 p 表示，它是链传动的主要参数。节距大，滚子链中各元件的尺寸也相应增大，链传递的功率也就大，但传动平稳性变差。故在设计时如果要求传动平稳，则应尽量选取较小的节距。

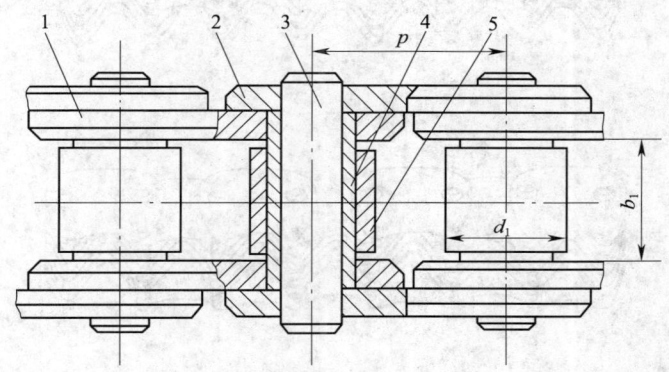

图 5—10　滚子链的结构
1—内链板　2—外链板　3—销轴　4—套筒　5—滚子

当需要承受较大的载荷并传递较大的功率时，可使用双排链或多排链，如图 5—11 所示。多排链相当于几个普通的单排链彼此之间用卡销连接而成。其承载能力与排数成正比，但排数越多，则越难使各排受力均匀，因而排数也不宜过多，常用的有双排链和三排链。

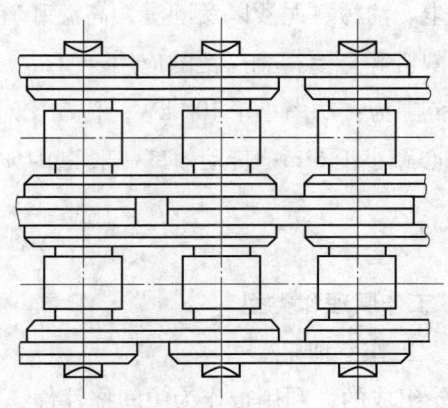

图 5—11　双排链

（2）齿形链

齿形链由齿形链板、导板、套筒和销轴等组成。根据导板的位置不同，有内导板式齿形链和外导板式齿形链两种，如图5—12所示。与滚子链相比，齿形链传动平稳，噪声低（又称无声链），承受冲击性能好，工作可靠，但结构复杂，装拆较难，易磨损，成本较高。

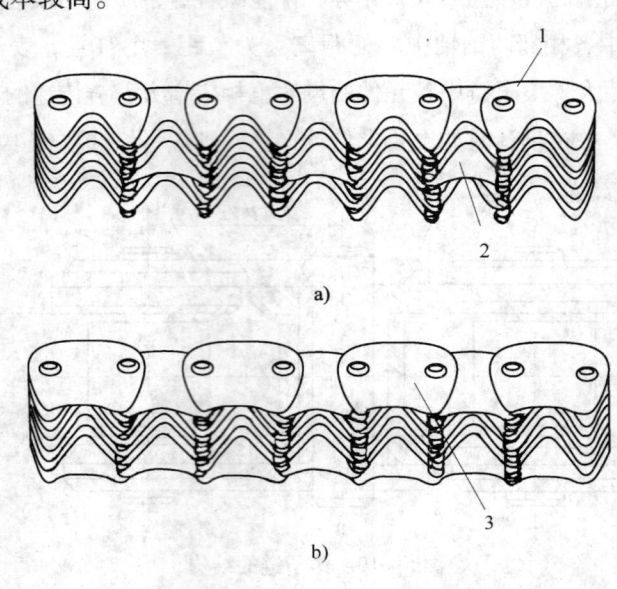

图5—12 齿形链
a) 内导板式 b) 外导板式
1—齿形链板 2—内导板 3—外导板

3. 链传动的应用

链传动主要用于两轴平行，中心距较远，传动功率较大且平均传动比要求准确，工作恶劣（如多粉尘、油污、泥沙以及潮湿、高温和有腐蚀性气体）的场合，在农业机械（如联合收割机等）上得到广泛的应用。

链传动的一般适用范围为：功率小于100 kW；传动比对于滚子链小于6，对于齿形链小于10；两轴中心距小于6 m；传动效率一般为94%～98%。

三、带传动

1. 带传动的组成、工作原理和类型

（1）带传动的组成及工作原理

带传动是由带和带轮组成的，利用带作为中间挠性件，依靠带与带轮之间的摩擦力或啮合来传递运动和动力。如图5—13所示，把一根或几根闭合成环形的带张

紧在主动轮 D_1 和从动轮 D_2 上，使带与两带轮之间的接触面产生正压力，当主动轴 O_1 带动主动轮 D_1 回转时，依靠带与两带轮接触面之间的摩擦力（或齿的啮合）使从动轮 D_2 带动从动轴 O_2 回转，实现两轴间运动和动力的传递。

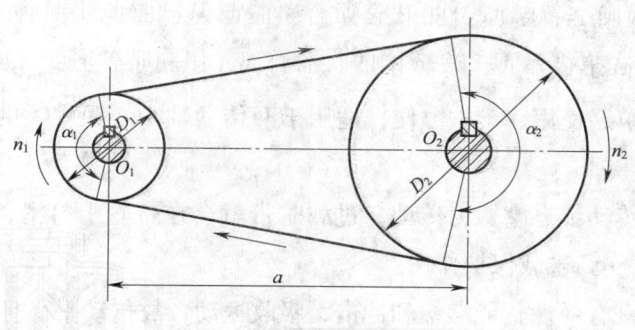

图 5—13　带传动

（2）带传动的类型

带传动分为摩擦传动和啮合传动两种，如图 5—14 所示。

1）摩擦传动。如图 5—14a，b，c 所示，平带、V 带和圆带传动都是靠带与带轮接触面之间的摩擦力来传递运动和动力的，均属于摩擦传动。

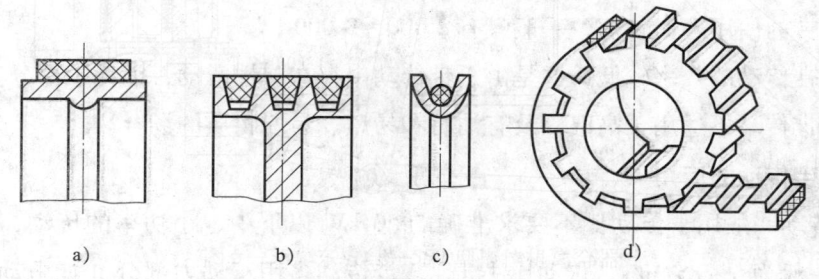

图 5—14　带传动的类型
a）平带　b）V 带　c）圆带　d）同步带

①平带。平带的截面为矩形，工作面为内表面。材料有橡胶、帆布、皮革、棉织物和化纤等，以及近年来出现的高强度、耐腐蚀的金属带。一般有接头的平带不适用于高速传动，而无接头的平带可用于高速传动。

②V 带。V 带的截面为梯形，两侧面为工作面。V 带与平带相比，其传动平稳，摩擦力大，传递功率较大。V 带传动广泛应用于机械传动中。小四轮拖拉机、手扶拖拉机多采用 V 带传动。

③圆带。圆带的截面为圆形，一般用皮革或棉绳制成，常用于传递较小功率的场合，如仪表机械等。

2）啮合传动。同步带是靠带齿与带轮齿的啮合来传递运动和动力的，如图

3—14d所示。由于是齿与齿的啮合,带与带轮之间没有相对滑动,主动轮与从动轮速度同步,同步带由此得名。同步带常用于要求传动比准确的中、小功率的场合,如数控机床的驱动等。

2. 带传动的特点

(1) 带传动的优点

1) 结构简单,使用、维护方便,适用于两传动轴中心距较大的场合(中心距最大可达 10 m)。

2) 由于带传动依靠摩擦力传动,过载时带就会在带轮上打滑,可避免轴上其他零件的损坏,起到过载保护作用。

3) 由于带富有弹性,能够缓和冲击,吸收振动,故传动平稳且无噪声。

(2) 带传动的缺点

1) 带具有弹性且依靠摩擦力来传动,工作时带与带轮之间存在弹性滑动,故不能保证准确的传动比。

2) 带传动的结构紧凑性差,尤其是在传递功率较大时,传动的外廓尺寸也较大。

3) 带的使用寿命较短,一般只有 2 000 ~ 3 000 h。

4) 带传动的效率较低,这是由于带传动中存在弹性滑动,消耗了部分功率。

5) 带传动不适用于高温以及有油污和易燃、易爆物质的场合。

3. 带传动的应用

带传动一般用于传动比不要求准确的 50 kW 以下中、小功率的传动,带的工作速度一般为 5 ~ 25 m/s,传动比小于 7。带传动多用于动力部分(如电动机、内燃机等)到工作部分的高速传动。

第二节　螺纹及螺旋传动

一、螺纹的分类

螺纹按用途不同可分为连接螺纹和传动螺纹;按牙型不同可分为三角形螺纹、矩形螺纹、圆形螺纹、梯形螺纹和锯齿形螺纹等;按螺旋线的旋向不同可分为右旋螺纹和左旋螺纹;按螺旋线的线数不同可分为单线螺纹和多线螺纹;按母体形状不同可分为圆柱螺纹和圆锥螺纹等。螺纹按用途和牙型的分类如图5—15所示。

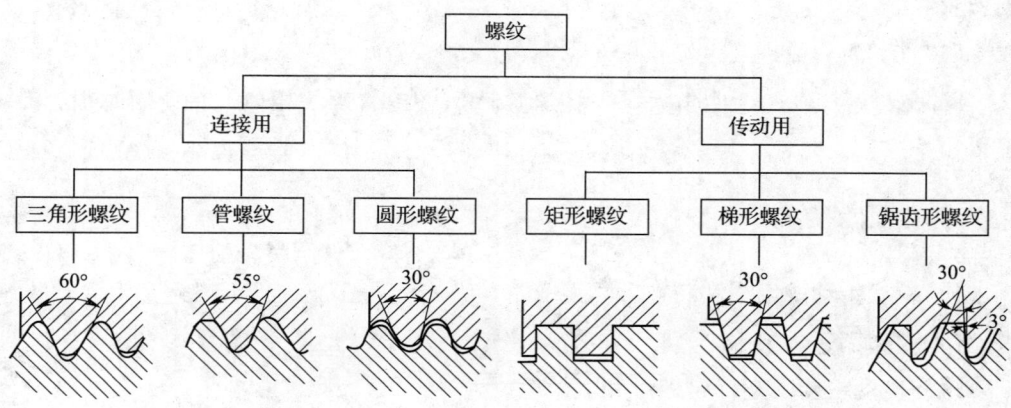

图5—15　螺纹按用途和牙型的分类

二、连接螺纹

1. 普通螺纹

普通螺纹也称米制螺纹。米制螺纹的牙型角为60°，分为粗牙普通螺纹和细牙普通螺纹两种。粗牙普通螺纹一般用做连接件；细牙普通螺纹由于螺距小，螺纹升角小，自锁性能好，所以常用于承受冲击、振动或交变载荷的连接以及某些需要调整的机构。

2. 英制螺纹

英制螺纹的螺距用每英寸多少牙来表示，其螺纹的牙型角有55°和60°（美制）两种。这种螺纹我国应用较少，只在某些进口设备中或维修旧设备时应用。

3. 管螺纹

管螺纹是用于管道连接的一种螺纹。根据螺纹副的密封状态和牙型角不同，可以分为以下三种：

（1）55°非密封管螺纹

55°非密封管螺纹又称圆柱管螺纹，螺纹的母体形状呈圆柱形，螺纹副本身不具备密封性能，若需要用它来密封，可压紧被连接的螺纹副外的密封面，也可在密封面间添加密封物等。

（2）55°密封管螺纹

55°密封管螺纹是一种螺纹副本身就具有密封性能的管螺纹，它包括圆锥内螺纹与圆锥外螺纹配合以及圆柱内螺纹与圆锥外螺纹配合两种连接形式。必要时，允许在螺纹副内添加密封物，以保证连接的密封性。圆锥管螺纹的锥度为1∶16。

（3）60°密封管螺纹

60°密封管螺纹的牙型角为60°，其他与55°密封管螺纹相似，在使用时很容易混淆。

三、螺旋传动

1. 螺旋传动的组成和特点

（1）螺旋传动的组成

螺旋传动主要由螺杆、螺母和机架组成。

（2）螺旋传动的特点

螺旋机构具有结构简单，工作连续、平稳，无噪声，承载能力大，传动精度高，易于自锁等优点，故广泛应用于机械和仪器中。其缺点是摩擦损失大，传动效率低。由于滚动螺旋的应用，使摩擦力大、易磨损和效率低的问题得到很大程度的改善。

2. 螺旋传动的类型

（1）按螺旋副的摩擦性质分类

1）滑动螺旋传动。滑动螺旋传动中螺母与螺杆间的摩擦为滑动摩擦，如图5—16所示。

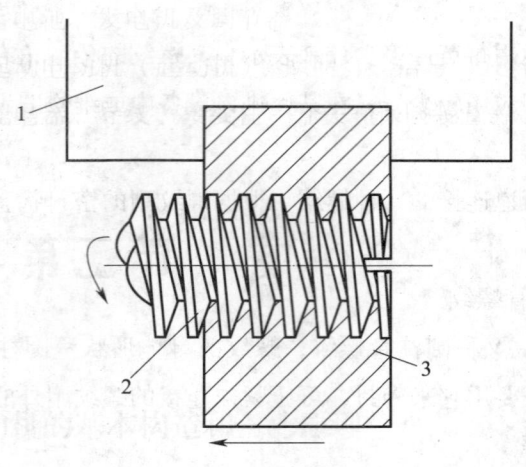

图5—16 滑动螺旋传动

1—床鞍 2—螺杆 3—螺母

滑动螺旋传动具有结构简单、制造方便、成本低、有自锁性能等优点，但螺杆和螺母之间的摩擦力大，易磨损，且传动效率低。

2）滚动螺旋传动。滚动螺旋传动是在螺杆与螺母间的滚道中添加滚珠，因此又叫滚珠螺旋传动，如图5—17所示。它主要由滚珠、螺杆、螺母及滚珠循环装置组成。其工作原理是：在螺杆和螺母的螺纹滚道中装有一定数量的滚珠，当螺杆与螺母做相对螺旋运动时，滚珠在螺纹滚道内滚动，并通过滚珠循环装置的通道构成封闭循环，从而实现螺杆与螺母间的滚动螺旋传动。

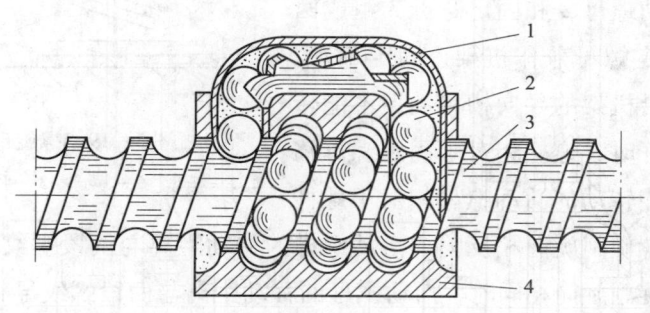

图5—17 滚动螺旋传动

1—滚珠循环装置 2—滚珠 3—螺杆 4—螺母

滚动螺旋传动具有摩擦力小、摩擦损失小、传动效率高、传动稳定、动作灵敏等优点，但结构复杂，制造成本高。

（2）按螺旋副的用途分类

1）传动螺旋。传动螺旋主要用来传递运动，要求具有较高的传动精度。在如图5—18所示的机床工作台传动机构中，螺杆在机架中只能转动而不能移动；螺母和螺杆啮合并与滑板相连接，只能移动而不能转动。当转动手轮使螺杆按图示方向回转时，螺母带动滑板沿机架上的导轨向右做直线移动。

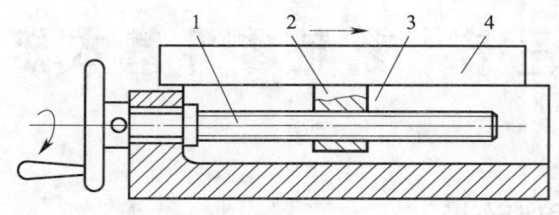

图5—18 机床工作台传动机构

1—螺杆 2—螺母 3—机架 4—滑板

2）传力螺旋。传力螺旋主要用来传递动力，当以较小的力回转螺杆（或螺母）时，会产生轴向运动和较大的轴向力，从而完成举起重物或加压于工件的工作。如图5—19所示的螺旋千斤顶就是传力螺旋的应用。螺杆4连接于底座固定不动，当用较小的力转动手柄3使螺母2回转并带动托盘1上升或下降时，便可举起或落下重物。

3) 调整螺旋。调整螺旋主要用来调整和固定零件的相对位置。如图5—20所示，螺杆分别与活动螺母2和固定螺母3组成两个螺旋副，固定螺母兼作机架，固定不动，活动螺母可以沿机架的导向槽移动但不能转动。当转动螺杆时，螺杆相对于固定螺母移动，同时使不能转动的活动螺母相对于螺杆移动。如果两螺旋副旋向相反时，活动螺母的移动距离与两段螺纹导程之差成正比；如果两螺旋副旋向相同时，活动螺母的移动距离与两段螺纹导程之和成正比。因此，这种螺旋传动用于调整两构件的相对位置。

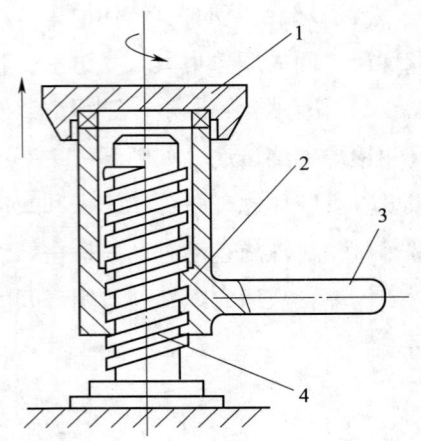

图5—19 螺旋千斤顶
1—托盘 2—螺母 3—手柄 4—螺杆

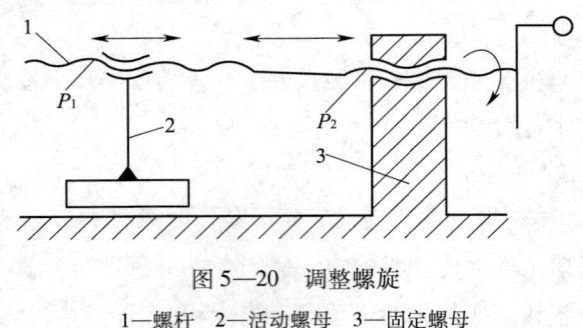

图5—20 调整螺旋
1—螺杆 2—活动螺母 3—固定螺母

第三节 机械零件基本知识

一、键连接和销连接

1. 键连接

键连接主要用来连接轴和轴上的传动零件，实现周向固定并传递转矩；有的键也可以实现零件的轴向固定或轴向滑动。键是标准件，常用的材料是45钢。

（1）平键连接

按平键的用途不同，可分为普通平键连接、导向键连接和滑键连接。

1）普通平键。普通平键按端部形状不同，可分为圆头（A型）、平头（B型）和半圆头（C型）三种，如图5—21所示为普通平键连接。普通平键由于结构简单，装拆方便，对中性好，因此广泛应用于传递精度要求高、高速或承受交变载荷和冲击载荷的场合。

2）导向键连接。导向键就是加长了的普通平键，由于轴上的零件要沿轴向移动，所以配合较松。又因为键较长，因此要用螺钉将键固定在轴上，如图5—22所示为导向平键连接。

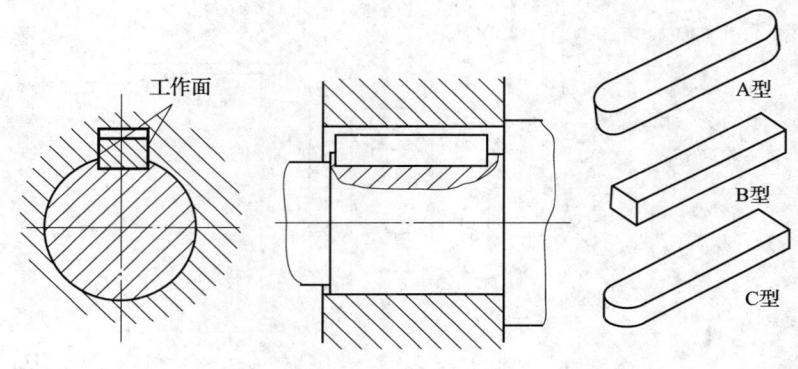

图5—21　普通平键连接

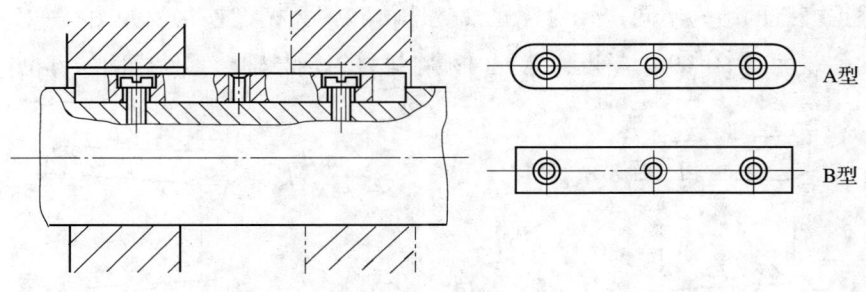

图5—22　导向平键连接

3）滑键连接。滑键连接如图5—23所示，它是将滑键固定在轴上零件的轮毂内，工作时轮毂带着键一起在轴上键槽内滑动。

（2）半月键连接

半月键连接如图5—24所示，其特点是键在轴槽中能绕槽底圆弧曲率中心摆动，一般用于轻载的场合，尤其适用于锥形轴端部的连接。

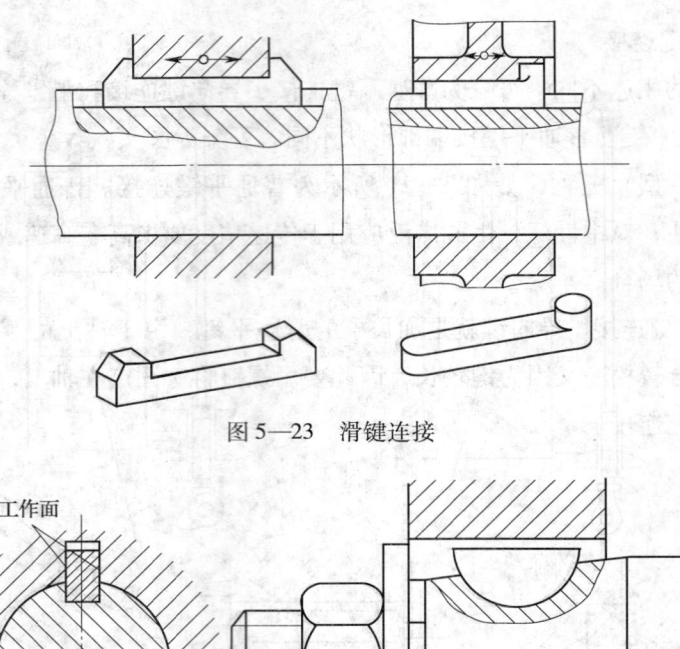

图 5—23 滑键连接

图 5—24 半圆键连接

（3）楔键连接

根据楔键的结构不同，分为普通楔键连接和钩头楔键连接，如图 5—25 所示。楔键的上表面有 1:100 的斜度，装配时须将键打入轴与轴上零件之间的键槽内。

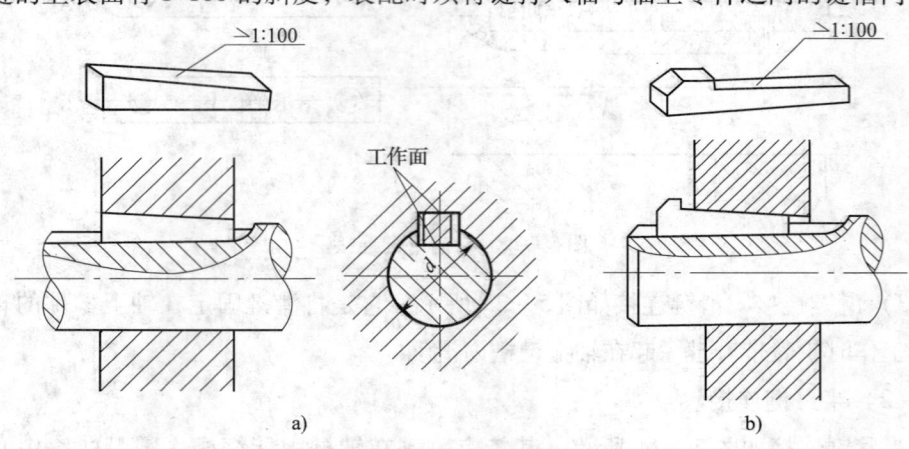

图 5—25 楔键连接

a）普通楔键连接 b）钩头楔键连接

楔键连接通常用于精度要求不高、转速较低的场合，如农业机械、工程机械等。

（4）花键连接

由于花键的键齿较多，齿槽较浅，因此花键连接能传递较大的转矩。如图5—26所示，花键按剖面形状不同可分为矩形花键和渐开线花键两种，拖拉机零件多采用渐开线花键。

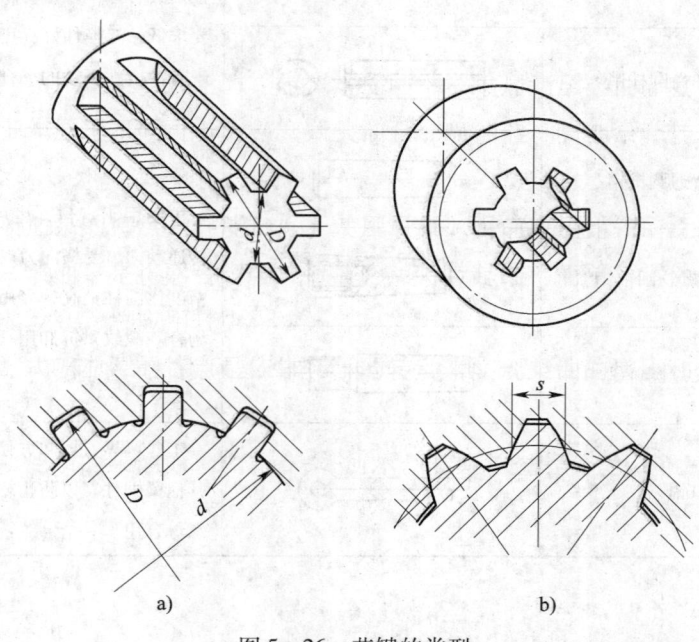

图5—26 花键的类型
a）矩形花键 b）渐开线花键

2．销连接

销是标准件，可用来作为定位零件，用以确定零件间的相互位置；也可起连接作用，用以传递横向力或转矩；还可以作为安全装置，作为过载的切断零件。

常用的销有圆柱销、圆锥销和开口销，常用销的类型、特点和应用见表5—1。圆柱销是靠微量的过盈固定在销孔中的，故不宜经常拆卸，否则会降低定位精度和连接的可靠性。圆锥销有1∶50的锥度，其小端直径为标准值。圆锥销易于安装，有可靠的自锁性能，定位精度高于圆柱销，但由于在振动的环境下容易自行脱落，所以在拖拉机结构中很少采用。开口销由于具有良好的防松性能，在拖拉机的结构中应用十分广泛。

圆柱销和圆锥销的销孔一般均需铰制。

表 5—1　　　　　　　　　　常用销的类型、特点和应用

类型		图形	特点和应用
圆柱销	普通圆柱销		主要用于定位，也可用于连接，只能传递不大的载荷。内螺纹圆柱销多用于盲孔，内螺纹供拆卸用。弹性圆柱销具有弹性，不易松脱，销孔精度要求低，互换性好，可多次装拆，用于有冲击、振动的场合
	内螺纹圆柱销		
	弹性圆柱销		
圆锥销	普通圆锥销		主要用于定位，也可以固定零件，传递动力，受横向力时能自锁。定位精度比圆柱销高，多用于经常装拆的场合。螺纹供拆卸用
	内螺纹圆锥销		
	螺尾圆锥销		
开口销			工作可靠，拆卸方便，可用于锁定其他紧固件，以防止松脱，常与槽形螺母合用

二、轴

轴的功用是支持传动零件并传递运动和转矩。按轴所受载荷的情况不同，可分为心轴、传动轴和转轴三种。

1．心轴

工作时只承受弯曲载荷而不传递转矩的轴称为心轴，它又可分为固定心轴和转动心轴两种，如图 5—27 所示。

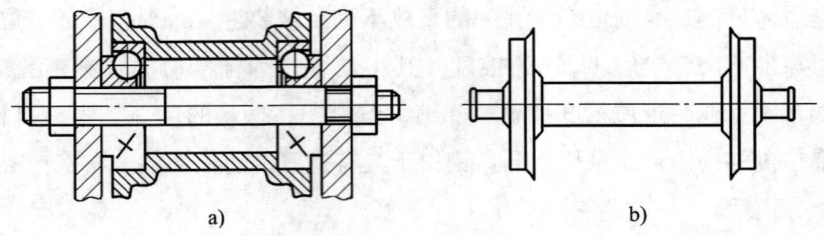

图 5—27　心轴
a) 固定心轴　b) 转动心轴

2. 传动轴

工作时只传递转矩而不承受或承受很小弯曲载荷的轴称为传动轴。如图5—28所示为轮式拖拉机前驱动桥的传动轴。

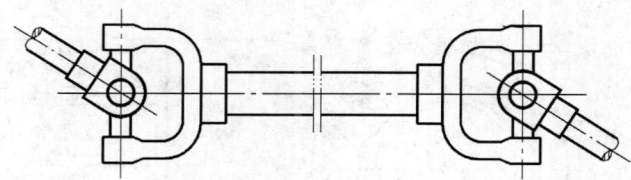

图5—28　轮式拖拉机前驱动桥的传动轴

3. 转轴

工作时既承受弯曲载荷又传递转矩的轴称为转轴。如图5—29所示为拖拉机变速器内的转轴。

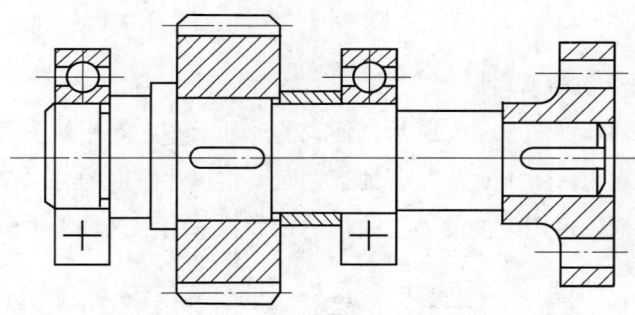

图5—29　拖拉机变速器内的转轴

三、轴承

轴承是支撑轴和轴上零件的重要零（部）件，根据摩擦性质不同，轴承可分为滑动轴承和滚动轴承两大类。

1. 滑动轴承

滑动轴承中轴与轴承之间主要采用滑动摩擦形式。根据轴承承受载荷的方向不同，可分为承受径向载荷的径向滑动轴承、承受轴向载荷的止推滑动轴承以及同时承受径向载荷和轴向载荷的径向止推滑动轴承三种。下面介绍应用最为广泛的径向滑动轴承。

按结构形式不同，径向滑动轴承可分为整体式、剖分式和调心（自位）式三种。

（1）整体式滑动轴承

整体式滑动轴承如图 5—30 所示,其优点是结构简单,价格低廉。缺点是磨损后轴颈与轴套之间的间隙无法调整,必须重新更换轴套。装拆时必须轴向移动轴承或轴,给安装带来不便。这种轴承常用于低速、轻载且不需要经常装拆的场合。

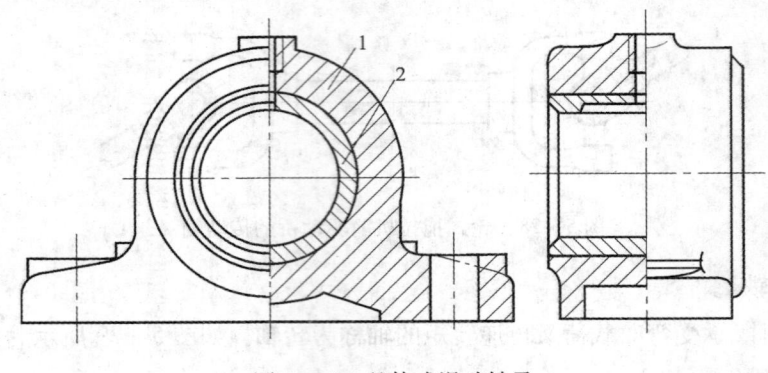

图 5—30　整体式滑动轴承
1—轴承座　2—轴套

(2) 剖分式滑动轴承

剖分式滑动轴承如图 5—31 所示。轴承盖与轴承座之间用双头螺柱连接,当轴瓦磨损后,可以利用减薄上轴瓦与下轴瓦之间调整垫片厚度的方法来调整轴颈与轴瓦之间的间隙。拖拉机用柴油发动机曲轴主轴颈就采用了这种滑动轴承。

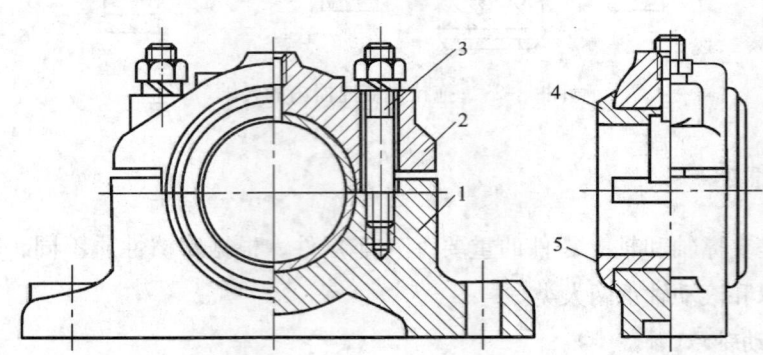

图 5—31　剖分式滑动轴承
1—轴承座　2—轴承盖　3—双头螺柱　4—上轴瓦　5—下轴瓦

(3) 调心式滑动轴承

调心式滑动轴承又称为自位滑动轴承,其结构如图 5—32 所示。这种轴承的轴瓦支撑面和轴承座的接触部分做成球面,使轴瓦可以在一定角度范围内摆动,以适应轴颈与轴瓦之间的同轴度误差,减少轴承的局部接触和局部磨损。

2. 滚动轴承

滚动轴承一般由内圈、外圈、滚动体及保持架组成，其结构如图5—33所示。常见的滚动体形状有球形、圆柱形、圆锥形、鼓形和滚针形。

滚动轴承采用滚动摩擦形式，其主要优点是：摩擦阻力小，易启动；载荷、转速及工作温度的适用范围比较广；轴向尺寸小，旋转精度高；润滑、维修方便。缺点是：抗冲击能力较差，径向尺寸较大，对安装的精度要求较高。

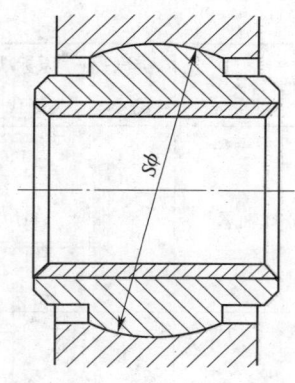

图5—32 调心式滑动轴承的结构

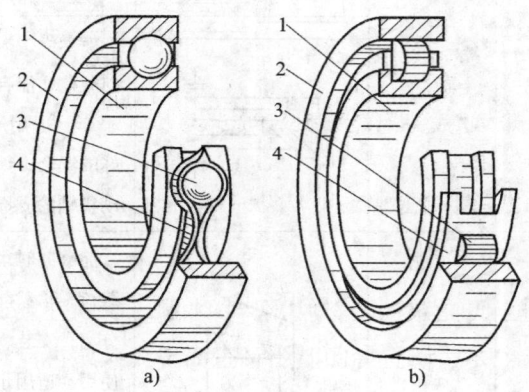

图5—33 滚动轴承的结构

1—内圈　2—外圈　3—滚动体　4—保持架

滚动轴承已经标准化，在拖拉机及农业机械中得到了广泛的应用。滚动轴承的类型很多，常用的滚动轴承的类型、主要特性及应用见表5—2。

表5—2　　　　　　　　滚动轴承的类型、主要特性及应用

轴承名称	类型代号	原标准类型代号	简图	主要特性及应用
双列角接触球轴承	0	6		能同时承受径向载荷和双向的轴向载荷，具有相当于一对角接触球轴承背靠背安装的特性

续表

轴承名称	类型代号	原标准类型代号	简图	主要特性及应用
调心球轴承	1	1		主要承受径向载荷,也可以承受不大的轴向载荷;允许角偏差小于3°,能够自动调心。适用于多支点传动轴、刚度较低的轴以及难以对中的轴
调心滚子轴承	2	3		与调心球轴承的特性基本相同,允许角偏差小于2.5°,承载能力大。常用于其他轴承不能胜任的重载和冲击载荷的场合,如轧钢机、大功率减速器等
推力调心滚子轴承	2	3		能承受很大的轴向载荷和不大的径向载荷,能自动调心,允许角偏差小于3°。适用于重载和要求调心性能好的场合,如重型机床、大型立式电动机轴的支撑等
圆锥滚子轴承	3	7		能够同时承受径向载荷和单向轴向载荷,承载能力大;内圈和外圈可以分离,安装、调整方便,一般应成对使用。适用于径向载荷和轴向载荷都较大的场合,如斜齿轮、锥齿轮、蜗杆、蜗轮轴及机床主轴的支撑等
双列深沟球轴承	4	0		具有深沟球轴承的特性,比深沟球轴承的承载能力更大,刚度更高,可用于比深沟球轴承要求更高的场合
推力球轴承	5	8	51000 52000	套圈可以分离;只能承受轴向载荷,51000型承受单向轴向载荷,52000型承受双向轴向载荷;极限转速低。常用于起重机吊钩、蜗杆轴和立式车床主轴的支撑等

续表

轴承名称	类型代号	原标准类型代号	简图	主要特性及应用
深沟球轴承	6	0	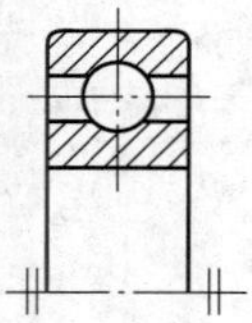	主要承受径向载荷，也能承受一定的轴向载荷；极限转速高，高速时可用来承受不大的纯轴向力；承受冲击能力差。价格低廉，应用最广泛，适用于刚度较高的轴上，如机床齿轮箱、小功率电动机等
角接触球轴承	7	6	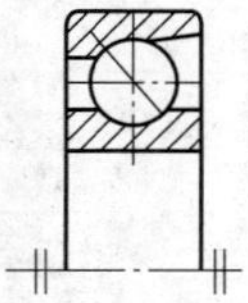	能承受径向载荷和单向轴向载荷，接触角 α 越大，则承受轴向载荷的能力也越大，一般应成对使用。适用于刚度高、跨距较小的轴，如斜齿轮减速器和蜗杆减速器中轴的支撑等
推力圆柱滚子轴承	8	9	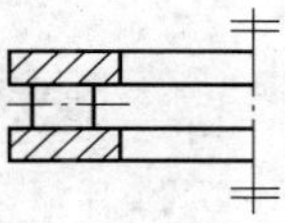	能承受很大的单向轴向载荷，承载能力比推力球轴承大得多。常用于承受轴向载荷大而又不需调心的场合
圆柱滚子轴承	N	2	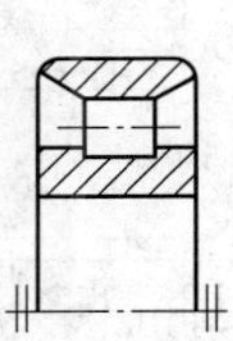	内圈和外圈可以分离，且允许少量轴向移动；承载能力比深沟球轴承大，能承受较大的冲击载荷，但不能承受轴向载荷。适用于刚度高、对中良好的轴，如大功率电动机、人字齿轮减速器等

四、联轴器、离合器和制动器

1．联轴器

联轴器用于将两轴牢固地连接在一起。在拖拉机运转过程中，两轴不能分开，只有停止运转时才能将两轴分开。各种联轴器的形式如图 5—34 所示。

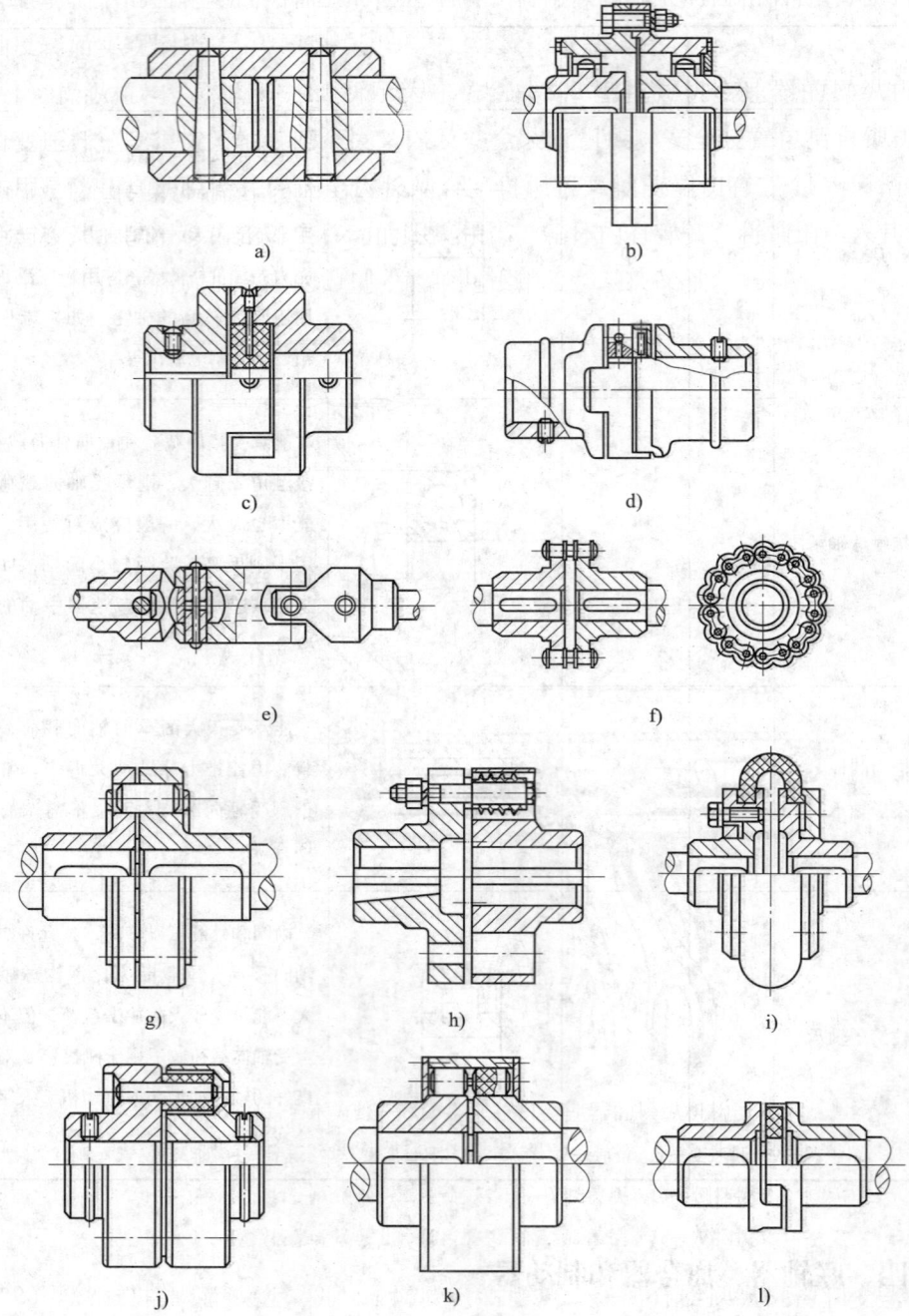

图 5—34 各种联轴器的形式
a）套筒联轴器 b）齿式联轴器 c）挠性爪形联轴器 d）滑块联轴器 e）万向联轴器
f）滚子链联轴器 g）弹性柱销联轴器 h）弹性套柱销联轴器 i）轮胎式联轴器
j）简单型弹性柱销联轴器 k）弹性柱销齿式联轴器 l）梅花形弹性联轴器

联轴器的作用是补偿两轴的位置偏差,吸收振动,减少冲击,它主要用于两部件间的连接,或用于安全装置及调整装置。

2. 离合器

离合器是一种使主动轴与从动轴接合或分开的传动装置。例如,拖拉机的起动、停车、变向、变速等都应用了离合器,如图5—35所示为东方红—550型拖拉机上应用的一种离合器。

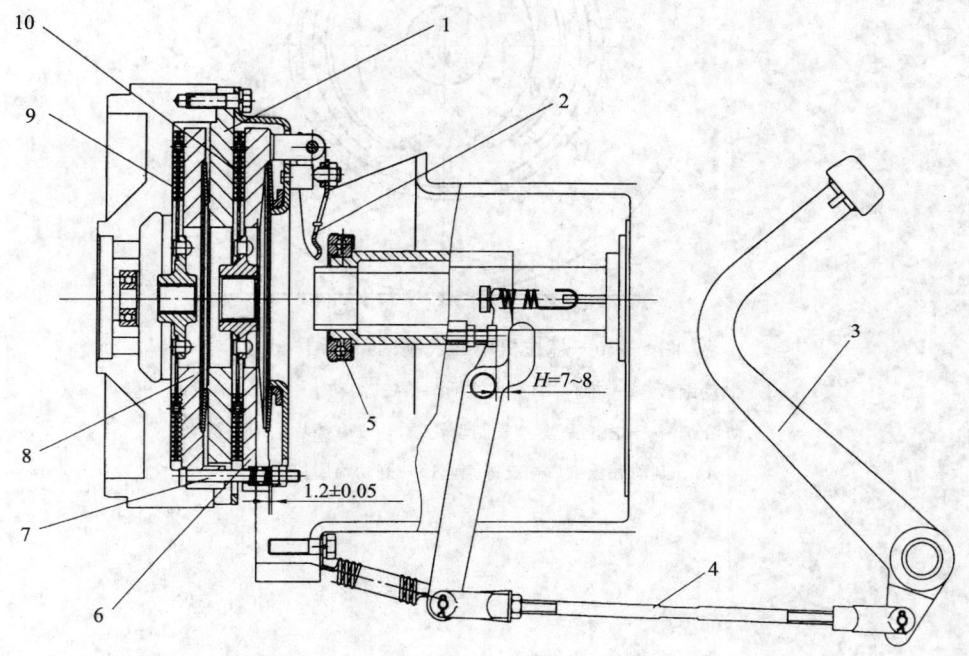

图5—35 东方红—550型拖拉机离合器

1—离合器盖 2—分离杠杆 3—离合器踏板总成 4—离合拉杆 5—分离轴承 6—主离合器压盘 7—拉杆 8—副离合器压盘 9—副离合器从动盘总成 10—主离合器从动盘总成

常用的离合器有侧齿式离合器、内齿式离合器、摩擦离合器(机械式和电磁式)以及超越离合器(棘轮式和滚子式)等。

3. 制动器

拖拉机制动器的功用是:根据需要强制行驶的拖拉机减速或在最短距离内停车;下坡行驶时限制车速;协助或实现转向;能保证停放的拖拉机原地不动,防止滑溜。

拖拉机上广泛采用机械摩擦式制动器,它的形式主要有带式、蹄式和盘式三种,如图5—36所示为拖拉机用蹄式制动器的结构。

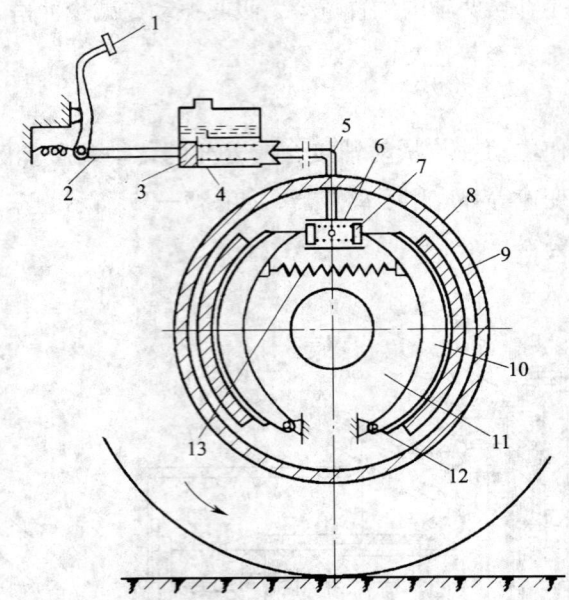

图 5—36 拖拉机用蹄式制动器的结构
1—制动踏板 2—推杆 3—主缸活塞 4—制动主缸 5—油管
6—制动轮缸 7—轮缸活塞 8—制动轮毂 9—摩擦片 10—制动蹄
11—制动底板 12—支撑销 13—制动蹄回位弹簧

第六章 拖拉机构造基础知识

第一节 概 述

一、拖拉机的分类

拖拉机可分为农业用拖拉机和工业用拖拉机两大类,而农业用拖拉机按其用途不同又可分为一般用途拖拉机和特殊用途拖拉机。

拖拉机按外观结构不同可分为手扶拖拉机、轮式拖拉机、履带式拖拉机和船式拖拉机四种;按驱动方式不同可分为两轮驱动拖拉机和四轮驱动拖拉机;按功率大小不同可分为大型拖拉机(36.78 kW 以上)、中型拖拉机(14.71~36.78 kW)和小型拖拉机(14.71 kW 以下)。

二、拖拉机的基本组成

拖拉机主要由发动机、底盘和电气设备三大部分组成。

1. 发动机

发动机是整个拖拉机的动力装置,也是拖拉机的心脏。拖拉机采用的发动机一般为直列式、水冷、四冲程柴油发动机。

2. 底盘

底盘是拖拉机的骨架或支撑,是拖拉机上除发动机和电气设备以外的所有装置的总称,它主要由传动系统、转向系统、行走系统、制动机构和工作装置组成。

(1) 传动系统

传动系统的功用是将发动机的动力传递给拖拉机的驱动轮,使拖拉机获得行驶的速度和牵引力,实现拖拉机前进、倒退和停车。

(2) 转向系统

转向系统用于控制和改变拖拉机的行驶方向。

(3) 行走系统

行走系统的功用是支撑拖拉机的全部质量,并通过行走装置使拖拉机移动。拖拉机的行走装置分为履带式和轮式两大类。履带式行走装置与地面的接触面积大,在松软或潮湿的土壤上面下陷较少且不容易打滑。轮式行走装置与地面的接触面积小,在松软或潮湿的土壤上面下陷较深,容易打滑。为增大接触面积,减少打滑现象,驱动轮直径往往选得比较大,而轮胎充气的气压也较低。

(4) 制动机构

制动机构用来降低拖拉机的行驶速度及实现停车。

(5) 工作装置

工作装置用于牵引、悬挂农机具或通过动力输出轴向作业机具输出动力,以便于完成田间作业、运输作业或农产品加工等固定场所的作业,扩大拖拉机的作业范围。工作装置包括液压悬挂装置、牵引装置和动力输出轴等。

3. 电气设备

拖拉机的电气设备主要用于拖拉机的照明、发出信号及发动机的起动等,由发电设备、用电设备和配电设备三部分组成。

发电设备包括蓄电池、发电机及调节器。

用电设备包括起动电动机(起动机)、照明灯、信号灯及各种仪表等。

配电设备包括配电器、导线、接线柱、开关和保险装置等。

第二节 发 动 机

一、柴油发动机的基本构造和工作原理

1. 柴油发动机的基本构造

柴油机的结构如图 6—1 所示。其气缸顶部由气缸盖密封,通过气缸盖上的进

气门吸进新鲜空气,并由排气门排出工作废气。柴油机的燃烧和做功是在由活塞、气缸、气缸盖组成的封闭空间内进行的。活塞通过连杆与曲轴连接,曲轴上固定有飞轮。活塞在气缸内做往复直线运动,通过连杆变成曲轴的旋转运动。活塞上下往复一次,曲轴旋转一圈。

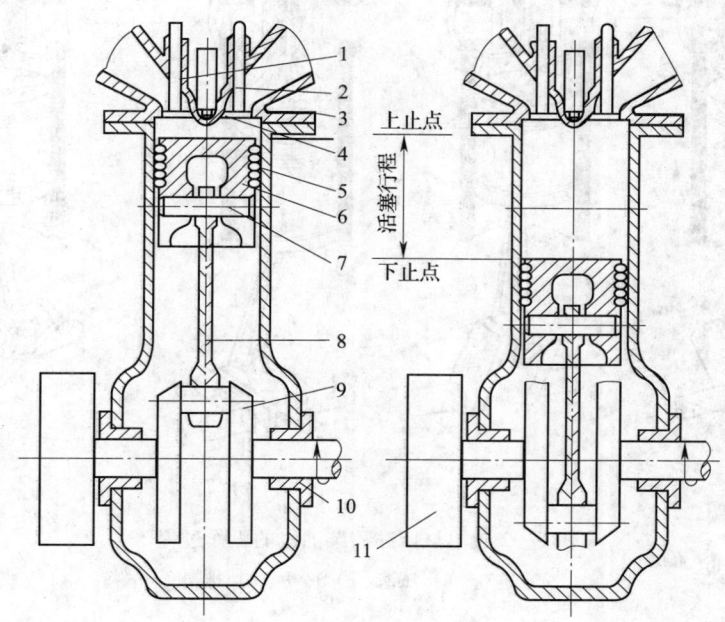

图6—1 柴油机的结构

1—排气门 2—进气门 3—气缸盖 4—喷油器 5—气缸 6—活塞
7—活塞销 8—连杆 9—曲轴 10—主轴承 11—飞轮

柴油机按其功用不同可分为主系统和辅助系统。主系统包括曲柄连杆机构和机体零件;配气机构以及进气系统和排气系统;燃油供给系统。辅助系统包括润滑系统、冷却系统和起动系统。

2. 柴油发动机的工作原理

以单缸四冲程柴油机的工作过程为例,如图6—2所示,柴油机每完成一个工作循环要经过进气、压缩、做功、排气四个行程,活塞上下往复两次,曲轴转两圈。

(1) 进气行程

曲轴靠飞轮的惯性力旋转,带动活塞由上止点向下止点运动,这时排气门关闭,进气门打开,由于气缸容积增大,形成内、外压力差,新鲜空气就被吸入气缸。

(2) 压缩行程

曲轴靠飞轮的惯性力继续旋转,带动活塞由下止点向上止点运动,这时进气门和排气门都关闭,气缸内形成密封的空间,由于气体受到压缩,压力和温度不断升高,在活塞到达上止点前,喷油器将高压柴油喷入燃烧室。

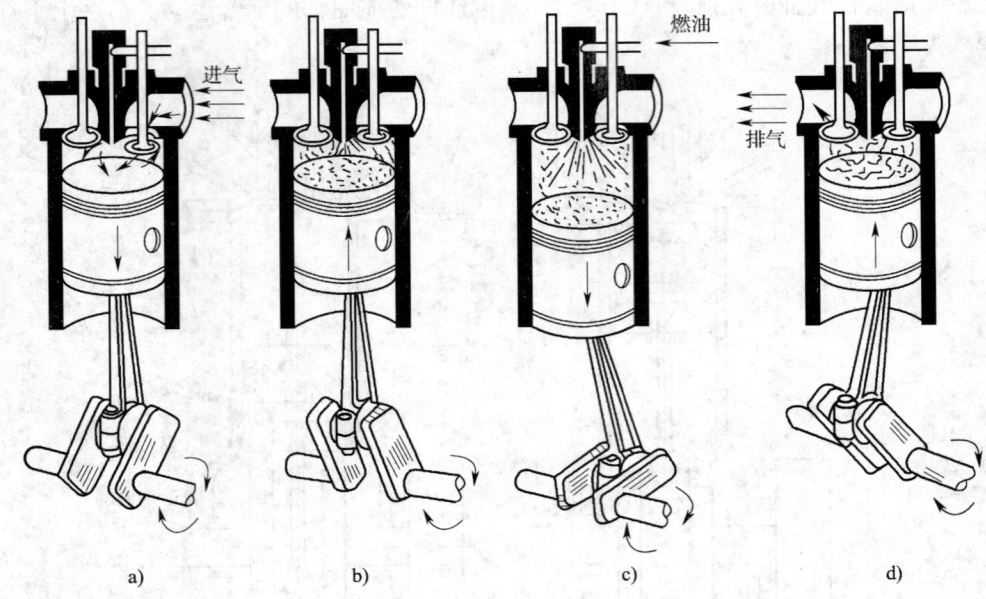

图6—2 单缸四冲程柴油机的工作过程
a) 进气 b) 压缩 c) 做功 d) 排气

(3) 做功行程

进气门和排气门仍然关闭,气缸内的温度达到柴油自燃温度,使柴油燃烧放出热能,高温、高压的气体急剧膨胀,推动活塞从上止点向下止点移动做功,并通过连杆带动曲轴旋转,向外输出动力。

(4) 排气行程

在飞轮惯性力的作用下,旋转的曲轴带动活塞从下止点向上止点运动,这时进气门关闭,排气门打开。由于废气压力高于外界大气压,同时在活塞的推动下,将工作废气从排气门排出机外。

二、曲柄连杆机构和机体零件

1. 曲柄连杆机构和机体的功用

曲柄连杆机构是柴油机进行能量转换的主要机构。柴油机运转时,燃料的化学能通过燃烧转化为热能,然后由曲柄连杆机构将热能转变为机械能;同时,在能量转换的过程中,通过曲柄连杆机构将活塞的往复直线运动转变为曲轴的旋转运动,并以转矩的形式对外做功。

2．曲柄连杆机构和机体的组成

（1）连杆组

连杆组包括活塞、活塞环、活塞销、连杆等运动件。

（2）气缸体、曲轴箱组

气缸体、曲轴箱组包括气缸体、曲轴箱、气缸盖、气缸垫等固定件。

（3）曲轴、飞轮组

曲轴、飞轮组包括曲轴、飞轮等运动件。

三、配气机构与进气系统和排气系统

1．配气机构

（1）配气机构的功用

配气机构的功用是按照柴油机工作循环和工作顺序的要求，定时开启和关闭各缸的进气门、排气门，使新鲜空气进入气缸，并将废气及时排出。

（2）配气机构的组成

配气机构由气门组、气门传动组件等组成。如图6—3所示为顶置式配气机构工作示意图。它由凸轮轴、挺柱、推杆、摇臂、气门、气门座及气门弹簧等组成，气门弹簧倒装在气缸盖上。

工作时，曲轴通过正时齿轮带动凸轮轴旋转，凸轮的凸起部分将挺柱、推杆举起，再通过摇臂将气门打开。当凸轮的凸起部分转过挺柱平面时，气门在气门弹簧的作用下立即关闭。

2．进气系统和排气系统

进气系统和排气系统包括进气管、排气管、空气滤清器和排气消声器等。其中，空气滤清器的功用是滤除空气中的灰尘和杂质，以减少气缸、活塞和活塞环的磨损；消声器的功用是降低排气噪声，以及消除废气中的火星。

四、燃油供给系统

1．燃油供给系统的功用、组成与工作过程

燃油供给系统包括柴油箱、输油泵、柴油滤清器、喷油泵、喷油器以及高压油管和低压油管等，如图6—4所示。其功用是按柴油机各缸的工作顺序和工作过程要求，将具有一定压力的、适量的干净柴油，在规定时间内以良好的雾化质量喷入燃烧室，与空气迅速地混合并燃烧。一般将喷油泵至喷油器之间的油路称为高压油路，而将燃油箱到喷油泵之间的回油管路称为低压油路。

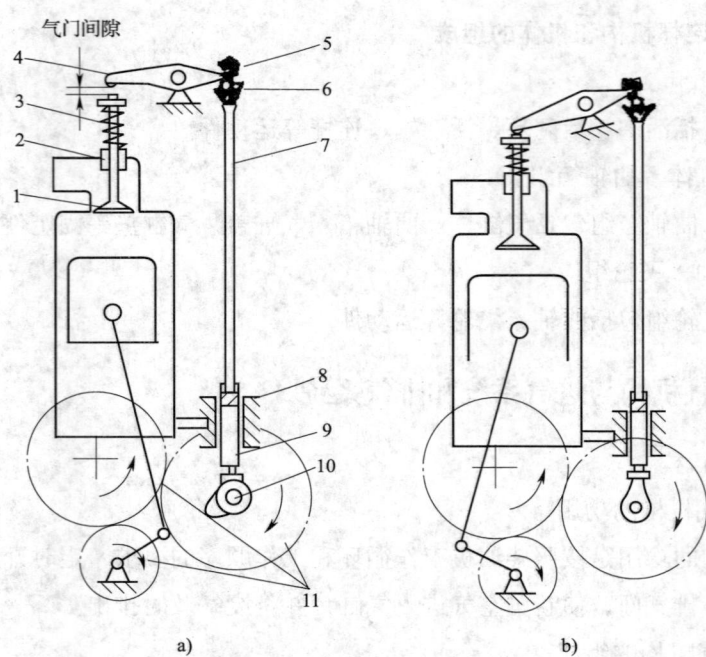

图6—3 顶置式配气机构工作示意图

a) 气门关闭 b) 气门打开

1—气门 2—导管 3—气门弹簧 4—摇臂 5—锁紧螺母 6—调整螺钉
7—推杆 8—挺柱导管 9—挺柱 10—凸轮轴 11—传动齿轮

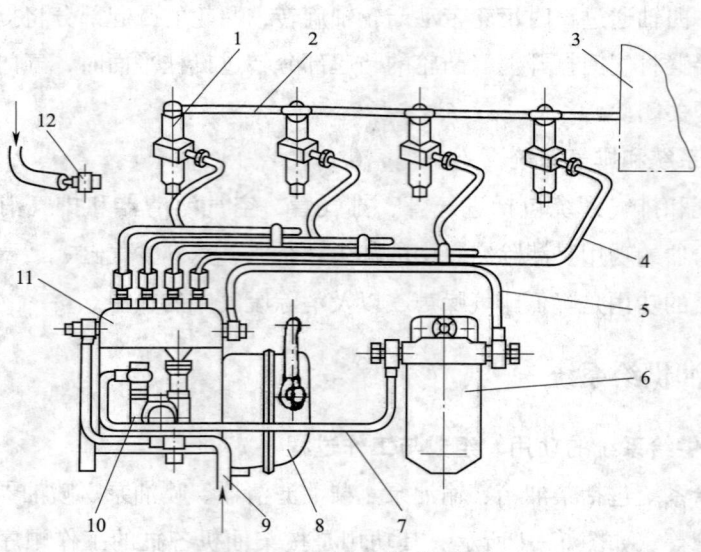

图6—4 燃油供给系统

1—喷油器 2—低压油管 3—柴油箱 4—高压油管 5—喷油泵进油管 6—柴油滤清器
7—滤清器进油管 8—调速器 9—输油泵进油管 10—输油泵
11—喷油泵 12—预热塞

燃油供给系统的工作过程是：柴油箱内的柴油经输油泵压送至柴油滤清器过滤后，再由喷油泵增压，经高压油管送到喷油器，以细小的雾状喷入燃烧室，与气缸内的压缩空气混合并燃烧，并推动活塞做功。从喷油器泄漏出的柴油经回油管流回柴油箱（也可回油至输油泵或柴油滤清器）。由于输油泵的供油量比喷油泵的泵油量大，喷油泵中经低压油路送来的多余柴油便经过单向回油阀和油管回到输油泵入口或直接流回柴油箱。

2．喷油泵

喷油泵的功用是定压、定时、定量地向喷油器输送高压柴油。喷油泵的结构形式很多，按工作原理不同可分为柱塞式喷油泵、喷油器—喷油泵和转子分配式喷油泵三大类。

柱塞式喷油泵的特点是性能良好，使用可靠，目前应用比较广泛。

喷油器—喷油泵是将两者组合成一体，其特点是结构简单，零件少，但零件精度和材料要求较高，故应用较少。

转子分配式喷油泵的特点是依靠转子的转动来实现柴油的增压和分配，故又称为分配泵。

柱塞式喷油泵的泵油原理如图6—5所示。其泵油过程分为以下三个阶段。

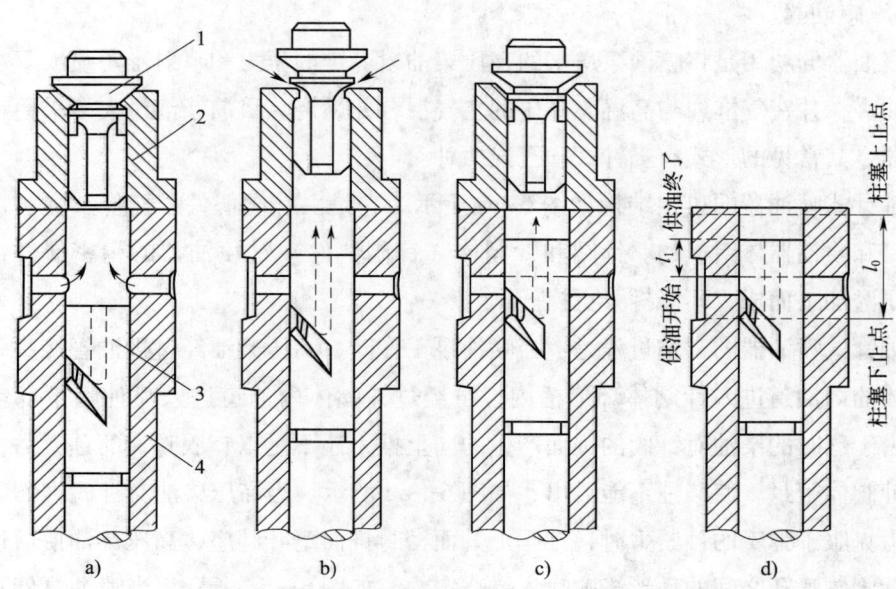

图6—5 柱塞式喷油泵的泵油原理
a) 进油 b) 供油 c) 回油 d) 柱塞行程
1—出油阀 2—出油阀座 3—柱塞 4—柱塞套

(1) 进油阶段

当凸轮的凸起部分转过以后，柱塞受到柱塞弹簧的作用力下行。柱塞上方泵腔因容积增大而产生吸力，此时出油阀处于关闭状态，柱塞套上两个进油孔打开，泵体低压油道内的柴油被吸入泵腔，如图6—5a所示，直至柱塞运动到下止点为止。

(2) 泵油阶段

当凸轮转到凸起部分顶起挺柱时，柱塞弹簧被压缩，柱塞向上运动，直至其上部的圆柱面关闭柱塞套上的两个油孔时，柱塞上方形成密封的油腔，如图6—5b所示。柱塞继续上升，油压迅速升高。当油压高于出油阀弹簧的弹力和高压油管中的剩余压力时，出油阀被顶开，高压油进入高压油管，通过喷油器喷向燃烧室。

(3) 回油阶段

柱塞上行泵油一直延续到柱塞斜槽与柱塞套上的回油孔相通为止。这时，柱塞上方泵腔内的柴油便从轴向孔、径向孔沿斜槽向柱塞套回油孔回油，如图6—5c所示。泵腔内的压力迅速下降，出油阀在出油阀弹簧的作用下立即关闭，泵油停止。此后柱塞虽继续上行到上止点，但柴油都经斜槽回流至泵体低压油道。

3. 喷油器

喷油器的功用是将喷油泵送来的高压柴油以一定的压力和喷射锥角喷成颗粒细小的油雾，并在气缸内与高温、高压的空气混合并燃烧。目前柴油机大多采用闭式喷油器，其常见的形式有轴针式和孔式两种。

轴针式喷油器的典型结构如图6—6所示。它是由针阀偶件、挺杆、弹簧、调节螺钉和喷油器体组成的。针阀和针阀体（针阀偶件）是喷油器的精密偶件，经配对研磨加工而成，不能拆开更换。

轴针式喷油器的工作过程是：当喷油泵工作时，高压柴油经过进油管接头和喷油器体的内油道进入针阀体环形槽内，再经过针阀体内油道进入喷油嘴下部空腔中。由于这时的柴油对针阀的锥面产生的向上推力还不足以克服弹簧的预紧力，针阀与针阀体密封，使柴油不能喷出，如图6—6a所示。当高压柴油对针阀锥面的轴向推力克服了弹簧的预紧力时，针阀上升而密封锥面离开阀座，高压柴油便通过轴针与针阀体喷孔之间的环形缝隙喷入燃烧室内，如图6—6c所示。当喷油泵停止供油时，腔内油压迅速下降，针阀便在喷油器弹簧的作用下迅速下落而关闭喷孔，停止供油。

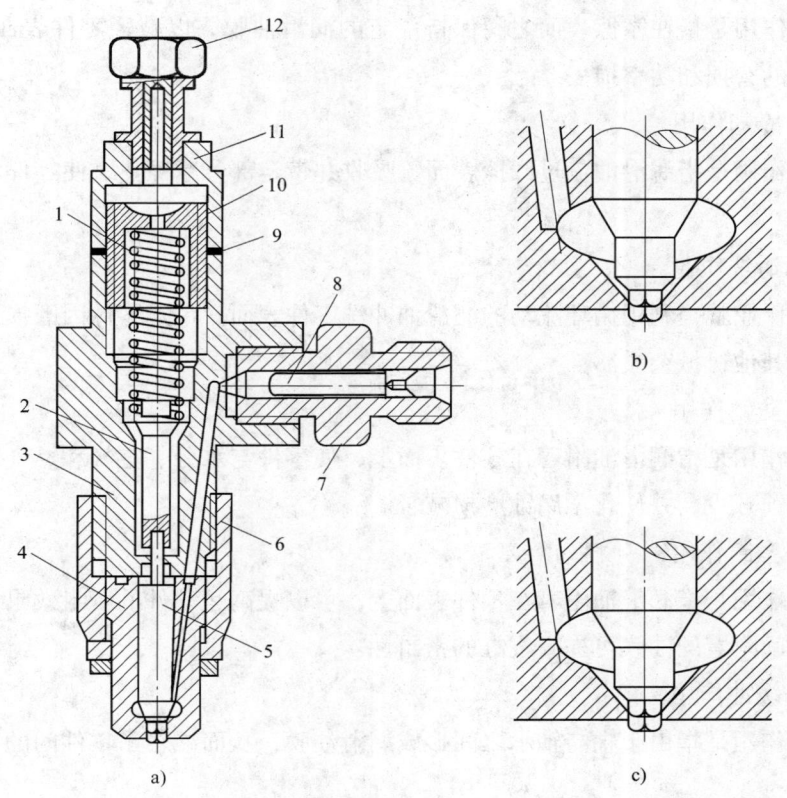

图 6—6　轴针式喷油器的典型结构
1—调压弹簧　2—顶杆　3—喷油器体　4—针阀体　5—针阀　6—紧帽　7—高压油管接头
8—滤芯　9—垫圈　10—调节螺钉　11—护帽　12—回油管接头

4．调速器

调速器的功用是在规定的速度范围内，根据柴油机负荷变化而自动调节供油量，以维持柴油机的转速基本不变。柴油机上一般采用机械离心式调速器，其工作原理是：机械离心式调速器由转速感应元件和与之相配合的调整供油拉杆位置的执行机构组成。前者由具有一定质量、与调速弹簧相平衡的钢球（或飞锤、飞块等惯性元件）作为感应元件，后者通过驱动执行机构与喷油泵油量调节机构相连接。转速感应是通过惯性元件转动时的离心力来实现的。

五、润滑系统

1．润滑系统的功用

润滑系统的功用有以下几个方面：

（1）减摩作用

减摩作用是指在摩擦表面之间保持一定的润滑油膜，以减轻零件表面的摩擦，减少零件的磨损和功率损失。

(2) 冷却作用

冷却作用是指润滑油流过摩擦表面，吸收并带走部分摩擦热，使零件温度不至于过高。

(3) 清洗作业

清洗作业就是利用循环流动的润滑油冲洗零件表面，带走零件因磨损形成的金属磨粒和其他机械杂质。

(4) 防锈作用

防锈作用是指润滑油附着在零件表面上，使零件与水分、空气和燃气隔离，使氧化、锈蚀减少，并使化学腐蚀磨损减轻。

(5) 密封作用

密封作用是指润滑油附着在零件表面上，可以提高运动件的密封效果。如活塞与气缸壁间附着的油膜可提高气缸的密封性。

(6) 缓冲作用

缓冲作用是指由于轴与轴承之间形成润滑油膜，从而减轻了零件间的冲击载荷作用。

2．润滑系统的组成

柴油机润滑系统主要由油底壳、机油泵、机油滤清器、机油冷却器、调压器、旁通阀等组成。这些部件与机体、气缸盖按一定的装配顺序连接在一起，构成机油循环系统。如图6—7所示为495A型柴油机润滑油循环路线示意图。油底壳的机油经集滤器和吸油管被机油泵吸入，再送到机油滤清器。经滤清后的机油进入主油道后分为三路：一路润滑主轴承和连杆轴承，从轴承间隙渗出的机油被飞溅到气缸套的内壁上；另一路经第一摇臂座、摇臂轴润滑摇臂轴承，从摇臂小孔渗出的机油润滑摇臂—气门、摇臂—挺杆摩擦副和凸轮轴；第三路经惰轮轴，由惰轮上的小孔喷出，润滑正时齿轮系。带液压泵的发动机还从惰轮挡片前端由油管引油到液压泵座，以润滑液压泵的惰轮轴套。

六、冷却系统

1．冷却系统的功用

柴油机工作时，气缸内最高燃烧温度达1 800~2 200 K。为了保证柴油机正常工作，必须通过冷却系统对高温条件下工作的零部件进行冷却。

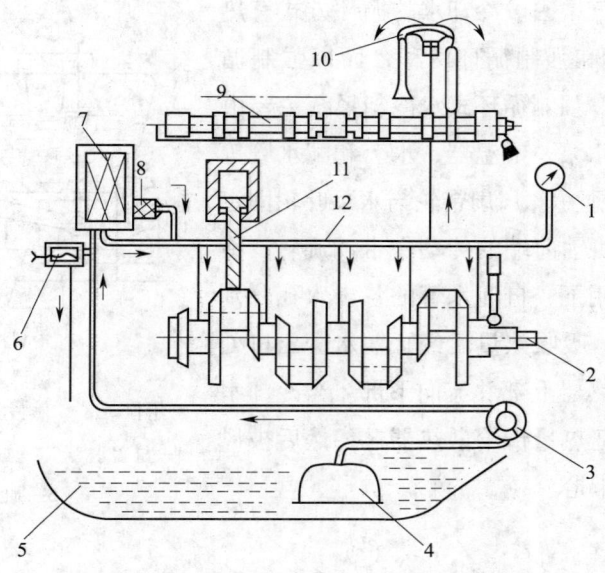

图 6—7　495A 型柴油机润滑油循环路线示意图

1—油压表　2—曲轴　3—机油泵　4—机油粗滤器　5—油底壳　6—限压阀　7—机油细滤器
8—旁通阀　9—凸轮轴　10—摇臂　11—活塞连杆　12—主油道

2．冷却方式

柴油机的冷却方式有两种，即水冷却和风冷却。柴油机运转时，使高温零件的热量先传导给水，然后再散入大气而进行冷却的装置称为水冷却系统；使高温零件的热量直接散入大气而进行冷却的装置称为风冷却系统。

3．水冷却系统

水冷却系统因其冷却均匀、可靠，而且便于调节冷却强度，为多数柴油机所采用。按散热方式的不同，水冷却系统可分为蒸发式水冷却系统和循环式水冷却系统两种。

（1）蒸发式水冷却系统

蒸发式水冷却系统的冷却水吸收热量后，利用一部分冷却水的蒸发将热量带走，并散发到大气中去。

蒸发式水冷却系统如图 6—8 所示。缸体和缸盖设有水套，水套直接通水箱，水箱通过加水口与大气相通，水蒸气从加水口扩散到大气中去。蒸发式水冷却系统结构简单，常用于小型柴油机上。

（2）循环式水冷却系统

循环式水冷却系统的冷却水在冷却系统中不断循环，对高温零件进行冷却后，把热量散发到大气中去。冷却水的循环方式有热流（自然）循环和强制循环两种，而以强制循环应用较为广泛。强制循环式水冷却系统主要由散热器、风扇、水泵、节温器、水套和配水管等组成，如图6—9所示。风扇带轮与水泵叶轮固定在同一轴上，由曲轴前端的传动带带动旋转。冷却水在水泵的作用下，自配水管的各出水孔分别进入各气缸水套，吸收热量后经缸盖水套出口处的节温器进入散热器上部并流向下部。当冷却水流经散热器时，把热量传给散热器芯，然后被风扇所形成的气流带走。

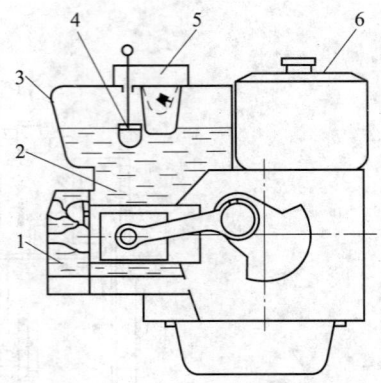

图6—8 蒸发式水冷却系统

1—缸盖水套 2—缸体水套 3—水箱
4—浮子 5—加水口 6—油箱

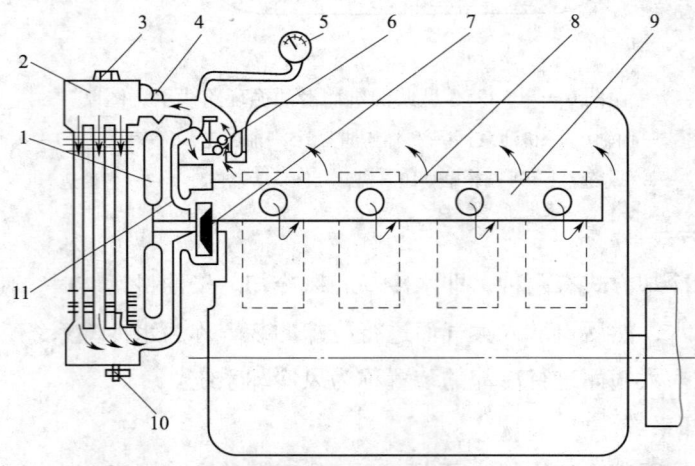

图6—9 强制循环式水冷却系统

1—风扇 2—散热器上水室 3—散热器 4—溢水管 5—水温表 6—节温器
7—水泵 8—水套 9—配水管 10—放水栓 11—旁通管

第三节 底 盘

一、传动系统

传动系统是发动机与驱动轮之间所有传动部件的总称，包括离合器、联轴器、变速器和后桥等。

1．离合器

对离合器的要求是：传动可靠，能迅速、彻底地分离，柔和、平顺地接合。

（1）离合器的功用

1）切断发动机的动力，以便于变速器的挂挡或换挡以及使拖拉机短时间停车。

2）接合发动机的动力，以保证拖拉机平稳起步。

3）在传动系统转速突变或转矩剧增时，能保护传动机件不至于过载或损坏。

（2）离合器的构造

单作用常压式离合器的结构如图 5—35 所示。其主动部分由飞轮、压盘、离合器盖、驱动箱等组成。离合器盖用螺钉固定在飞轮上，盖的外圆表面铆有三个销座，座孔内压入驱动销，驱动销的方头插入压盘对缘的缺口内，能驱动压盘转动。在离合器分离和接合过程中，压盘还能沿驱动销轴向移动。从动部分由从动盘和离合器轴组成。从动盘两面铆有摩擦衬片，并与甩油盘一起铆在有花键孔的轮毂上，与离合器花键轴连接在一起转动并能沿轴向移动。离合器轴前端支撑在飞轮中间孔内轴承上，后端支撑在离合器壳体轴承上。压紧机构为 15 个圆柱螺旋弹簧，均匀地分布在压盘的端面上。压紧弹簧一端压在压盘上（压盘与压紧弹簧间有隔热垫片），另一端顶在被离合器盖支撑着的弹簧座中。将离合器盖装在飞轮上时，压紧弹簧受到压缩而产生压紧力。

2．变速器

（1）变速器的功用与分类

变速器的功用是：增扭减速；变扭变速，即改变拖拉机的驱动力和行驶速度；实现空挡，使拖拉机在发动机不熄火的情况下长时间停车，同时为发动机能顺利起动创造条件；实现倒挡；对外输出动力。

拖拉机上采用有级式齿轮变速器，有各挡只经一对齿轮变速的两轴式变速器和各挡都要用两对齿轮变速的三轴式变速器，它们都属于简单变速器。大、中型拖拉机普遍采用由两个简单变速器组合而成的组合式变速器。

（2）简单变速器

简单变速器由传动部分、操纵部分及支撑部分构成。如图 6—10 所示为最简单的双轴式变速器，一根轴上的齿轮是固定的，另一根轴上的齿轮可沿轴向移动。轴上的滑移齿轮使不同对的齿轮啮合就可以得到不同的传动比。为了实现倒挡，需要在主动轴与从动轴之间加一根倒挡轴，上面装有倒挡齿

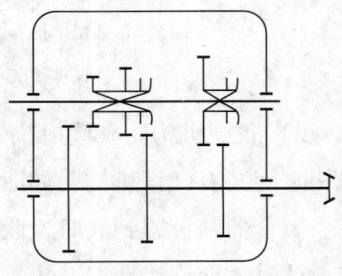

图 6—10　双轴式变速器

轮。主动轴上的齿轮与倒挡轴上的齿轮啮合，再与从动轴上的齿轮啮合，即可使从动轴反转而实现倒挡。

1）操纵机构。如图6—11所示为东方红—802型拖拉机变速器的操纵机构，它由变速杆、三根拨叉轴、四个拨叉以及安全装置组成。安全装置包括自锁机构，其作用是防止自动脱挡并保证全齿长啮合。每根拨叉轴前端切有三个V形槽，槽间距与拨叉拨动滑移齿轮需要移动的距离相当。箱体内有弹簧，将锁销压入其中一个槽中，换挡时需施加一定的力量才能顶起锁销，移动拨叉轴。

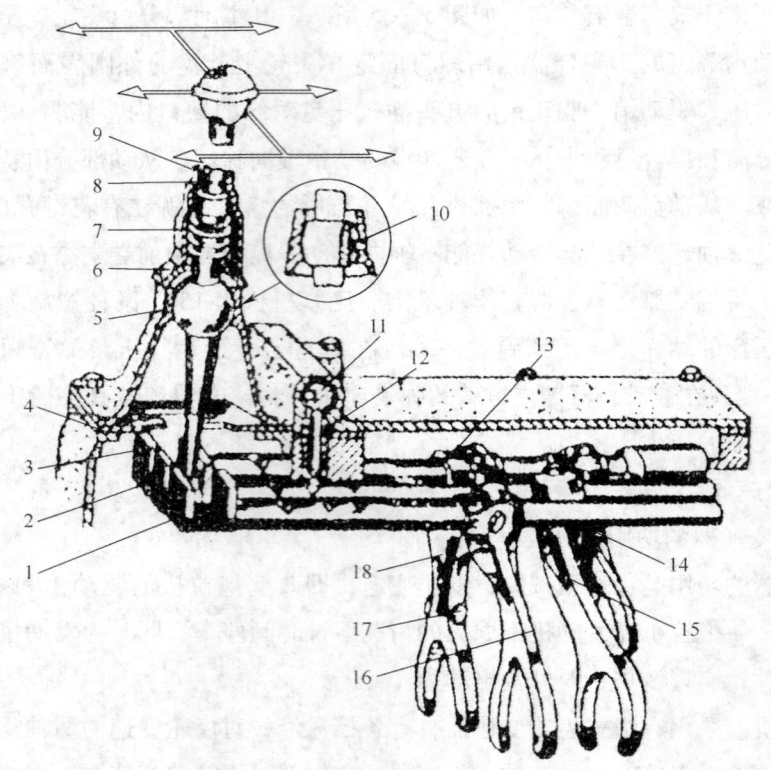

图6—11　东方红—802型拖拉机变速器的操纵机构

1，2，3—拨叉轴　4—导板　5—变速杆座　6—碗盖　7—弹簧　8—变速杆　9—防尘罩
10—止动销　11—联锁轴　12—锁销　13—V挡拨块　14—倒挡拨叉
15—Ⅰ，Ⅳ挡拨叉　16—Ⅱ，Ⅲ挡拨叉　17—拨销　18—V挡拨叉

2）联锁机构。有些拖拉机为了防止自动脱挡，在离合器操纵机构和变速操纵机构之间装有联锁机构，如图6—12所示为东方红—802型拖拉机的联锁机构。只有当离合器踏板踩到底时，联锁轴的长槽才能转到锁销的顶上，使锁销有抬起的可能，此时才允许拨动拨叉轴进行换挡。

第六章　拖拉机构造基础知识

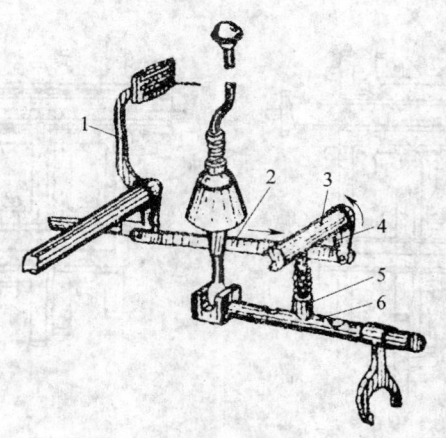

图6—12　东方红—802型拖拉机的联锁机构
1—离合器踏板　2—推杆　3—联锁轴　4—联锁轴臂　5—锁销　6—拨叉轴

3）互锁机构。导板式互锁机构如图6—13所示。为了防止同时挂上两个挡位，避免产生运动干涉而造成零件损坏，在变速杆的球头下有一个"王"字形槽导板，"王"字形槽与三根拨叉轴的位置相对应，变速杆下端经"王"字形槽伸入某一拨叉轴的拨头槽内。因此，变速杆的摆动受"王"字形槽的限制，不可能同时拨动两根拨叉轴而同时挂两个挡位，起到互锁作用。

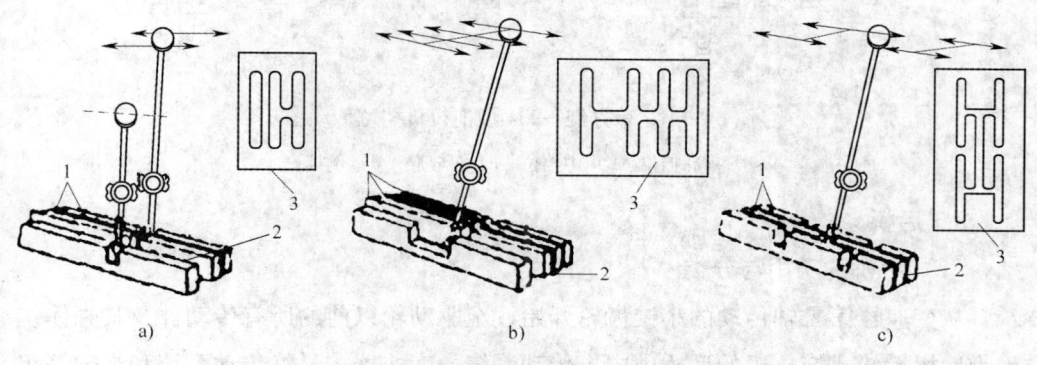

图6—13　导板式互锁机构
1—主变速拨叉轴　2—副变速拨叉轴　3—导板

(3) 组合式变速器

组合式变速器实质上是两个简单变速器的串联组合，可用较少的齿轮获得较多的排挡。在两个简单变速器中，一个挡数多，称为主变速器；另一个称为副变速器。如东方红90系列拖拉机有12个前进挡和4个倒退挡。如图6—14所示为东方红—904型拖拉机挡位传动图。

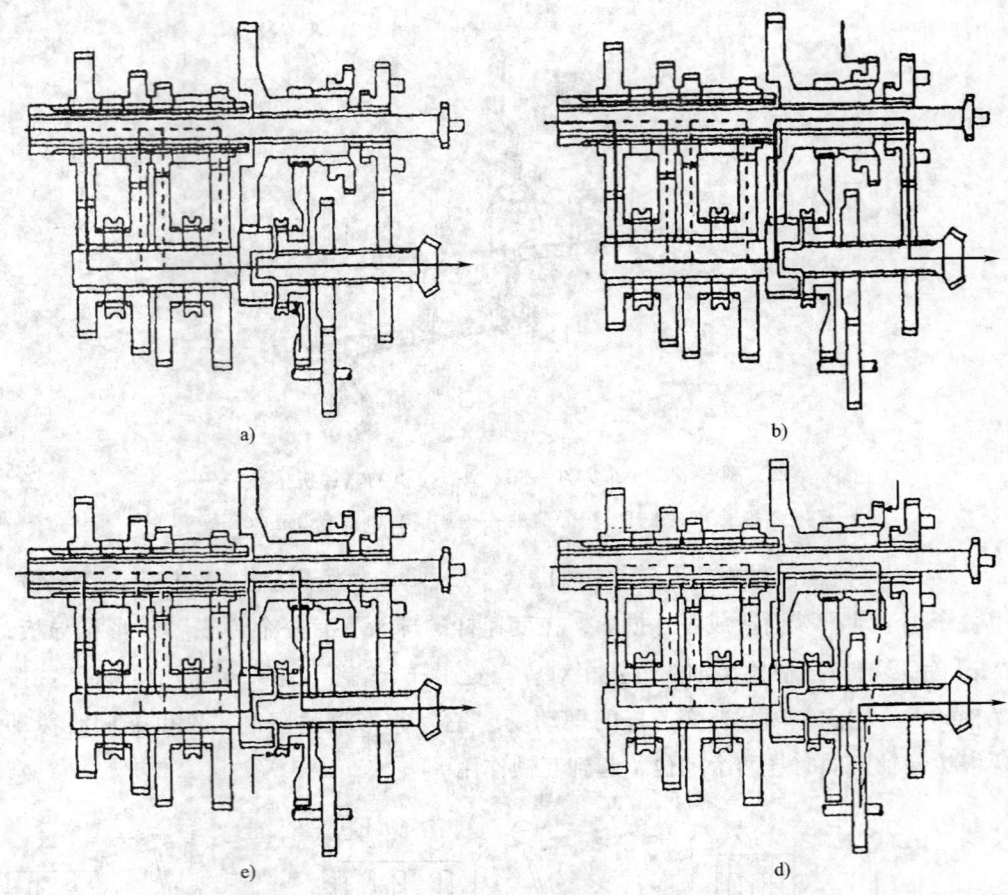

图6—14 东方红—904型拖拉机挡位传动图
a) 高挡位 b) 中挡位 c) 低挡位 d) 倒挡

3. 后桥

(1) 后桥的功用与分类

从变速器第二轴传动的小锥齿轮开始,至驱动轮以前的所有传动件及其壳体统称为后桥。轮式拖拉机的后桥由中央传动系统、变速器、最终传动系统和半轴等组成;履带式拖拉机的后桥由中央传动系统、转向机构和最终传动系统等组成。后桥的功用是:进一步降速增扭;将动力旋转平面改变90°并将动力分配给左、右驱动轮;传递和承受地面的推进力和其他反作用力;此外,后桥还是安装有关辅助装置的基础。

(2) 轮式拖拉机后桥的组成

如图6—15所示为轮式拖拉机后桥的中央传动系统,它由小锥齿轮、大锥齿轮、差速器、调整垫片、螺母、轴及轴承、壳体等构成。后桥分为内置式和外置式两种。如图 6—15 所示为内置式后桥，它的左、右最终传动系统与中央传动系统和差速器置于同一后桥壳体内。而外置式后桥则是左、右最终传动系统具有各自独立的壳体，并分置在左、右驱动轮处。

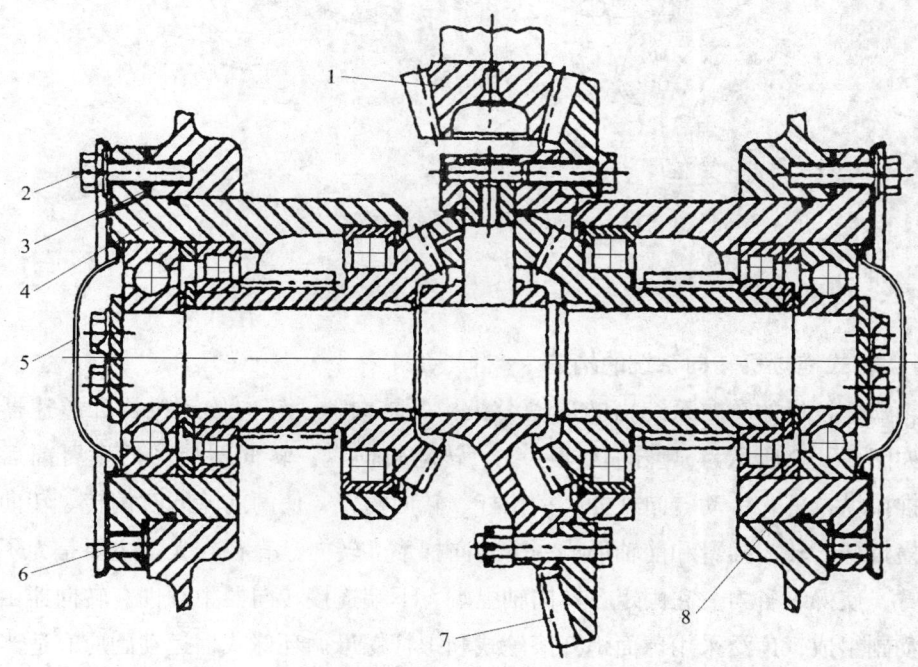

图 6—15　中央传动系统
1—小锥齿轮　2—螺栓　3—调整垫片　4—左轴承套
5—轴承套盖　6—螺钉　7—大锥齿轮　8—右轴承

4. 前驱动桥

在某些四轮驱动的拖拉机中，前驱动桥既要转向又要驱动，因此，在结构上既要有一般驱动桥所具有的主减速器、差速器、最终传动系统和半轴，也要有转向桥所具有的转向节和主销等，如图 6—16 所示。

转向驱动桥与单独的驱动桥和转向桥相比，其区别是：为了转向需要将半轴分成两段制造，称为内半轴和外半轴，两者用等角速万向节连接起来，主销也被分成上下两段，分别固定在万向节的球形支座上；转向节制成空心的，以便于使外半轴从中穿过。转向节由转向节外壳和转向节轴组合而成。等角速万向节的内端和外端有止推垫片，以防止其轴向窜动，并保证主销轴线通过回转轴线，防止运动干涉。转向节壳体与上、下盖之间有调整垫片，用来调整主销轴承的预紧并保证两半轴的轴线重合。

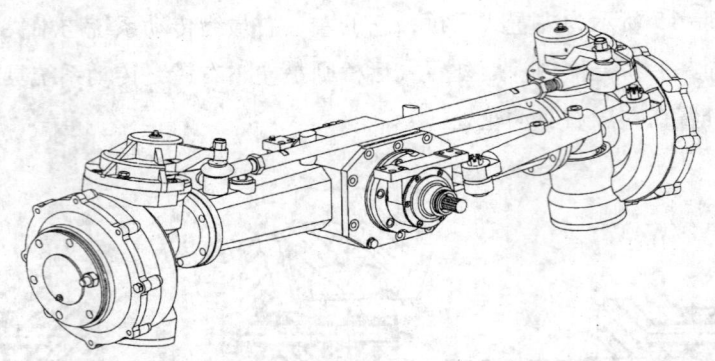

图 6—16 前驱动桥

二、转向系统

1. 轮式拖拉机转向系统的构造

轮式拖拉机的转向系统由转向操纵机构、转向器、转向传动机构和差速器组成，如图6—17所示为典型的转向系统。转动转向盘，转向器使转向垂臂前后摆动，推拉纵拉杆，带动转向杠杆、横拉杆、转向摇臂，使两前轮同时偏转。转向杠杆、横拉杆、转向摇臂和前轴形成一个转向梯形。转向盘直径较大，主要是为了增大力臂，使操纵省力。它固定在转向轴上端，下端连接转向器主动件。转向器由一对运动副组成，广泛采用球面蜗杆滚轮式和螺杆螺母循环球式，运动副应有适当的可逆性，既保证通常条件下路面的微小冲击被转向器中的摩擦力所抵消，又允许在一定程度上前轮能反带转向盘转动，使前轮有可能实现自动回正，使驾驶员获得路感。

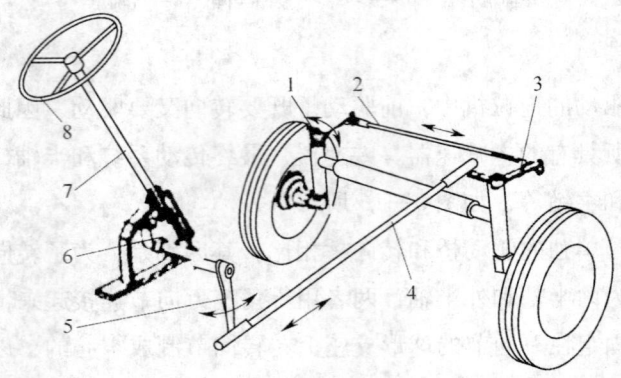

图6—17 轮式拖拉机的转向系统
1—转向摇臂 2—横拉杆 3—转向杠杆 4—纵拉杆 5—转向垂臂
6—转向器 7—转向轴 8—转向盘

2. 履带式拖拉机的转向系统

（1）转向原理

履带式拖拉机的行走机构相对于拖拉机机体不能偏转，转向时靠改变两侧驱动轮上的驱动力矩，使两侧履带具有不同的驱动力，从而产生偏转力矩，实现拖拉机的转向。如图6—18所示为履带式拖拉机转向示意图。

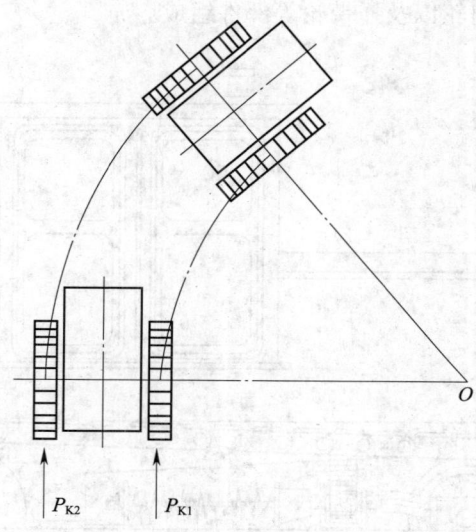

图6—18　履带式拖拉机转向示意图

（2）转向系统的组成

履带式拖拉机的转向系统由转向机构和转向操纵机构两部分组成。转向机构使拖拉机既可以转大弯（转弯半径大），也可以转小弯。当拖拉机向一侧转弯时，只要减小这一侧驱动轮的驱动力矩，就可以转大弯；如果完全切断这一侧驱动轮的驱动力矩，就可以转小弯；若切断驱动力矩后再对制动轮进行制动，就可以转更小的弯，甚至原地转圈。

三、拖拉机的行走系统

1. 行走系统的功用

（1）将发动机传到驱动轮上的驱动转矩变为推动拖拉机行驶的驱动力，并使驱动轮的转动变成拖拉机在地面上的移动。

（2）传递并承受路面作用于车轮上的各方向的反力及其形成的力矩。

（3）尽可能缓和不平路面对车身造成的冲击和振动，保证拖拉机行驶平稳，并与拖拉机转向系统配合，实现拖拉机行驶方向的正确控制，以保证拖拉机操纵的稳定性。

(4) 支撑拖拉机的全部质量。

2. 履带式拖拉机的行走系统

(1) 组成

履带式拖拉机的行走系统如图6—19所示。它由驱动轮、履带、支重轮、支重台车、张紧装置和导向轮以及托带轮等部件组成。

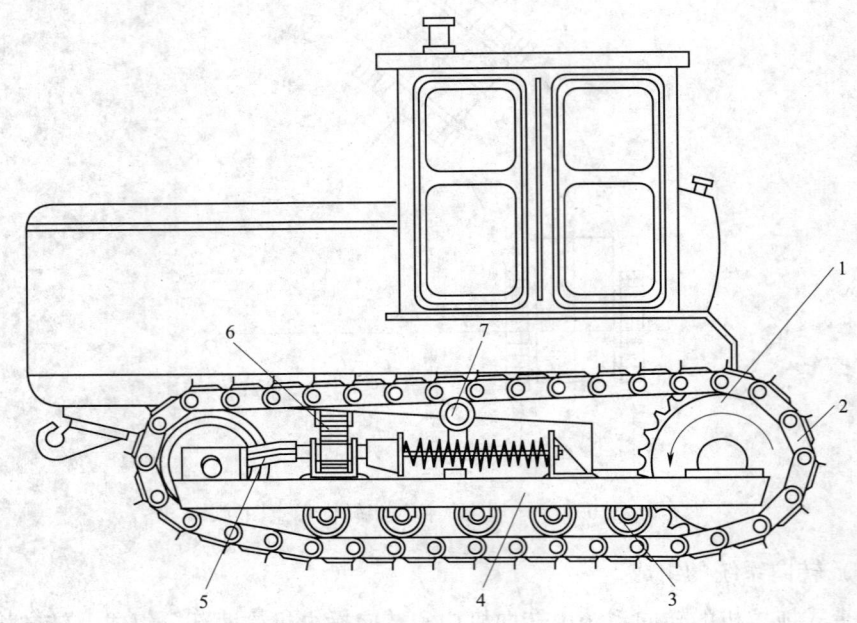

图6—19 履带式拖拉机的行走系统

1—驱动轮 2—履带 3—支重轮 4—支重台车 5—张紧装置和导向轮 6—悬架弹簧 7—托带轮

(2) 结构特点

1) 履带式拖拉机的驱动轮不与地面接触，它在旋转时带动履带滚动，履带与地面接触，使拖拉机前进、后退和转向。

2) 履带的支撑面积大，对地面压强小（只有轮式拖拉机的1/10～1/4），所以在松软的土地上下陷深度小，拖拉机滚动阻力小，再加上它的抓着能力强，牵引附着性能好，所以它具有较大的牵引力。

3) 拖拉机工作一段时间后，各履带板上的履带销会磨损，使履带的张紧程度发生变化，需要调整，因此，拖拉机行走系统中设置了张紧装置。张紧装置不仅可以调整履带的松紧程度，还能起到一定的缓冲作用。导向轮是张紧装置中的一个组成部分，起引导履带正确卷绕的作用，但它不能相对于机体发生偏移，因此不具有引导拖拉机转向的作用。

4）履带式拖拉机行走系统的质量很大，因此运动惯性也很大，为了缓冲与减振，支重轮与拖拉机机体的连接不能完全采用刚性连接，而设置有弹性元件。

5）履带式拖拉机行走系统结构复杂，消耗金属材料多，磨损较快，维修量大。此外，由于行走系统的结构所限，履带的轨距无法调节，再加上履带式拖拉机运行速度较慢，使拖拉机的综合利用受到限制。

(3) 行走系统的工作原理

履带式拖拉机行走系统的工作原理如图6—20所示。拖拉机通过一次卷绕的履带支撑在地面上，履带的履刺插入土壤中。驱动轮在驱动力矩的作用下，通过轮齿与履带板节销之间的啮合不断地把履带从后方卷起，接地的那部分履带就给土壤一个向后的作用力，同时土壤也给履带一个向前的反作用力，这就是推动拖拉机前进的驱动力。驱动力通过卷绕在驱动轮上的履带传给驱动轮轴，再由驱动轮轴通过机体传给支重轮。当驱动力足以克服滚动阻力和拖拉机后面所带农机具的阻力时，支重轮就在履带上向前滚动，使拖拉机向前行驶。

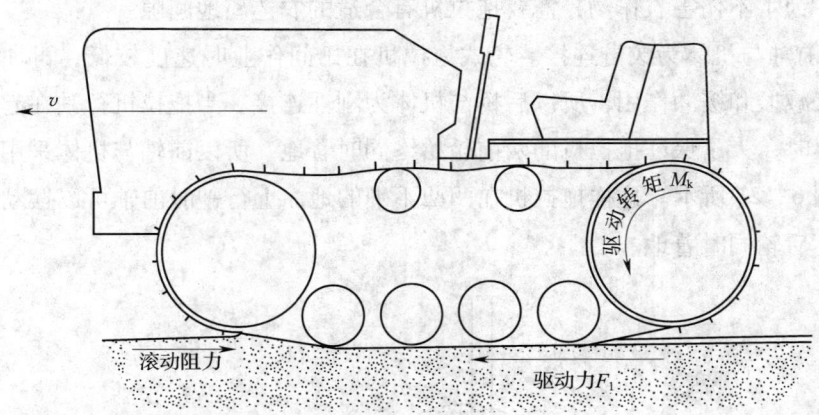

图6—20　履带式拖拉机行走系统的工作原理

3．轮式拖拉机的行走系统

(1) 行走系统的组成与结构特点

轮式拖拉机的行走系统主要由车架、前轴、前轮和后轮组成。

轮式拖拉机有四个车轮，前面两个车轮安装在前轴上，可相对于机体发生偏转，使拖拉机顺利转向，所以前轮又称为导向轮。拖拉机转向时，沿转弯半径两前轮偏转的角度大小不等，靠内侧的前轮偏转角度大，靠外侧的前轮偏转角度小。加上外侧后轮转速快（行程大），而内侧后轮转速慢（行程小），从而满足了拖拉机转向的要求。

一般拖拉机都由后轮驱动，所以后面两个车轮称为驱动轮。但有的拖拉机为了增大驱动力，除后轮驱动外，前轴也由发动机经传动系统驱动，此时的前轴常称为前桥。由于这种拖拉机的四个车轮都是驱动轮，故又称为四轮驱动拖拉机。

轮式拖拉机行走系统的特点如下：

1）驱动轮不仅直径大，而且轮胎上有凸起的花纹。轮式拖拉机拖带农机具在田间作业时，由于田间土壤较松软、潮湿，附着条件差，要求拖拉机大部分的质量集中在后轮上，以增大附着力。为减小车轮因质量较大在土壤中下陷较深而产生过大的滚动阻力，提高拖拉机的牵引力，需要增大后轮与土壤的接触面积，所以采用大直径、轮胎花纹较深的驱动轮。

2）导向轮直径小，其轮胎大多具有一条或多条环形花纹。轮式拖拉机在田间作业时要经常掉头或转弯，为减少转向困难及转向时的侧滑现象，所以采用直径小、有环形花纹的导向轮。

3）有比较合适的农艺离地间隙。轮式拖拉机在田间作业时，农作物已长到一定高度。为了不伤害农作物，需要拖拉机有合适的农艺离地间隙。

4）前轴与机体为铰链连接。轮式拖拉机在田间作业时速度较低，再加上轮胎本身就有减振和缓冲作用，所以后桥与机体为刚性连接。当拖拉机行驶在起伏不平的地面上时，为了保证拖拉机的两前轮始终同时着地，所以前轴与机体采用铰链连接，如图6—21所示。这样拖拉机在凹凸不平的地面上行驶时前轴可以摆动，以保证前轮、后轮同时着地。

图6—21 前轴与机体采用铰链连接

（2）行走原理

轮式拖拉机用前轮和后轮支撑在地面上，发动机的驱动力矩经传动系统传给驱动轮，使驱动轮获得一个 M_k 的驱动力矩，其行走原理如图6—22所示。在驱动力矩的作用下，驱动轮通过轮胎凸起的花纹给压实的土壤一个向后的作用力，土壤也给轮胎一个向前的反作用力，这个力就是拖拉机向前行驶的驱动力 F。当驱动力 F 足以克服拖拉机前轮、后轮的滚动阻力 f_1 和 f_2 以及所拖带农机具的阻力时，拖拉机即可向前行驶。

图6—22 轮式拖拉机的行走原理

f_1—前轮的滚动阻力　f_2—后轮的滚动阻力　M_k—驱动力矩　F—驱动力

（3）行走装置的特点

1）转向节主销后倾。如图6—23所示，转向节主销装在前轴上，其上端向后倾斜，这种现象叫做主销后倾。在纵向垂直平面内，垂线与主销轴线之间的夹角 γ 称为主销后倾角。主销后倾的作用主要是保证拖拉机直线行驶的稳定性，并使拖拉机转向后前轮有自动回正作用。主销后倾角一般为 $0°\sim5°$。

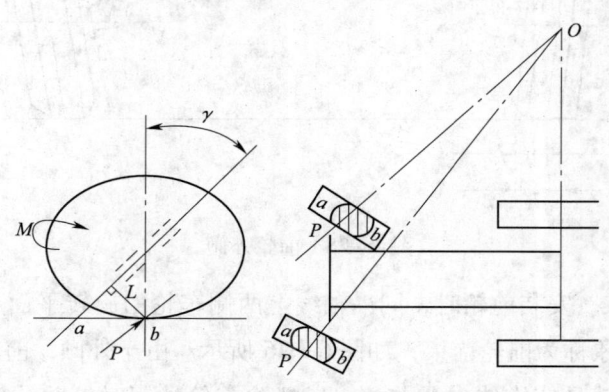

图6—23 转向节主销后倾

2) 转向节主销内倾。如图6—24所示，主销装在前轴上时，其上端略向内倾斜，这种现象称为主销内倾。在横向平面内，主销轴线与垂线之间的夹角 β 称为主销内倾角。主销内倾的主要目的是使前轮具有自动回正作用，以提高其在居中位置时的稳定性，从而有利于保持拖拉机在直线行驶时的稳定性。主销内倾角为 $3°\sim9°$。

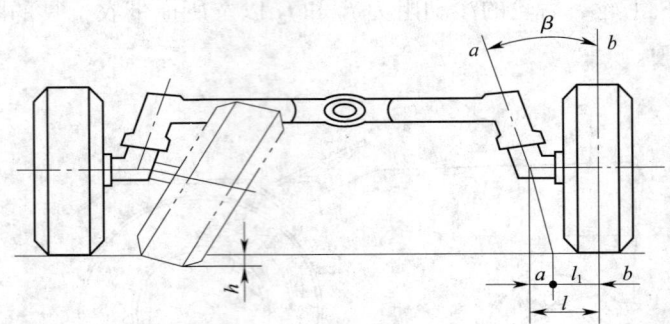

图6—24 转向节主销内倾

3) 前轮外倾。前轮安装在车桥上时，其旋转平面上方略向外倾斜，这种现象称为前轮外倾，如图6—25所示。在通过车轮轴线的垂直平面内，车轮轴线与水平线之间所夹的锐角 α 叫做前轮外倾角。前轮外倾的作用是避免拖拉机重载时车轮产生负外倾，以提高行驶的安全性，并使转向操纵轻便，减少前轮松脱的危险。前轮外倾角为 $1.5°\sim4°$。

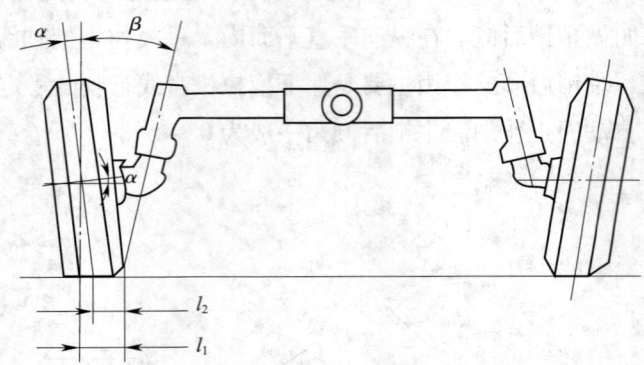

图6—25 前轮外倾

4) 前轮前束。安装前轮时，同一轴线上两侧车轮的旋转平面不平行，前端略向内束，这种现象称为前轮前束，如图6—26所示。由于外倾，前轮就好似一个滚锥，前束的作用就是使锥体中心前移，以消除前轮外倾时轮胎的额外磨损（俗称"吃胎"）。

四、制动系统

1. 制动系统的功用

（1）根据需要强制行驶的拖拉机减速或在最短距离内停车。

（2）下坡行驶时限制车速。

（3）协助或实现转向。

（4）能保证停放的拖拉机原地不动，防止滑溜。

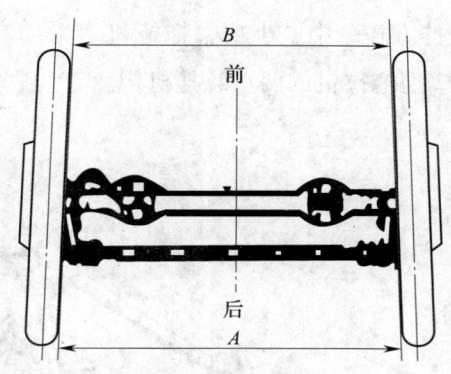

图6—26　前轮前束

2. 制动系统的组成

制动系统包括行车制动装置和驻车制动装置，它们都是由产生制动作用的制动器和操纵制动器的传动机构组成的。如图5—36所示为行车制动装置，它由车轮制动器和液压式简单传动机构两部分组成。

车轮制动器由旋转部分、固定部分和张开机构组成。旋转部分是制动毂，它固定在轮毂上并随车轮一起旋转。固定部分主要包括制动蹄和制动底板等。制动蹄上铆有摩擦片，制动蹄下端套在支撑销上，上端用回位弹簧拉紧并压靠在轮缸内的活塞上。支撑销和轮缸都固定在制动底板上。制动底板用螺钉与转向节凸缘（在前桥上）或桥壳凸缘（在后桥上）固定在一起。制动蹄靠液压轮缸使其张开。不制动时，制动毂的内圆柱面与摩擦片之间保留一定的间隙，使制动毂可以随车轮一起旋转。

液压式简单传动机构主要由制动主缸、轮缸、踏板、推杆和油管等组成。

五、工作装置

1. 液压悬挂装置

液压提升和控制农机具的整套装置称为液压悬挂装置，其功用是：连接和牵引农机具；操纵农机具的升降；控制农机具的耕作深度或提升高度；给拖拉机驱动轮增重，以改善拖拉机的附着性能；把液压动力输出到作业机械上进行其他操作等。液压悬挂装置由悬挂机构、液压系统和操纵机构三部分组成。

（1）悬挂机构

悬挂机构用来连接农机具，传递液压升降力和拖拉机对农机具的牵引力，并保持农机具正确的工作位置。它主要由提升臂和一些杆件组成。根据悬挂机构与机体的连接点数不同，可分为两点悬挂和三点悬挂两种方式。大功率拖拉机常采用两点悬挂方式，中、小功率拖拉机多采用三点悬挂方式。如图6—27所示为东方红—802型拖拉机的两点悬挂机构。

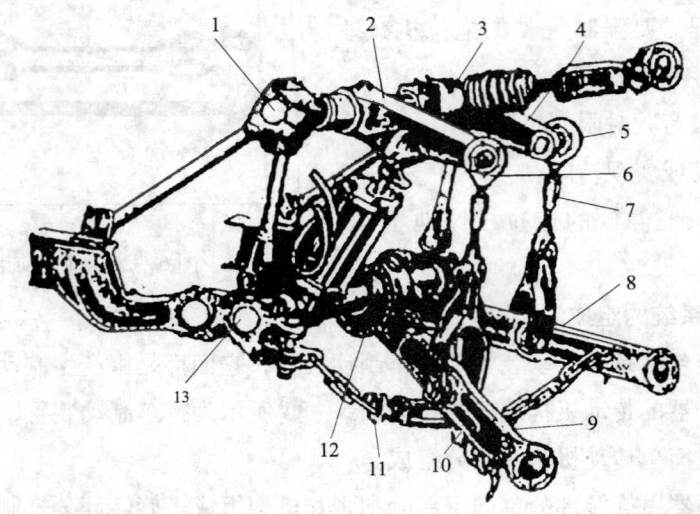

图6—27 东方红—802型拖拉机的悬挂机构（两点悬挂）
1—提升轴 2—左提升臂 3—上拉杆 4—右提升臂 5—右提升杆 6—左提升杆
7—调整螺母 8—右下拉杆 9—左下拉杆 10—右限位链
11—左限位链 12—中央铰链销 13—下轴

（2）液压系统

液压系统是提升农机具的动力装置，由液压泵、液压缸、分配器等液压元件和附属装置组成。液压泵是将机械能转变为液压能的动力元件；液压缸是将液压泵提供的液压能转变为升降农机具的机械能的执行元件；分配器用以控制油流的方向、流量和压力，从而满足不同工况需要；附属装置包括油管、油箱和滤清器等。通过油管将各液压元件和油箱、滤清器按一定的方式连接起来，构成液压系统。

（3）操纵机构

操纵机构用来操纵分配器的主控制阀，以控制油流的方向。它由手柄操纵机构和自动控制机构两部分组成。

2．牵引装置

在与拖拉机配合工作的农机具中，有一类是牵引式农机具。它们都有各自的一套行走机构，由拖拉机的牵引装置将它们与拖拉机连接起来，共同完成农业作业。

拖拉机牵引装置上连接农机具的铰接点称为牵引点。牵引点的位置可进行水平（左、右）调节；有的还可以通过调节以获得不同的牵引高度，如图6—28所示。牵引装置分为两大类，一类是固定式牵引装置，图6—28所示为东方红—802型拖拉机的固定式牵引装置；另一类为摆杆式牵引装置。固定式牵引装置由于结构简单而被广泛采用。

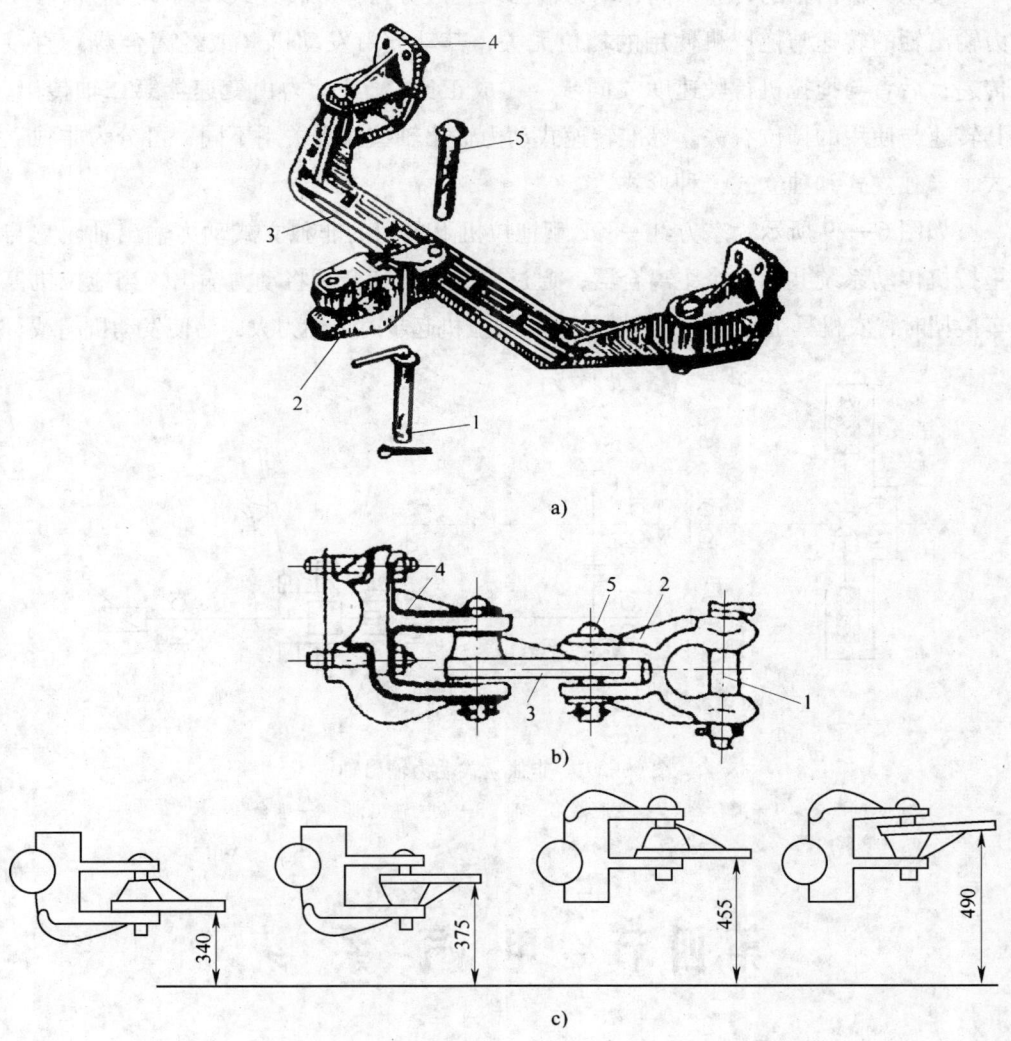

图6—28 东方红—802型拖拉机的固定式牵引装置
a）外形图 b）结构图 c）四种离地高度
1—牵引销 2—牵引叉 3—牵引板 4—支座 5—插销

3. 动力输出装置

动力输出轴可以给自身不具备动力装置的收获机械、播种机、施肥机和喷雾机械、喷粉机械提供动力，此时，动力输出轴传出发动机的部分功率。有些固定作业机具可以用拖拉机动力输出轴直接带动或通过带轮驱动，如饲料粉碎机、排灌机械和发电设备等，此时，动力输出轴可传出发动机的全部功率。

按动力输出轴的转速不同，动力输出装置可分为标准转速式和同步式。前者动力输出轴的转速与拖拉机使用的挡位无关，其动力由发动机（或经离合器）直接传递；后者与拖拉机行驶速度"同步"（成正比），其动力由变速器第二轴传出，其转速与使用的挡位有关。标准转速式动力输出轴按操纵关系不同，可分为非独立式、半独立式和独立式三种形式。

如图6—29所示为东方红—802型拖拉机上采用的非独立式动力输出轴。它与拖拉机传动系统共用一个主离合器，通过操纵使其啮合后将动力输出。当拖拉机停车换挡时，农机具工作部件也停止转动，拖拉机起步时惯性力大，易使发动机超载。

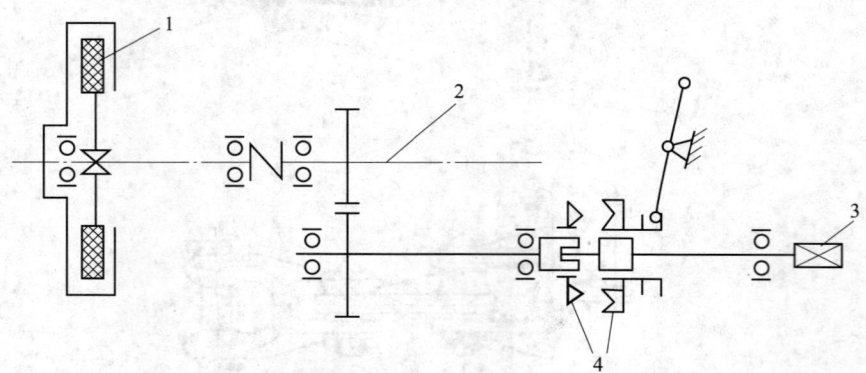

图6—29 非独立式动力输出轴
1—离合器 2—变速器第一轴 3—动力输出轴 4—啮合套

第四节 电气系统

拖拉机电气系统包括电源设备、用电设备和配电设备三部分。电源设备由蓄电池、发电机及与其配合使用的调节器等组成；用电设备由起动电动机（起动机）、照明灯具、仪表及电喇叭等组成；配电设备则由电源开关、熔断器和导线等组成。拖拉机上的电气系统采用低压电源（一般为6，12或24 V）和单线制，即用电设备只有一根导线接电源（火线），另一根导线则由机体代替（俗称"搭铁"）。

一、发电机与调节器

1. 硅整流交流发电机

发电机是拖拉机上的主要电源，在拖拉机正常工作时，发电机应对除起动机外的所有用电设备供电，并向蓄电池充电，以补充蓄电池在使用中所消耗的电能。拖拉机上采用的发电机多为硅整流发电机。

普通硅整流发电机组是由三相同步交流发电机组和六个硅二极管组成的三相桥式全波整流器系统。如图6—30所示为交流发电机的分解图。两根引出线分别焊在与轴绝缘的两个滑环上，滑环与装在后端盖上的两个电刷接触。当两个电刷与直流电源接通时，磁场绕组中便有电流通过，产生轴向磁通，使得一块爪极被磁化为N极，另一块爪极为S极，从而形成了六对相互交错的磁极。

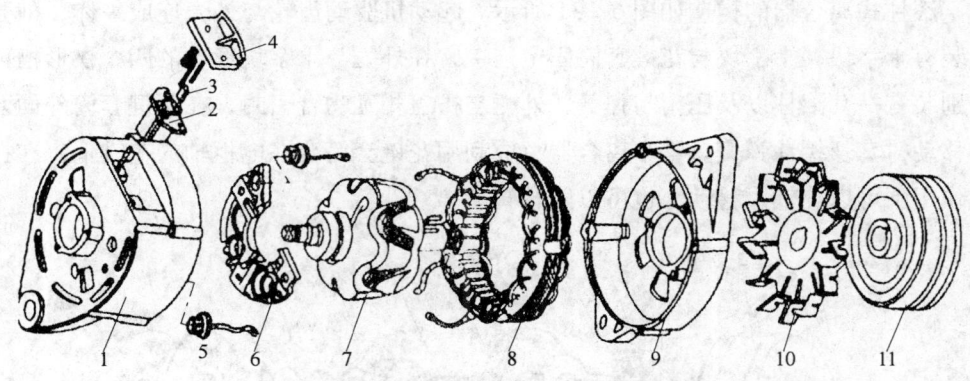

图6—30　交流发电机的分解图

1—后端盖　2—电刷架　3—电刷　4—电刷弹簧压盖　5—硅二极管　6—元件板（散热板）
7—转子总成　8—定子总成　9—前端盖　10—风扇　11—V带轮

2. 交流发电机的电压调节器

拖拉机交流发电机工作时，其转速很不稳定且变化范围很大，若对发电机不加调节，其端电压将随发动机转速的变化而变化，这与拖拉机用电设备要求电压恒定不符。因此，发电机必须有一个自动电压调节装置。交流发电机调节器的作用就是当发动机转速变化时自动对发电机的电压进行调节，使发电机的电压稳定，以满足用电设备的要求。

交流发电机电压调节器有触点式和电子式两种类型。触点式电压调节器工作时，由于触点打开会产生强烈的火花，使触点烧蚀，故目前已趋于淘汰。电子式电压调节器可分为晶体管电压调节器和集成电路电压调节器两类。

二、起动机

1. 直流起动机

国产中、小型拖拉机广泛采用直流起动机起动发动机。起动机装在能与发动机飞轮齿圈相啮合的位置上。起动时，起动机电枢轴端头上的齿轮在操纵机构的作用下与发动机飞轮上的齿圈啮合，起动机旋转时带动发动机飞轮旋转，从而起动发动机。起动机使用的是直流电动机，因其励磁绕组与电枢绕组为串联连接，故称其为直流串励式电动机，它主要由电枢、磁极、电刷及刷架、机壳和端盖等部件构成。

2. 起动机离合器

起动机离合器的作用是传递电动机的转矩以起动发动机，而在发动机起动后又会自动打滑，以保护起动机电枢不至于飞散。

滚柱式离合器的构造如图6—31所示。起动机驱动齿轮与外壳连成一体，外壳内装有十字块，十字块与花键套筒固定连接，在外壳与十字块形成的四个楔形槽内分别装有一套滚柱以及压帽与弹簧，外壳与护盖相互吻合密封，在花键套筒外面套有移动衬套及缓冲弹簧。整个离合器总成利用花键套筒套在电枢轴的花键上，在拨叉作用下可以在轴上移动，也可以随轴转动。

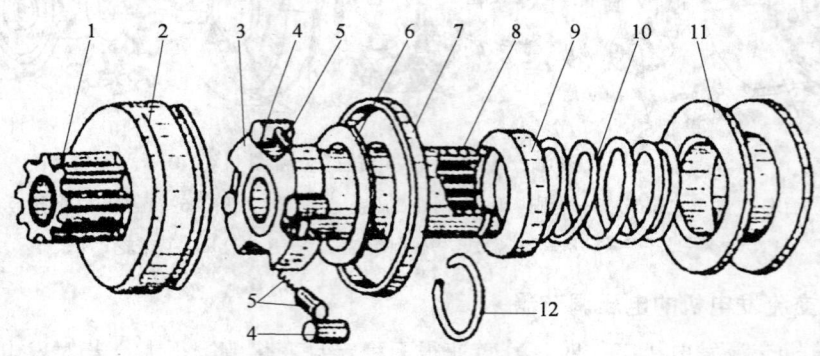

图6—31 滚柱式离合器的构造

1—起动机驱动齿轮 2—外壳 3—十字块 4—滚柱 5—压帽与弹簧 6—垫圈
7—护盖 8—花键套筒 9—弹簧座 10—缓冲弹簧 11—移动衬套 12—挡圈

发动机起动时，拨叉将离合器总成沿电枢轴花键推出，驱动齿轮与发动机飞轮齿圈相啮合。当发动机起动后，随着转速的升高，在其转速大于十字块的转速时，由于摩擦力的作用，滚柱滚入楔形槽的宽面而打滑，此时转矩就不能从驱动齿轮传递给电枢，从而防止了电枢超速飞散的危险。

三、蓄电池

1. 蓄电池的作用

蓄电池为一可逆直流电源，在拖拉机上与发电机并联，其主要作用如下：

（1）发动机起动时，蓄电池向起动机和点火装置（汽油起动机）供电。起动发动机时，蓄电池必须在短时间内（5～10 s）给起动机提供强大的起动电流（柴油机有的高达 1 000 A）。

（2）在发电机不发电或电压较低（发动机处于低速）时，蓄电池应向各用电设备供电，同时向交流发电机供给他励励磁电流。

（3）当用电设备同时接入较多，发电机超载时，蓄电池协助发电机共同向用电设备供电。

（4）当蓄电池存电不足，而发电机负载又较小时，可将发电机的电能转变为化学能储存起来，即充电。

（5）蓄电池还有稳定电网电压的作用。当发动机运转时，蓄电池相当于一个较大的电容器，可吸收发电机的瞬时过电压，保护电子元件不被损坏，延长其使用寿命。

2. 蓄电池的构造

蓄电池的构造如图 6—32 所示。车用 12 V 蓄电池由六个单格电池串联而成，每个单格的标称电压为 2 V，串联成 12 V 的电源，向拖拉机上的各用电设备供电。

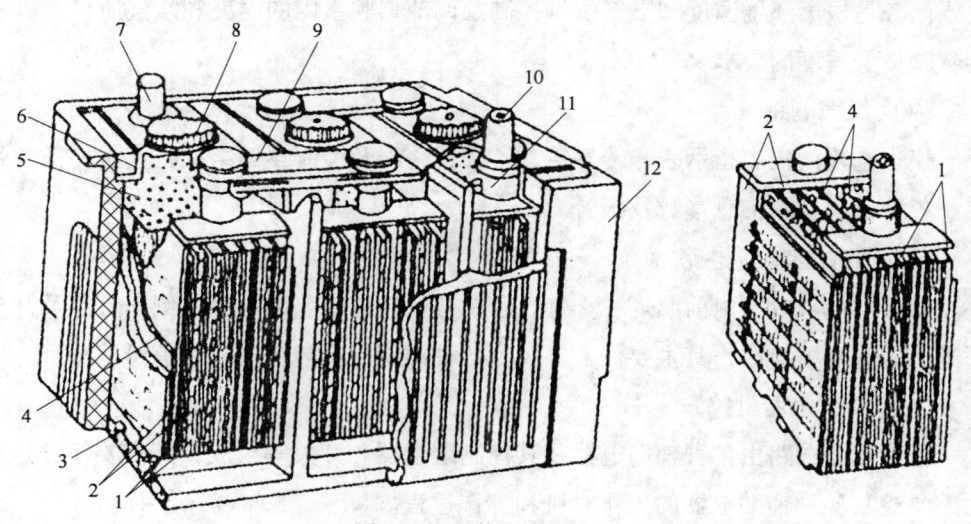

图 6—32 蓄电池的构造

1—正极板 2—负极板 3—肋条 4—隔板 5—护板 6—封料 7—负极接线柱
8—加液孔螺塞 9—连接条 10—正极接线柱 11—电极衬套 12—蓄电池外壳

蓄电池主要由极板、电解液、隔板、电极、壳体等部分组成。电解液有酸性和碱性之分。由于铅酸蓄电池内阻小，电压稳定，在短时间内能供给较大的起动电流，而且结构简单，价格较低，所以在拖拉机上广泛采用。

四、电气设备总线路

1. 整车电路的组成

整车电路就是拖拉机电气设备的电路，按照各自的工作性能及它们之间的内在联系，用导线连接起来构成的一个整体，主要由以下几个部分组成：

（1）电源电路

电源电路由蓄电池、发电机及电压调节器、工作情况显示装置等组成，其主要任务是对全车所有用电设备供电，并维持供电的电压稳定。

（2）起动电路

起动电路由起动机、起动继电器、起动开关及起动保护装置等组成，其主要任务是将拖拉机的发动机由静止状态变为自行运转状态。

（3）空调控制电路

对于某些驾驶室环境温度有调节要求的拖拉机，配置有空调系统。空调控制电路由空调压缩机电磁离合器、空调控制器、控制开关以及风机控制电路等组成，其主要任务是根据环境温度和空气质量控制及调节驾驶室内的温度和空气质量，以满足驾驶员舒适度的要求。

（4）仪表电路

仪表电路由仪表指示表、传感器、各种报警器及控制器等组成，其主要任务是控制各种仪表显示信息参数及报警。

（5）照明与信号电路

照明与信号电路由前照灯、雾灯、示廓灯、转向灯、制动灯、倒车灯等及其控制继电器和开关组成，其主要任务是控制各种照明灯的启闭及各种信号的输出。

（6）辅助电器电路

辅助电器电路由各种辅助电器及其控制继电器和开关等组成，其主要任务是根据需要控制各种辅助电器的工作时机和工作过程。

（7）电子控制系统

电子控制系统中的电子控制器根据拖拉机上所装的电子控制系统构成不同而采用不同的控制方式来完成控制功能。

2. 电路控制

拖拉机电路控制是通过各种控制开关接通或切断电源与用电设备之间的电路连接来实现的。

（1）电源开关

在某些拖拉机上装有电源总开关，用以切断蓄电池与外电路的连接，以防止车辆停驶过程中蓄电池经外电路漏电。电源开关主要有闸刀式和电磁式两种。闸刀式电源开关直接用手动接通或切断电源；电磁式电源开关则由电磁吸力控制触点的吸合或断开，从而实现电源的接通或切断。

（2）点火开关

点火开关是一个多挡开关，需用相应的钥匙才能对其进行操纵。点火开关通常用于操纵及控制点火电路、仪表电路、发电机励磁电路、起动电路以及一些辅助电器电路。

（3）灯光开关

灯光开关通常是两挡式开关，按操纵形式区分主要有推拉式和旋转式两种。灯光开关的Ⅰ挡接通示廓灯、尾灯、仪表照明灯等，Ⅱ挡接通前照灯、尾灯、仪表照明灯等。

（4）组合开关

组合开关由两种及两种以上的开关组成，例如，将转向灯开关、警报灯开关、灯光开关、前照灯变光开关、刮水器开关、洗涤开关等集装在一起，这样可以使操纵更方便。

五、中央配电盒

中央配电盒是多功能电子化控制器件，它几乎将整个拖拉机所配置的熔断器、断路器、继电器集中为一体，是整车电气、电子线路的控制中心。使用中央配电盒能实现集中供电，减少接线回路，简化线束，减少插接件，节省空间，减轻整车质量等。中央配电盒由中央配电盒盖、配电盒座及配电盒主体组成，在中央配电盒上标有各熔断器和继电器的位置及功能说明。中央配电盒总成一般安装在散热良好、方便插接的地方。与中央配电盒对接的线束插接件的对接插拔力要求很严格，而且要保证接触电阻几乎为零。中央配电盒还要求有良好的散热、导电、抗干扰、绝缘等性能。线束与其对接的护套及端子一般是专用器件，而且在颜色上应加以区别，这样既可以防止造成误插，又能加快拖拉机装配时的生产节拍，适合集约化批量生产。

六、保险装置

拖拉机电路中都设有保险装置，当线路因负荷超载、短路故障而电流过大时，保险装置会自动断开电路，以防止将线路和用电设备烧坏。

保险装置主要有三种，即熔断器、易熔线和断路器。而拖拉机上应用的断路器又可以分为自恢复式和按压恢复式两种。

1. 自恢复式断路器

自恢复式断路器如图6—33所示，当被保护线路中的电流超过规定值时，双金属片受热弯曲使触点张开，从而切断电路。电路断电后，双金属片因无电流通过而逐渐冷却伸直，触点又会重新闭合，接通电路。由于电路时而接通、时而切断，从而限制了通过线路的电流，起到了线路过载保护的作用。

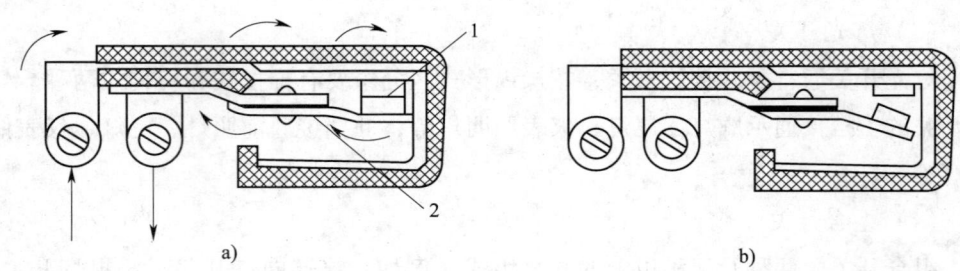

图6—33 自恢复式断路器
a) 触点闭合通路 b) 触点张开断路
1—触点 2—双金属片

2. 按压恢复式断路器

按压恢复式断路器如图6—34所示，当被保护线路中的电流超过规定值时，双金属片受热向上弯曲，使两端的触点张开而切断电路。向上弯曲的双金属片冷却后不能自行恢复原形，若要重新接通电路，必须按下按钮才能使双金属片复位。这种断路器的限定电流是可调的，需要调整时，应松开紧固螺母，旋动调整螺钉，改变双金属片的挠度，即可达到调整效果。

七、继电器

继电器的基本组成件是电磁线圈和带复位弹簧的触点，其工作原理是利用通电线圈产生的电磁力来改变触点的原始状态。拖拉机上采用继电器主要起保护控制开关和实现自动控制的作用。

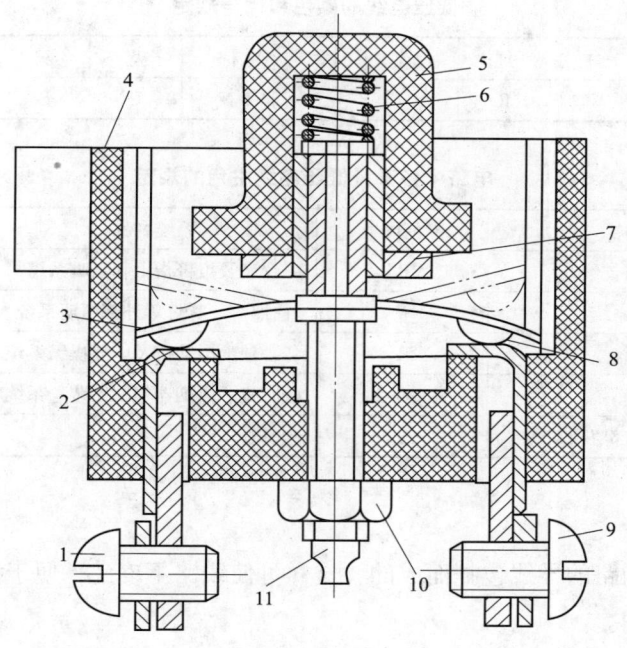

图 6—34　按压恢复式断路器

1, 9—接线柱　2, 8—触点　3—双金属片　4—外壳　5—按钮
6—弹簧　7—垫圈　10—锁紧螺母　11—调整螺钉

1. 保护控制开关

加装继电器后,控制开关只控制继电器线圈的通断,由继电器线圈产生电磁力来通断控制开关要控制的电路,控制开关只流过较小的继电器线圈电流,因而开关就不容易烧坏,使用寿命得以延长。

2. 实现自动控制

继电器线圈电流由拖拉机电路中特定的工作电压控制,当电路中受控电压达到继电器设定的动作电压时,继电器触点改变工作状态,从而实现自动控制。如起动机驱动保护继电器就可以在发动机起动、发电机发电后,由发电机的中点电压使继电器触点打开,自动断开起动机电磁开关的电路。

八、导线、线束和连接电路

1. 导线

车辆电气设备的连接导线均采用多股铜线,为了便于识别和维修,低压电线包皮采用了不同的颜色,电线的各种颜色均由字母表示,其颜色和代号规定见表6—1。电路各系统低压电线主色的规定见表6—2。

表 6—1 低压电线的颜色和代号规定

颜色	黑	白	红	绿	黄	棕	蓝	灰	紫	橙
代号	B	W	R	G	Y	N	U	S	P	O

表 6—2 电路中各系统低压电线主色的规定

系统名称	主色代号	系统名称	主色代号
电气装置搭铁线	B	仪表及报警指示和喇叭系统	N
点火起动系统	W	前照灯、雾灯等外部照明系统	U
电源系统	R	各种辅助电动机及电气操纵系统	S
灯光信号系统	G	收音机、点烟器等辅助装置系统	P
防雾灯及车身内部照明系统	Y		

2. 线束

线束是由同路的导线包扎而成的，这样可使线路不凌乱，便于安装，而且起到保护导线的作用。

3. 拖拉机连接电路

拖拉机全车连接电路由电源电路（充电电路）、起动电路、点火电路、照明电路、仪表报警系统电路、信号系统电路等构成。

（1）电源电路（充电电路）

电源电路由发电机、调节器、蓄电池、电流表及电源开关等组成，其基本线路如图 6—35 所示。发电机和蓄电池都是负极搭铁，电流表串联在电源开关接线柱和蓄电池正极之间。因发电机开始运转及低速运转时是由蓄电池供电励磁的，所以充电电路必须经过电源开关。当柴油机熄灭后，必须断开电源开关，最好将钥匙拔出。

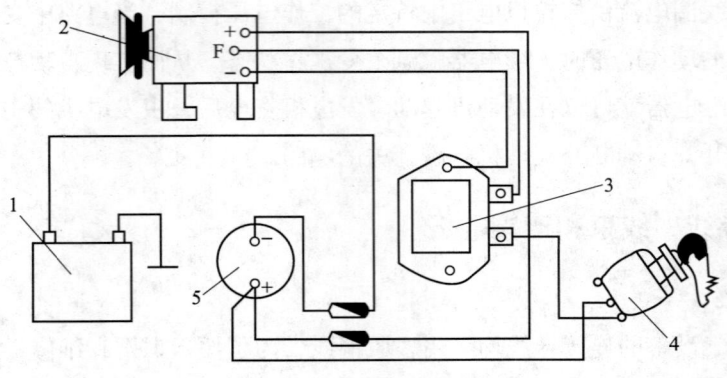

图 6—35 电源电路的基本线路

1—蓄电池 2—发电机 3—调节器 4—电源开关 5—电流表

(2) 起动电路

起动电路由蓄电池、起动机、预热塞、起动预热开关以及电源开关等组成，其基本线路如图6—36所示。根据起动要求，线路电压降不能大于0.3 V，因此，蓄电池连接起动机的导线和蓄电池的搭铁线都采用了粗导线，并应连接牢固及接触良好。

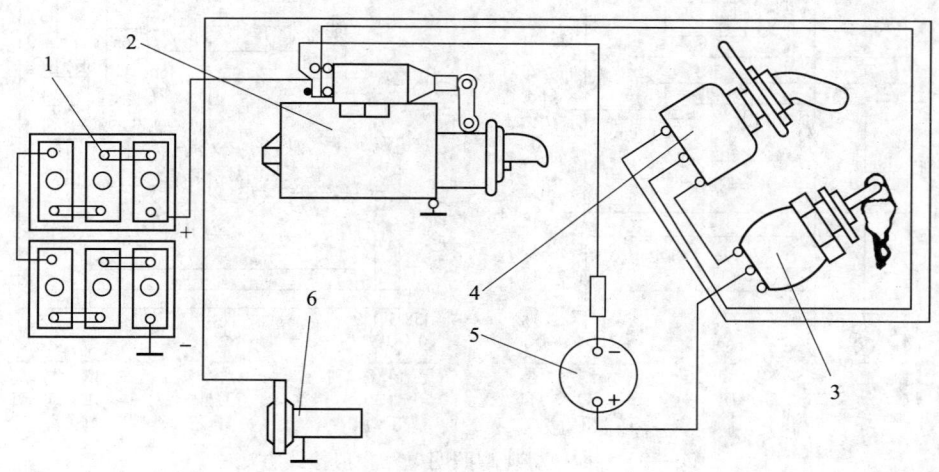

图6—36　起动电路的基本线路

1—蓄电池　2—起动机　3—起动开关　4—电源开关　5—电流表　6—预热塞

(3) 照明电路

拖拉机典型照明电路一般接线方法如图6—37所示，一般由前照灯、示宽灯（位置灯）、尾灯（后示宽灯）、牌照灯、仪表灯、室内灯等组成。其中前照灯又分为远光灯和近光灯，用变光开关控制。

现代拖拉机的照明系统常采用组合开关集中控制，组合开关装在转向柱上，位于转向盘下侧，操作时拖拉机驾驶员的手可以不用离开转向盘。

(4) 仪表报警系统电路

仪表报警系统用于车辆运行中指示重要部位的技术状态参数或极限值，如发动机水温、燃油箱存油量、车辆行驶速度及行驶里程、发动机转速、机油压力、充电电流、电气控制系统电压等。

仪表报警系统电路一般接线方法如图6—38所示。

(5) 信号系统电路

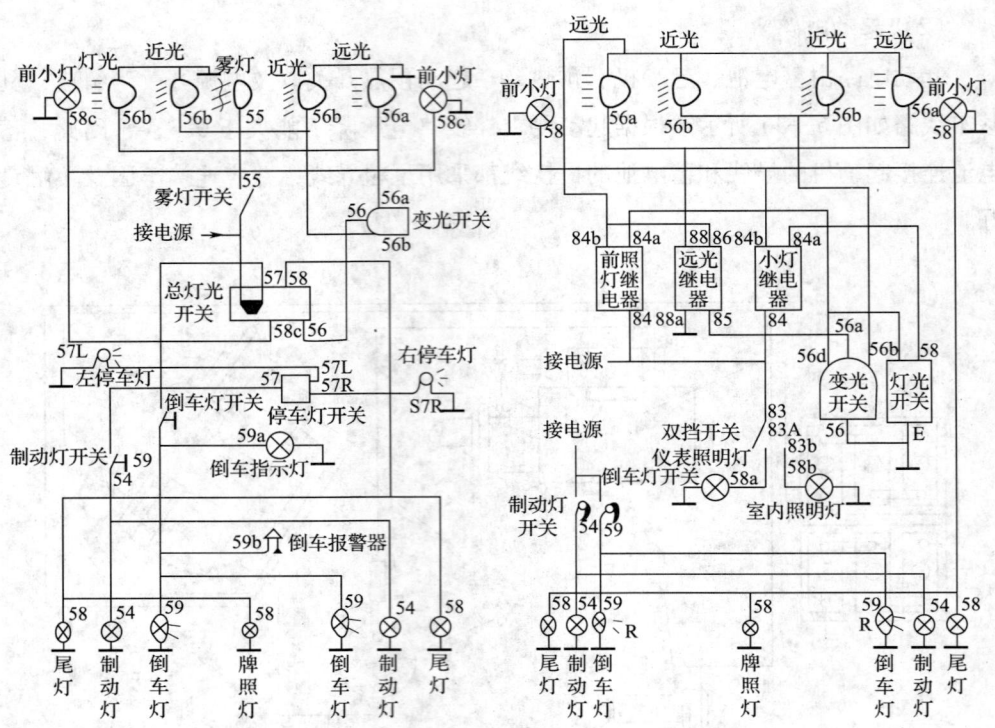

图6—37 拖拉机典型照明电路一般接线方法

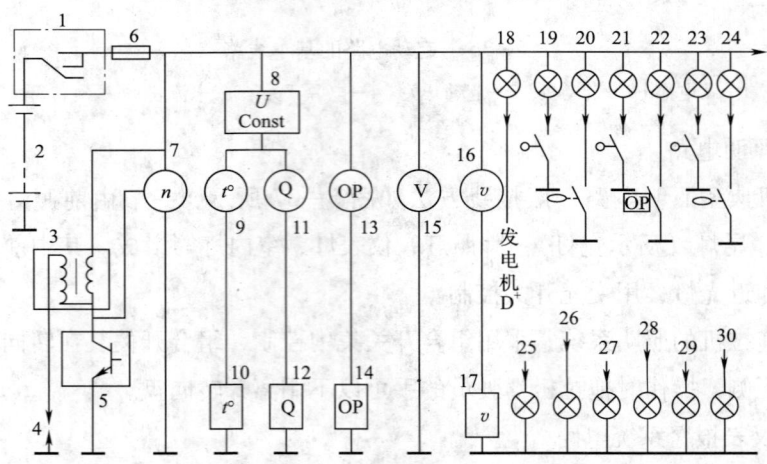

图6—38 仪表报警系统电路一般接线方法

1—点火开关 2—蓄电池 3—点火线圈 4—火花塞 5—点火模块 6—熔断器 7—发动机转速表
8—仪表稳压器 9—发动机冷却系统温度表 10—温度表传感器 11—燃油表 12—燃油表传感器
13—机油压力表 14—机油压力表传感器 15—电压表 16—车速表 17—车速表传感器
18—充电指示灯 19—驻车制动指示灯 20—制动液面报警灯 21—门未关报警灯
22—机油压力报警灯 23—备用报警灯 24—水位过低报警灯 25—远光指示灯
26,27—左、右转向指示灯 28—座椅安全带未系报警灯
29—防抱死制动指示灯(ABS) 30—巡航控制指示灯

信号系统主要包括转向信号、危险警告信号、制动信号、倒车信号、喇叭等，这些信号都是驾驶员根据道路交通情况向其他车辆和行人发出的，带有较强的随机性，一般只由自身开关控制。如制动信号多由制动踏板联动控制；倒车灯多由变速杆倒挡轴联动控制，不用驾驶员操作即可接通；喇叭装在拖拉机的前方，具有一定的声级（90~110 dB），喇叭按钮装在转向盘上，驾驶员手不离转向盘即可发出信号。转向信号灯一般应具有一定的闪频，国家标准中规定为60~120次/min，信号效果要好，而且要求亮与暗的时间比为3:2。转向灯功率为21~25 W，要求拖拉机前后、左右均必须设立，转向信号系统电路的一般接线方法如图6—39所示。

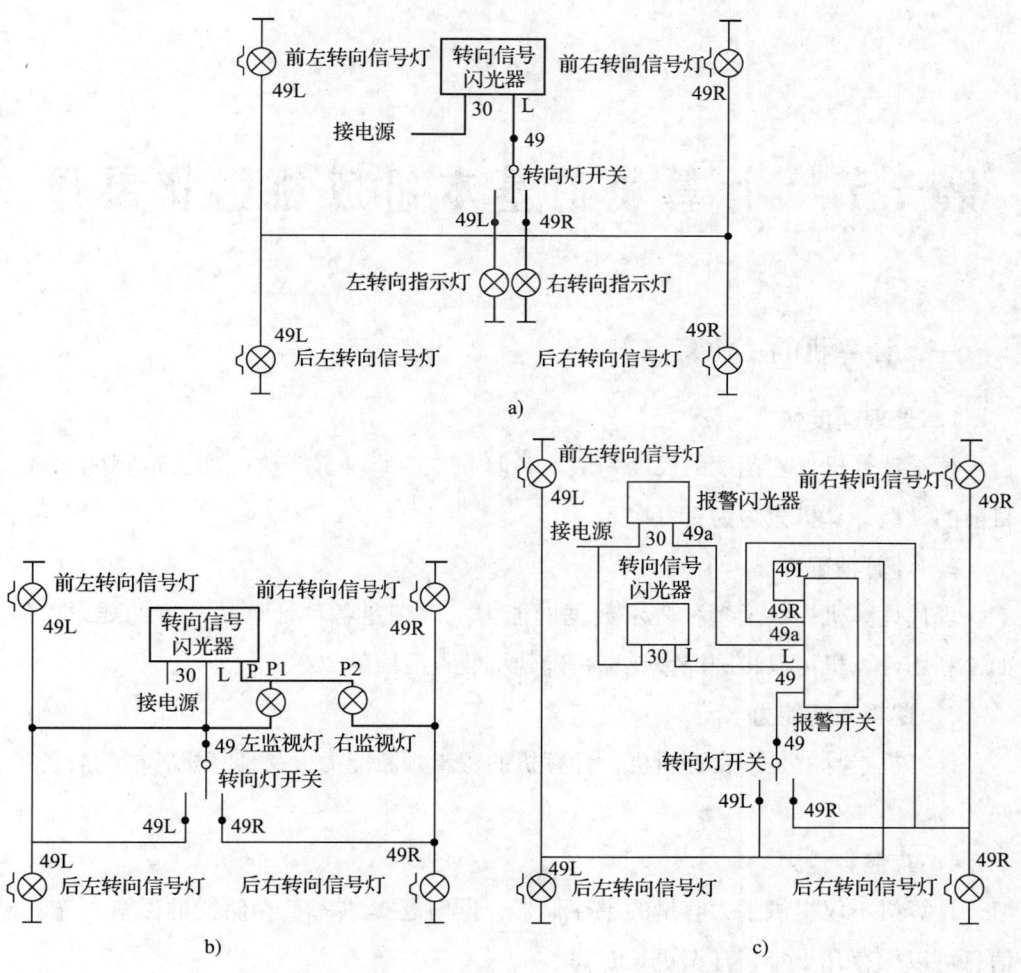

图6—39 转向信号系统电路的一般接线方法
a) 一般转向信号系统电路　b) 带监视灯的转向信号系统电路
c) 带警报闪光器的转向信号系统电路

第七章
计算机操作基础知识

第一节 计算机的基本组成和工作原理

一、计算机的工作特点

1. 处理速度快

衡量计算机处理速度的尺度一般是计算机在 1 s 内所能执行加法运算的次数，目前的微型计算机大约为百万次。

2. 计算精确度高

现代计算机提供了多种表示数据的能力，以满足各种计算精确度的要求，例如，利用计算机可以将圆周率计算精确到小数点后面的 200 万位。

3. 逻辑判断能力

计算机本身就是一台逻辑机，计算机的逻辑判断能力也是计算机智能的必备条件。

4. 存储容量大

计算机不仅提供了大容量的主存储器，同时还提供海量存储器的磁盘、光盘，信息可以保存几十年，甚至更长时间。

5. 自动化工作能力

计算机启动工作后可以在人不参与的条件下自动完成人预定的全部处理任务，这是计算机有别于其他工具的本质特点。

6. 应用领域广泛

几乎人类涉及的所有领域都不同程度地应用了计算机，发挥了它应有的作用，产生了应有的效果。

二、计算机的分类

计算机可以分为模拟计算机和数字计算机两大类。模拟计算机计算精度低，目前已很少生产；数字计算机由于具有逻辑判断功能，是以近似人类大脑的"思维"方式进行工作的，所以又被称为"电脑"。

数字计算机按用途不同可分为专用计算机和通用计算机。专用计算机针对某类问题能显示出最有效、最快速和最经济的特性，但它的适应性较差，不适于在其他方面广泛应用；通用计算机适应性很强，应用范围很广，但其运行效率、速度和经济性则根据不同应用对象会受到不同程度的影响。

通用计算机按其规模、速度和功能等指标不同可以分为巨型机、大型机、中型机、小型机、微型机及单片机。这些类型之间的基本区别在于其体积大小、结构复杂程度、功率消耗、性能指标、数据存储容量、指令系统以及硬件和软件的配置等。

三、计算机系统的组成

一个完整的计算机系统是由硬件系统和软件系统两大部分组成的。

硬件是组成计算机的物质实体，是能看得见、摸得着的实体部件，如主机、显示器、键盘和鼠标等。

软件是为计算机设置的各种程序及相关资料的总称，是看不见的，通常存于计算机的内部。

如果把硬件比做人类的躯体，软件就好比人类的思想，没有躯体，思想就无法存在；同样，没有思想，躯体也只能是一个植物人。所以，一个正常人要能完成一项工作，必须是躯体在思想的支配下完成的。

计算机也是如此，没有任何软件支持的计算机称为"裸机"，裸机本身几乎不能完成任何功能，只有配备了一定的软件，才能发挥其作用。

计算机硬件系统包括主机（如中央处理单元、内存储器等）和外设（如输入设备、输出设备、外存储器和其他网络设备等）。

计算机软件系统包括系统软件（如操作系统、程序设计语言、数据库管理系统、网络软件、系统服务程序等）和应用软件（如字处理、电子表格、网络通信等)。

四、计算机硬件的基本组成及其功能

计算机硬件的五大基本组成部分是运算器、控制器、存储器、输入设备和输出设备。

1. 运算器

运算器也称为算术逻辑单元（ALU），其功能是在控制器的控制下对数据进行算术运算和逻辑运算。

2. 控制器

控制器的作用是控制计算机的各个部件能有条不紊地工作，它的基本功能就是从内存取指令和执行指令。控制器包括程序计数器、指令寄存器、指令译码器和操作命令产生部件。

运算器、控制器和通用寄存器组成中央处理器（CPU），它是指令的解释和执行部件，是计算机的心脏。

3. 存储器

存储器的主要功能是存放程序和数据。程序是计算机操作的依据；数据是计算机操作的对象。存放程序和数据的地方称为存储器，它又有内存（主存）和外存（辅存）之分。

存储器的有关术语如下：

（1）地址

整个内存被分成若干个存储单元，每个存储单元一般可存放 8 位二进制数，每个存储单元必须有唯一的编号来标示，这个编号被称为地址。

（2）位（Bit）

位是指计算机存储数据的基本单位，每一位存放一个二进制数，即 0 或 1。

（3）字节（Byte，简称为 B）

8 个二进制位为一个字节。为了便于衡量存储器的大小，统一以字节为计算单位。1 KB = 1 024 B，1 MB = 1 024 KB，1 GB = 1 024 MB，1 TB = 1 024 GB。

4. 输入设备

输入设备用来接收用户输入的程序和数据，并将它们变为计算机能识别的形式（二进制数）存放到内存中。常用的输入设备有键盘、鼠标、扫描仪等。

5. 输出设备（I/O）

输出设备用来将存放在内存中由计算机处理的结果转变为人们所能接收的形

式。常用的输出设备有显示器、打印机、绘图仪等。

五、计算机基本工作原理

计算机的工作原理是存储程序及程序控制，所以计算机的工作方式取决于它的两个基本能力：一是能够存储程序，二是能够自动地执行程序。计算机利用存储器来存放所要执行的程序，中央处理器可以依次从存储器中取出程序中的每一条指令，并加以分析和执行，直至完成全部指令任务为止。这就是计算机的"存储程序"的工作原理。

计算机控制器的工作就是取指令、分析指令和执行指令的过程，周而复始地重复这一过程，就构成了执行指令序列（程序）的自动控制过程。

六、计算机的基本性能指标

1. 字长

字长是指计算机的内存储器或寄存器存储的位数，它直接影响着计算机的计算精确度。字长越长，计算机的精确度也越高。目前，微型计算机的字长由 32 位转向以 64 位为主。

2. 存储容量

存储容量反映存储器存储二进制代码的能力，计算机的存储单元越多，其"记忆"的功能越强。目前，微型计算机的内存容量一般配置为 128 MB 和 256 MB。

3. 运算速度

计算机的运算速度是指计算机每秒钟执行基本指令的操作次数，每秒钟百万次记做 MIPS。目前，计算机的运算速度已可达到每秒钟上亿次。

4. 外部设备

衡量外部设备主要看其配备能力与配置情况，如硬盘的数量、容量与类型，显示模式与显示器的类型等。它关系到计算机对信息输入、输出的支持能力。

5. 软件配置

衡量软件配置主要看操作系统配置是否先进，常用的高级语言是否配齐，应用软件是否丰富。

6. 可靠性与兼容性

一般用计算机连续无故障运行的最长时间来衡量其可靠性。连续无故障工作时间越长，机器的可靠性越高。计算机的兼容性使得一种机型上所做的题目可以移到与之兼容的另一种机型上去运行,从而省去重新编制程序的繁杂工作。

7. 性能价格比

在考虑计算机的综合技术性能时,既要求性能优良,又要求价格相对合适。

第二节 微型计算机的配置与结构

一、微型计算机的硬件组成

1. 硬件组成

微型计算机的基本配置中包括 CPU、主板、内存、硬盘、光驱、显示器、显卡、声卡、音箱、键盘、鼠标、机箱、电源和打印机以及扫描仪、绘图仪等配件。从微型计算机的结构上看,可以分为主机和外设两大部分。

微型计算机的主要功能都集中在主机上,在机箱前面板上,有主机电源开关、电源指示灯、硬盘指示灯、复位键、软盘驱动器、软盘驱动灯和光盘驱动器等。

主板是计算机中最重要的部件之一,是整个计算机工作的基础。每个功能块由一些芯片或元件组成,通过计算机总线连接起来,如图 7—1 所示为计算机的总线结构。对于外部设备,通过总线连接相应的接口电路,然后再与该设备相连接。

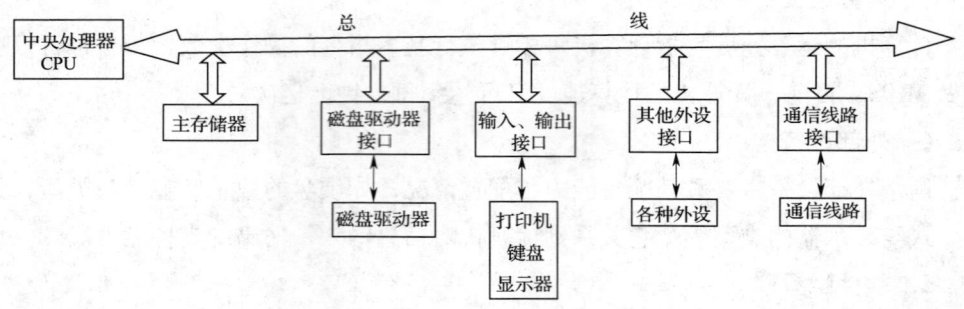

图 7—1 计算机的总线结构

2. 计算机的启动方式

(1) 冷启动方式

当计算机未加电,即处于冷状态时,打开计算机采用冷启动方式。即先开显示器电源,再开主机电源。

(2) 系统复位方式

在计算机的工作过程中,由于用户操作不当或软件故障或感染病毒等原因,造成计算机不接受任何指令,这种状态称为"计算机死锁"或"死机"状态。计算机"死机"时,应首先通过系统复位方式来重新启动计算机,即按机箱面板上的"复位"按钮(也就是 Reset 按钮)。只有当系统复位还不能解决"死机"问题时,才使用冷启动的方式。

以上两种启动方式基本相同,但系统复位方式不用关机和开机,不会使硬件受损。

3. 微型计算机的基本性能指标

微型计算机的基本性能指标与前述计算机性能指标大致相同,在这里不再一一赘述。

(1) 基本字长。

(2) 内存容量。

(3) 主频

微型计算机常以主频来衡量运算速度。微型计算机是在统一的时钟脉冲控制下按固定的节拍进行工作的,每秒钟内的节拍数称为微型计算机主频。

(4) 运算速度。

(5) 配置的外围设备。

(6) 配置的软件。

(7) 可靠性与兼容性。

(8) 性能价格比。

二、中央处理器(CPU)

中央处理器也称为微处理器,它由运算器、控制器和寄存器组成,是微型计算机的核心,它决定着计算机的主要性能和运行速度。

中央处理器的主要性能指标包括以下两点:

1. 中央处理器的主频

所谓中央处理器的主频是指 CPU 能够适应的时钟频率,它等于 CPU 在 1 s 内能够完成的工作周期数。CPU 的主频以 MHz(兆赫)为单位,主频越高就表明 CPU 的运算速度越快。

2. 中央处理器的字长

字长是指 CPU 在一次操作中能够处理的最大数据单位，它体现了一条指令所能处理数据的能力。字长越长，CPU 可同时处理的数据位数越多，功能就越强，CPU 的结构也就越复杂。

三、内存

微型计算机的存储器由内存、外存、高速缓冲存储器组成，内存包括随机存储器和只读存储器，内存容量的大小一般指随机存储器的容量大小。

1. 只读存储器（ROM）

只读存储器（ROM）只能读出不能写入，其最大特点是电源中断后它存储的信息不会消失或受到破坏，可以永久保存。只读存储器用于存放引导程序、自检程序等，在计算机出厂时就已装入。

2. 随机存储器（RAM）

随机存储器（RAM）可随机读出和写入信息，在关机或断电时随机存储器的内容将自行消失。所以，在录入和编辑过程中应做到定时存盘，以免因故障或断电而造成信息丢失。

四、外存

微型计算机常见的外存一般指硬盘存储器、光盘存储器和 USB 闪存存储器等。

1. 硬盘存储器

硬盘存储器由硬盘、硬盘驱动器、硬盘适配器三部分组成。硬盘的特点是存储容量大，工作速度快，它由若干片硬盘片固定在一个公共转轴上，构成盘片组。微型计算机上用的硬盘采用了温彻斯特技术，即把硬盘、驱动电动机、读写磁头等组装并封装在一起，成为温彻斯特驱动器，简称温盘。

2. 光盘存储器

（1）光盘存储器常用的类型

1）只读型光盘。其特点是用户只能读出信息不能写入信息。光盘上已有的信息是在制作时由厂家根据用户要求写入的，写好后就永久地保留在光盘上，并通过光盘驱动器读出。

2）一次性写入型光盘。其特点是买来时为空白盘，可以分一次或几次对它写入数据，但写入的内容不可以修改而只能读取。它必须在光盘刻录机中写入数据。

3）可改写型光盘。其特点是允许重复读写，它有磁光型、相变型和染料聚合物型三种类型。计算机大都使用磁光型光盘。

4）数字影像光碟（DVD—ROM）。它具有电影院级的声像，强大的交互功能。但普通的光驱无法阅读 DVD 光盘。

（2）光盘驱动器的技术指标

1）数据传输率。数据传输率是指驱动器每秒钟能够读取多少 KB 的数据量。标准将每秒钟读取 150 KB 作为 1 倍速，目前光盘的传输率已达 40 倍速。

2）平均搜寻时间。它是指激光读取头移到指定的那一点并读取该点数据的时间。现在光驱的平均搜寻时间为 120 ms。

3. USB 闪存存储器

USB 闪存存储器的特点是价格低廉，容量适中，体积小巧，其体积通常与一串钥匙的体积相似。容量多为 32，64 和 128 MB。

闪存存储器使用方便，它不需要专门的读取与写入设备，而且具备了读写速度快、数据安全性高等优点。

五、操作键盘

1. 计算机键盘的结构

键盘是用来向计算机输入信息的输入设备，以 104 键盘为例，它通常可分为四个区，即功能键区、主键盘区、光标控制键区和小键盘区，其分区情况如图 7—2 所示。

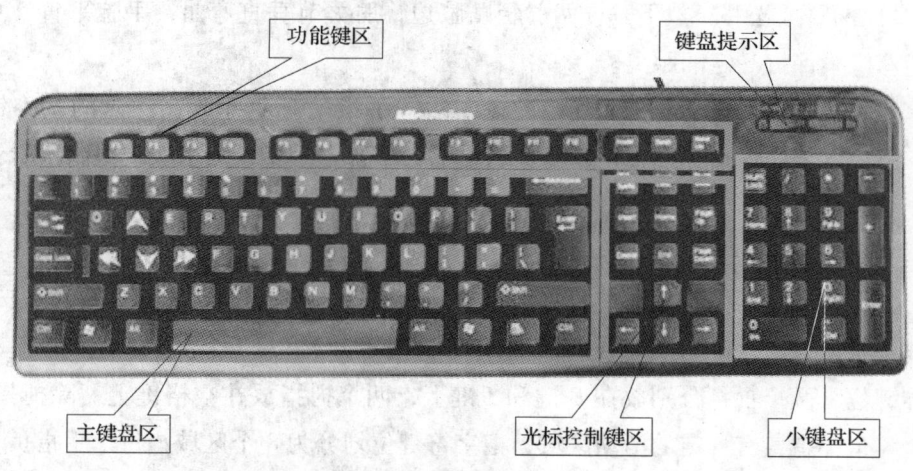

图 7—2　键盘的分区情况

(1) 功能键区

功能键区一共有 16 个键，位于键盘的顶端，排成一行，在不同的应用程序中它们具有不同的功能。

键盘提示区主要用来提示键盘的工作状态、大小写状态以及小键盘上下标切换状态，该区不作为键盘的按键使用。

(2) 主键盘区

主键盘区位于功能键区的下方，是键盘中键数最多的一个区，共有 58 个键，其中包括 26 个字母键、10 个控制键、一个空格键以及 21 个数字和符号键，其主要功能是输入文字和符号。

(3) 光标控制键区

光标控制键区位于主键盘区和小键盘区之间，共有 13 个键。

(4) 数字键区

数字键区位于键盘的右下角，又叫小键盘区，共有 17 个键，其主要功能是快速输入数字，且大部分是双字符键，上挡键是数字，下挡键具有编辑和光标控制功能。

2. 键盘打字训练

(1) 打字姿势

正确的打字姿势如下：

1) 操作者平坐在椅子上，腰背挺直，两脚平放在地上，身体稍向前倾。

2) 椅子高度要适当，一般以转椅为宜，可以调节座椅高度，眼睛距显示器的距离为 30 cm 左右。

3) 两臂放松并自然下垂，两肘轻贴腋边，肘关节垂直弯曲，手腕平直，身体与计算机桌保持一定的距离。

4) 录入文字时，文稿应放在键盘左边，手指稍弯曲并放在键盘的基本键位上，左、右手的拇指放在空格键上，击键的力量来自手腕，力求实现眼睛不看键位即能"盲打"。

(2) 手指与键位的搭配

手指与键位的搭配是指把键盘上全部字符合理地分配给 10 个手指。凡处于打字准备状态时，双手均放在 A、S、D、F、J、K、L、：共 8 个键上，这 8 个键称为基准键位，两个食指分别放在 F 键和 J 键上，两个拇指放在空格键上。除拇指外，其余 8 个手指各有一定的活动区域，把字符键位划分为 8 个区域，每个手指负责该区域字母的输入，如图 7—3 所示为键位的手指分工。

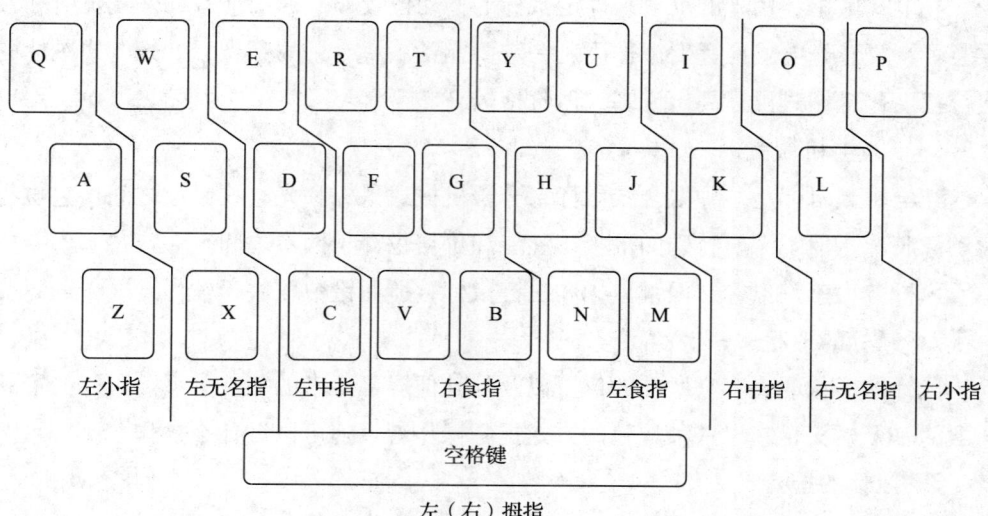

图 7—3 键位的手指分工

（3）击键的方法

1）手腕要平直，胳膊应尽可能保持不动。

2）要严格按照手指的键位分工进行击键，不能随意击键。

3）以手指指尖垂直击键，并立即反弹。不可用力太大，敲击一下即可。

4）左手击键时，右手手指应放在基准键位上并保持不动；右手击键时，左手手指应放在基准键位上并保持不动。

5）击键后，手指应迅速返回相应的基准键位。

6）不要长时间按住一个键不放。

六、鼠标的操纵

鼠标通常是一种带有按键的手持输入设备，利用这种设备可使操作者手动操作屏幕上的对象。

1. 鼠标的种类

（1）机械式鼠标

机械式鼠标是最早出现的，其内部装有一直径为 2.5 cm 的橡胶球，通过球在平面上的滚动将位置移动转换成为计算机可以识别的信号 0 和 1，传给计算机来完成光标的同步移动。它的优点是价格低廉；缺点是准确性和精密度较差，传送速度较低，必须在光滑的平面上滚动，而且滚动球容易黏附灰尘，必须经常清理鼠标。

（2）光电式鼠标

光电式鼠标利用光的反射来确定鼠标的移动位置，鼠标内部有红外光发射和接收装置，要让光电式鼠标发挥作用，一定要配备一块专用的感光板。光电式鼠标的定位精度比机械式鼠标高出许多，但价格较高。

（3）光电机械鼠标

光电机械鼠标是一种混合式鼠标，介于机械式鼠标和光电式鼠标之间。它也有滚动橡胶球，但不需要特殊的平板，性能和价格也介于两者之间。

鼠标分为单键鼠标、两键鼠标和三键鼠标，所用键数取决于软件。

2．鼠标的形状

鼠标的形状取决于它所在的位置以及与其他屏幕元素的相互关系。鼠标的形状一般为一个箭头，它以一种醒目的方式提醒操作者目前可以做什么操作。

3．鼠标的握持

握持鼠标的基本姿势如图7—4所示。操作鼠标时要轻握鼠标，就像把手放在自己的膝盖上一样，使鼠标的后半部恰好放在手掌下，食指和中指分别轻放在左、右按键上，拇指和无名指轻夹在鼠标两侧。

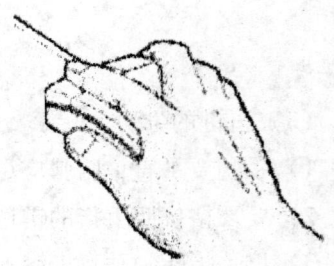

图7—4　握持鼠标的基本姿势

七、显示器

1．显示器的技术指标

（1）点距

显示器上的文本或图像是由点组成的，屏幕上的点越多、越密，则分辨率越高。屏幕上相邻两个同色点（如两个红色点）的距离称为点距，常见点距规格有0.25，0.28和0.31 mm。

（2）像素和分辨率

分辨率是指屏幕上像素的数目，像素是指组成图像的最小单位，亦即发光"点"。例如，640×480的分辨率是说在水平方向上有640个像素，在垂直方向上有480个像素。

（3）扫描频率

电子束采用光栅扫描方式对屏幕进行扫描。扫描方式有逐行扫描显示和隔行扫描显示两种。完成一帧图像所花费时间的倒数称为垂直扫描频率，也称刷新频率，如60 Hz和75 Hz等。

2. 液晶显示器的性能

在实际应用中，显示器已开始使用薄膜晶体有源阵列彩显 TFT—LCD。它的色彩层次比较丰富，具有高的分辨率和刷新频率，而且具有防眩光和防反射功能，从而减轻了操作者眼睛的疲劳程度。

八、打印机

目前，常用的打印机有针式打印机、喷墨打印机和激光打印机。

1. 针式打印机

针式打印机又称点阵式打印机。因为它只能打印点阵图形和字符，并且打印速度慢，噪声高，所以早已不被人们采用，现在仅用于打印标签、票据和存折等业务。

2. 喷墨打印机

喷墨打印机具有更为灵活的纸张处理能力，既可以打印普通纸张，也可以打印各种胶片、照片纸、卷纸等。喷墨打印机体积小，质量小，操作简单，噪声低，其性能与价格介于针式打印机和激光打印机之间。

3. 激光打印机

激光打印机的特点是印字速度快，印字没有击打动作，噪声低，印出的文字及图像非常清晰，但是它的价格较高。

随着打印技术应用日益广泛，彩色打印机将成为未来打印技术的主流。

九、输入、输出接口

计算机的输入、输出接口是中央处理器与输入、输出设备之间传输数据的部件。微型计算机上不可缺少的两种输入、输出接口是并行端口和串行端口。

并行端口常用于连接打印机，所以常被称为打印机口或并行打印机适配器；串行端口最普遍的用途是连接鼠标和调制解调器，常被称为异步通话适配器接口。

十、总线

总线是计算机中传输数据信号的通道，是一组通信线。总线的方式是并行的，所以也被称为"并行总线"。在机器内部，各部件通过总线连接；对于外部设备，通过总线连接相应设备的接口电路，然后再与该设备相连。一般接口电路又被称为"适配器"或"接口卡"。

连接中央处理器芯片内部的总线称为内部总线；而连接系统各部件间的总线称为外部总线，也称为系统总线。

第三节　常用微型计算机软件的使用

一、计算机软件的分类

软件是指计算机系统中各类程序、有关文件及其运行所必需的数据的总称。软件一般分为系统软件和应用软件两大类。

1. 系统软件

系统软件负责管理、控制和维护计算机的各种软件和硬件资源，并为用户提供一个友好的操作界面，以及服务于一般目的的上机环境。常用的系统软件主要指操作系统、语言处理程序、数据库管理系统以及服务程序等。

（1）操作系统

操作系统是最基本的系统软件，它能对计算机系统中的软件和硬件资源进行有效的管理和控制，合理地组织计算机的工作流程，为用户提供一个使用计算机的工作环境，起到用户和计算机之间的接口作用。

（2）语言处理程序

语言处理程序的任务就是将各种高级语言编写的源程序翻译成用机器语言表示的目标程序。按处理的方式不同，语言处理程序可分为解释型程序和编译型程序两大类。

（3）数据库管理系统

数据库管理系统是指对计算机中所存放的大量数据进行组织、管理、查询并提供一定处理功能的大型系统软件。

（4）服务性程序

服务性程序是一类辅助性程序，它提供各种运行所需的服务，如编辑程序、编译程序、连接程序、调试程序以及故障诊断程序、纠错程序等。

2. 应用软件

应用软件是指专业人员为各种应用目的而开发的程序，这些程序通常是利用高级语言编程或使用应用程序的生成工具来生成的。

（1）文字处理软件

文字处理软件用于将文字输入到计算机并存储在外存中，用户能对输入的文字进行修改、编辑，并能将输入的文字以多种字体、多种字形及多种格式打印出来。目前常用的文字处理软件有 WPS 文字和 Microsoft Word 等。

（2）表格处理软件

表格处理软件主要用于处理各种表格，并能对表格中的数据进行数据分析。常用的表格处理软件有 Microsoft Excel 和 WPS 表格等。

（3）辅助设计软件

计算机辅助设计软件能高效率地绘制、修改、输出工程图样，能为设计人员提供较好的设计方案，缩短设计周期，提高设计质量。目前常用的软件有 AutoCAD。

（4）实时控制软件

在现代化企业里，计算机普遍应用于对生产过程进行自动控制，如加料、控制炉温和冶炼时间等，这类软件称为实时控制软件，如 FIX, In Touch 和 Lookout 等。

二、Microsoft Word 文字处理软件

1．Word 的启动和退出

（1）启动 Word

启动 Word 一般有以下几种方法：

1) 单击工具栏的"Microsoft Word"按钮，就可以启动 Word。

2) 单击任务栏中的"开始"按钮，选择"程序"菜单中"Microsoft Word"的程序项，可以启动 Word。

3) 单击任务栏中的"开始"按钮，选择"新建 Office 文档"，可以启动 Word。

4) 双击 Word 快捷图标也可以启动 Word。

（2）退出 Word

退出 Word 一般有以下几种方法：

1) 单击 Word 窗口右上角的"关闭"按钮。

2) 选择"文件"菜单中的"退出"命令。

3) 双击 Word 窗口左上角的控制菜单图标。

2．Word 屏幕的组成

Word 启动完成后，屏幕上就会出现如图 7—5 所示的窗口，它由标题栏、菜单栏、工具栏、标尺、文档窗口和状态栏组成。

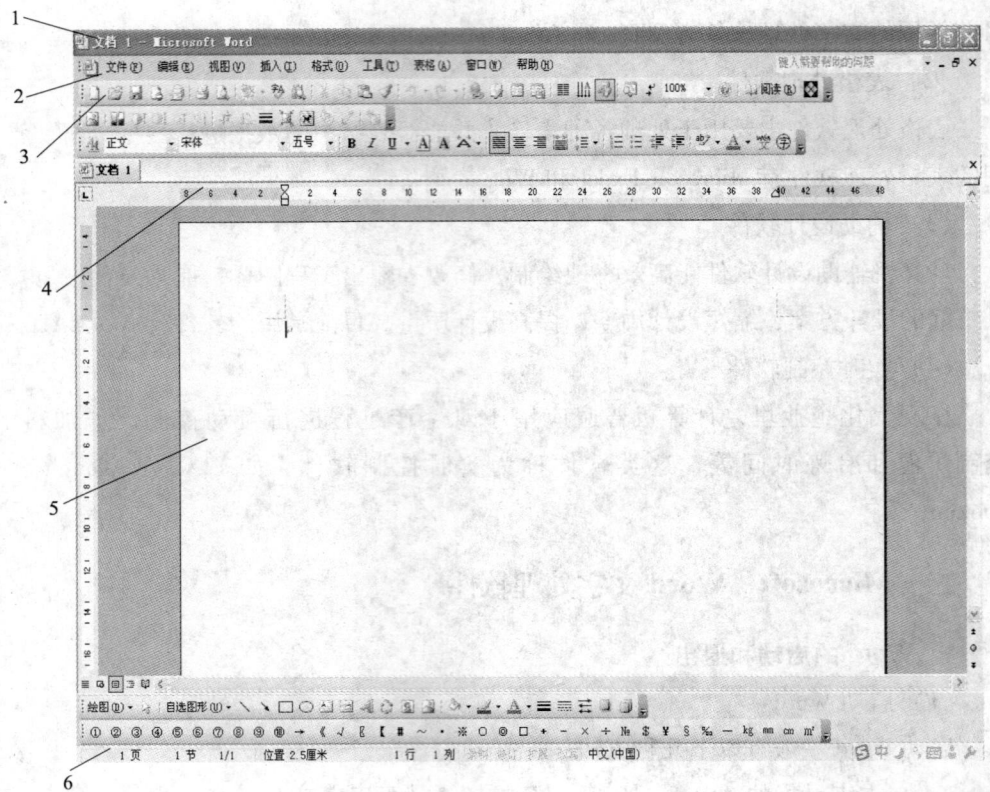

图 7—5　Word 屏幕的组成

1—标题栏　2—菜单栏　3—工具栏　4—标尺　5—文档窗口　6—状态栏

3．Word 文本编辑的基本操作

（1）输入文字

用户可以在鼠标插入点处输入文档内容。

随着文本的不断输入，插入点的位置不断地向右移动，当达到页面的右边界时，Word 可以自动换行，将插入点移到下一行，而不用通过"Enter"键进行换行操作。因此，只有在需要开始一个新的段落时，才按"Enter"键，产生一个段落结束标记。

（2）插入和改写文字

如果需要在输入的文本中间插入补加进去的内容，可将插入点定位到需要插入处，然后输入文本内容。要注意当前应处于插入状态，此时状态栏右端的"改写"呈灰色。

在插入状态下，Word 会自动将插入点后面的已有文字右移。当需要用新输入的文本覆盖原有内容时，可用鼠标双击"状态栏"右端的"改写"，使其由灰色变成黑色，这时再输入的内容就会替换原有内容，此时的文本编辑处于改写状态。在改写状态下双击"改写"，又可使其切换到插入状态。

定位插入点时可以使用键盘上的方向键，将光标移动到插入位置；也可以使用鼠标，将鼠标指针移动到插入位置，然后单击鼠标左键。

（3）选定文本

在对文本内容进行格式化、删除、复制等编辑操作之前，必须先选择操作对象，如某一文本块或全部文本。在选定文本内容后，被选中的部分变为黑底白字（反相显示）。

如果使用鼠标选定时，可将鼠标指针移动到需要选择部分的第一个文字的左边，按住鼠标左键拖至欲选择部分的最后一个文字松开鼠标左键；或者将鼠标指针移动到需要选择部分的第一个文字的左边，单击鼠标（即将插入点移至该位置），再移动鼠标指针到需选择部分的最后一个文字的右边，按住"Shift"键，然后单击鼠标，即可选中该段文本。

此外，还可以使用以下一些常用的选定操作。

1）选定一个单词。将鼠标指针移到该单词上，然后双击鼠标。

2）选定一个句子。将鼠标指针移到该句的任何地方，按住"Ctrl"键，然后单击鼠标。

3）选定一个段落。将鼠标指针移到该段落的任何地方，然后三击鼠标。

4）选定一个矩形文本区。将鼠标指针移到该区的左上角，按住"Alt"键，然后拖动鼠标到右下角。

若要取消选定的文本，可将鼠标指针移到非选定的区域，单击鼠标即可。

（4）删除文本

如果要删除少量字符，可使用"Backspace"键删除插入点前面的一个字符，使用"Delete"键可删除插入点后面的一个字符。

如果要删除大段的文本，可使用以下方法：

1）选定要删除的文本，然后选择编辑菜单中的"清除"命令，或按"Delete"键。

2）选定要删除的文本，然后选择编辑菜单中的"剪切"命令，或单击"常用工具栏"中的"剪切"按钮，或按住"Ctrl + X"键。

3）选定要删除的文本，然后在文本上单击鼠标右键，在弹出快捷菜单后选择"剪切"命令。

在以上方法中，方法1）是将文本完全删除，而方法2）和3）则是将文本移到剪切板中，使其在文档中消失。

三、Excel 表格处理软件

1. Excel 的工作界面

启动 Excel 的方法与启动 Word 的方法相类似，启动 Excel 以后，在屏幕上即可弹出 Excel 的操作界面，如图7—6所示。

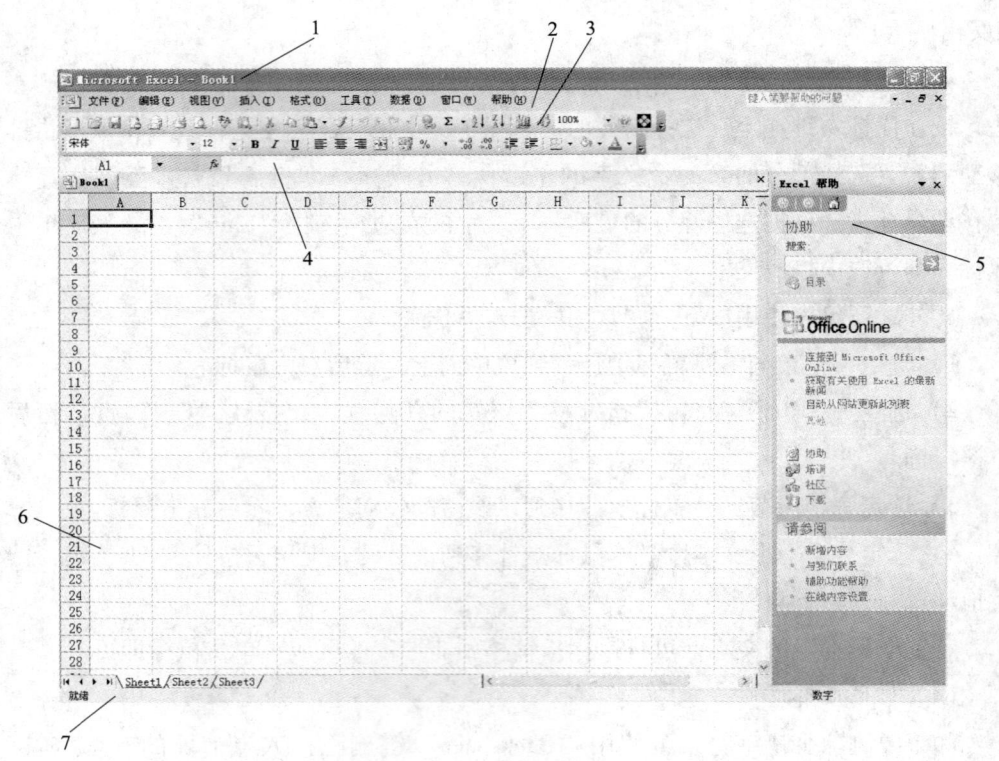

图7—6 Excel 的操作界面

1—标题栏 2—菜单栏 3—工具栏 4—编辑栏

5—任务窗口 6—工作表区 7—状态栏

（1）标题栏

标题栏显示 Excel 的标题，并可以查看当前处于活动状态的文件名。

（2）菜单栏

菜单栏包含 Excel 所有操作的菜单命令。

(3) 工具栏

工具栏以更直观的图标形式显示常用的操作命令。

(4) 编辑栏

编辑栏位于工具栏的下面，用于显示与编辑当前单元格中的数据或公式。

(5) 工作表区

工作表区有 Excel 的工作平台，也是 Excel 窗口的主体部分，它由工作表、工作表标签显示按钮和工作表标签组成。

(6) 状态栏

状态栏用于显示当前文档的信息，如显示当前文档的页数、插入点的行和列等。

(7) 任务窗口

通过任务窗口，可根据需要更加便捷地选择不同的任务，如新建工作簿、搜索文件等。

2. 工作表的操作

(1) 选择工作表

1）选中单个工作表。在工作表区左下角单击某个工作表标签，如单击 Sheet1，即可打开 Sheet1 工作表。

2）选中相邻多个工作表。按住"Shift"键，然后依次单击 Sheet1，Sheet2 和 Sheet3，即可打开这三张工作表。

3）选中不相邻的多个工作表。按住"Ctrl"键，然后单击想要打开的工作表，如单击 Sheet1 和 Sheet2 工作表标签，即可打开这两个工作表。

4）选中全部工作表。如果需要选中全部的工作表，可以在任意工作表标签上单击鼠标右键，从弹出的快捷菜单中选择"选定全部工作表"命令。

(2) 插入工作表

1）选择"插入"命令。首先选择需要插入工作表的位置，用鼠标右键单击工作表标签，从弹出的快捷菜单中选择"插入"命令。

2）选择需要插入的工作表。弹出"插入"对话框，默认情况下为常用选项卡，在其中单击鼠标左键选中"工作表"选项，然后单击"确定"按钮。

3）插入新的工作表（如 Sheet4）。返回原工作簿，可以看到在 Sheet3 工作表之前插入了一个名为 Sheet4 的工作表。

(3) 删除工作表

选中需要删除的工作表标签，如选中 Sheet4 工作表，然后在其标签上单击鼠标右键，从弹出的快捷菜单中选择"删除"命令，此时工作表标签 Sheet4 即被删除。

3. 单元格的操作

不论是在单元格中输入数据还是输入公式，所有对单元格的编辑操作都需要选中单元格。选中不同单元格的具体操作方法如下：

（1）选中一个单元格

用鼠标直接单击某个单元格，即可选中该单元格。

（2）选中相邻的多个单元格

按住鼠标左键不放，然后拖动鼠标选中相邻的多个单元格。

（3）选中不相邻的多个单元格

按住"Ctrl"键，然后单击需要选中的单元格，即可选中多个不连续的单元格。

（4）选中全部单元格

把鼠标放在工作表区左上角行号和列标交叉处的矩形框处，然后单击此矩形框，即可选中整张工作表中的所有单元格。

4. 在单元格中输入数据

下面以制作一份公司职工花名册为例，讲解如何在 Excel 表格中输入各式各样的数据。

（1）在单元格中输入文字

新建工作簿 Book1.xls，运用前面讲述的方法合并 A1～I2 之间的单元格，然后在其中输入文字"天宇公司职工花名册"，再在下面的单元格中输入文字。

（2）在编辑栏中输入文本

选中 B4 单元格，在编辑栏中单击并输入"张伟伟"。

（3）输入姓名

按"Enter"键，向下选中 B5 单元格，输入另外一个姓名"李强"，运用同样的方法依次输入其他职工的姓名。

（4）选择多个单元格

单击选中 C5 单元格，然后按住"Ctrl"键不放，分别单击 C7 和 C9 单元格将其同时选中，然后在 C9 单元格中输入"男"。

（5）在多个单元格中输入相同的文字

按下"Ctrl + Enter"键，此时上步所选中的所有单元格中便同时输入了相同的文字"男"。

（6）选择"设置单元格格式"命令

在"出生日期"下方的单元格中输入职工的出生日期时，在选中的单元格处单击鼠标右键，从弹出的快捷菜单中选择"设置单元格格式"命令。

（7）设置单元格格式

弹出"单元格格式"对话框，默认情况下为"数字"选项卡，在"分类"列表框中选择该单元格数据的类型。这里选择"日期"选项，然后在右侧的"类型"列表框中选择日期的类型，再单击"确定"按钮。

（8）查看输入的效果

单击"确定"按钮后，F4 单元格中的数据即变为日期的形式，随后依次输入其他数据。

（9）选择"设置单元格格式"命令

选中 I4～I10 单元格区域并单击鼠标右键，从弹出的快捷菜单中选择"设置单元格格式"命令。

（10）设置单元格格式

弹出"单元格格式"对话框，在"分类"列表框中选择"货币"选项，在"小数位数"数值框中输入"2"，然后单击"确定"按钮。

（11）查看效果

单击"确定"按钮后，I4～I10 单元格区域中的数据即变为货币形式，接着依次输入其他数据并改为货币形式。

（12）插入批注

选中 B6 单元格，然后单击鼠标右键，从弹出的快捷菜单中选择"插入批注"命令。

（13）编辑批注

此时在 B6 单元格边框的右上角出现了一个浅黄色的小方框，在该方框中输入所需的文字，输入完毕用鼠标在空白处单击即可完成批注的插入，如图 7—7 所示。当鼠标指针指向 B6 单元格时，系统便自动出现批注。

四、AutoCAD 辅助设计软件

1. 启动 AutoCAD 中文版软件

启动 AutoCAD 时，可以通过双击桌面上的 AutoCAD 图标；或从"开始→程序→AutoCAD"菜单中点取相应的图标；还可以通过"我的电脑"打开相应的文件夹，找到 AutoCAD 的安装目录，然后双击"ACAD.EXE"程序。

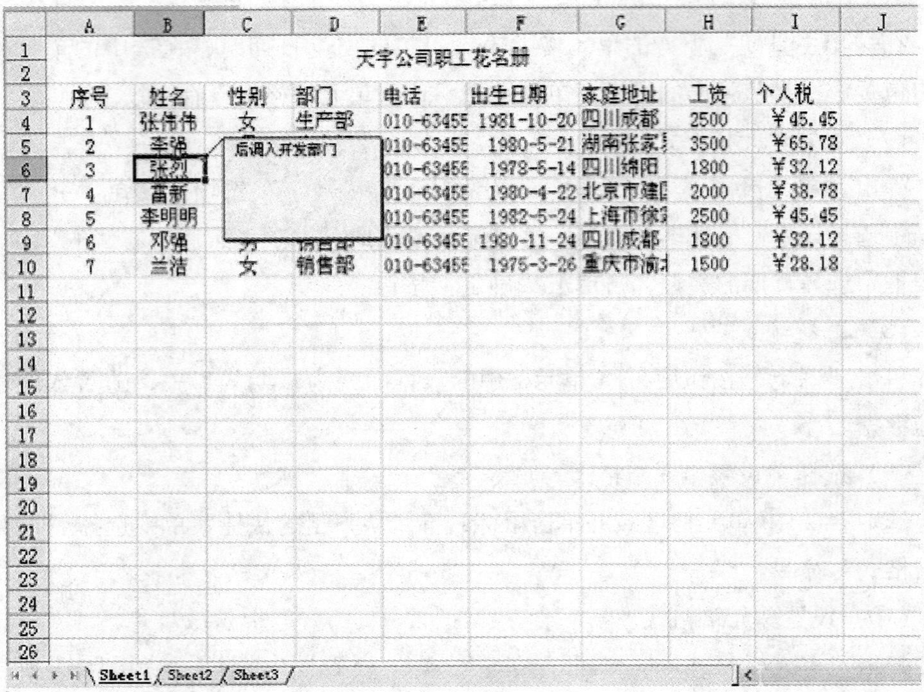

图 7—7 插入批注

单击"打开"按钮,在文件列表框中双击文件名或单击后按"确定"按钮,打开所选的文件。

2. AutoCAD 的基本操作

（1）按键定义

在 AutoCAD 中定义了不少功能键和热键,通过这些功能键或热键,可以快速实现指定的功能。熟悉功能键和热键,可以简化不少操作。AutoCAD 中预定义的部分功能键和热键的作用见表 7—1。

表 7—1　　　　　　　　　　功能键和热键的作用

功能键	作　　用
F1	联机帮助（HELP）
F2	文本窗口开关（TEXTSCR）
F3，Ctrl + F	对象捕捉开关（OSNAP）
F4，Ctrl + T	数字化仪开关（TABLET）
F5，Ctrl + E	等轴测平面右/左/上转换开关（ISOPLANE）
F6，Ctrl + D	坐标开关（COORDE）

续表

功能键	作　用
F7，Ctrl + G	网格显示开关（GRID）
F8，Ctrl + L	正交模式开关（ORTHO）
F9，Ctrl + B	捕捉模式开关（SNAP）
F10，Ctrl + U	极轴开关
F11，Ctrl + W	对象捕捉追踪开关
Ctrl + A	编组（GROUP）
Ctrl + Z	取消操作（U）
Ctrl + X	剪切（CUTCLIP）
Ctrl + C	复制（COPYCLIP）
Ctrl + V	粘贴（PASTECLIP）
Ctrl + S	快速存盘（QSAVE）
Ctrl + P	输出（PLOT）
Ctrl + O	打开图形文件（OPEN）
Ctrl + N/M/J	新建图形文件（NEW）
Ctrl + K	超级链接（HYPERLINK）
鼠标左键	输入点；点取实体；选择按钮、菜单、命令；双击文件名可直接打开文件
鼠标右键	弹出快捷菜单，在不同的区域有不同的菜单
Ctrl +	选择实体时可以循环选取，选择打开文件时可以间隔选取
Shift +	选择文件时可以连续选取
Alt	执行菜单
空格、回车	重复执行上一次命令，在输入文字时空格键不同于回车键
Esc	中断命令执行

（2）命令输入方式

用 AutoCAD 交互绘图必须输入必要的指令和参数。命令输入方式包括用鼠标输入、用键盘输入、用菜单输入及用按钮输入。

1）用鼠标输入命令

①当鼠标移到绘图区以外的地方时，鼠标指针变成一个空心箭头，此时可以用鼠标左键选择命令、移动滑块或选择命令提示区中的文字等。在绘图区，当光标呈十字形时，可以在屏幕绘图区按下左键，相当于输入该点的坐标；当光标呈小方块时，可以用鼠标左键选取实体。

②在不同的区域单击鼠标右键将弹出不同的快捷菜单，如图 7—8 所示。如按下"Shift"+鼠标右键，可以打开"对象捕捉"快捷菜单。

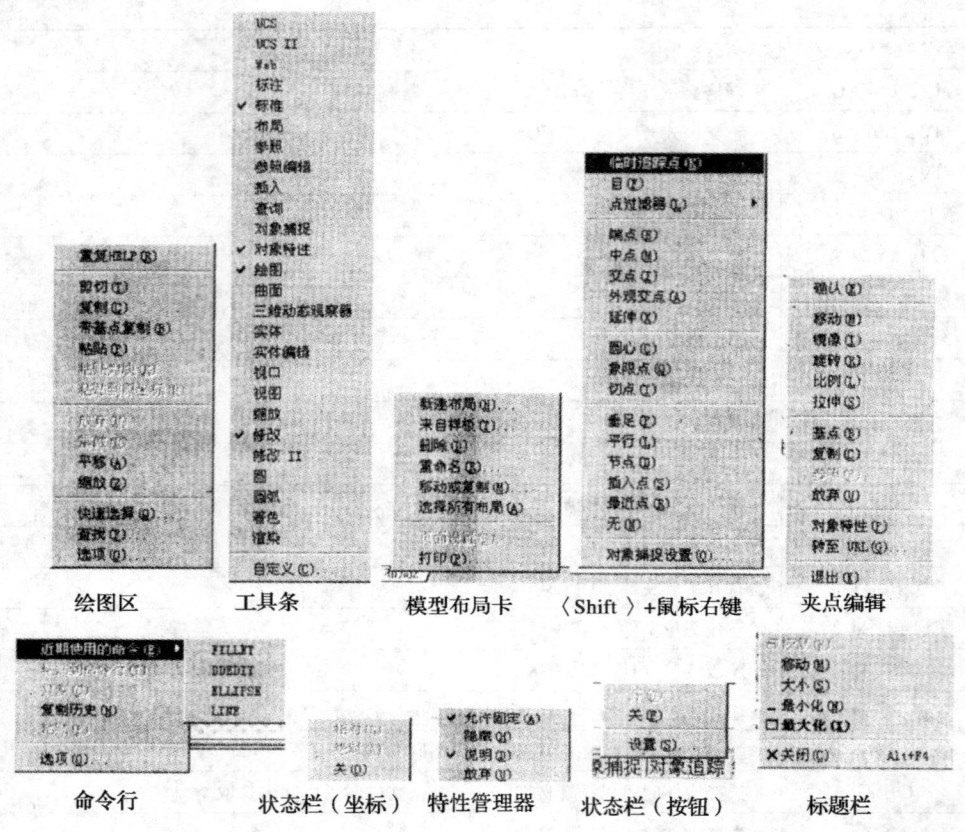

图7—8　在不同的区域单击鼠标右键弹出不同的菜单

2）用键盘输入命令。AutoCAD的命令除可采用鼠标方式输入外，所有的命令均可通过键盘输入（不分大小写）。如果不熟悉菜单和按钮，对一些不常用的命令，若在打开的工具条或菜单中找不到，可以通过键盘直接输入命令。对命令提示的必须输入的参数，也可以通过键盘输入。

部分命令输入时可采用缩写，如"Circle"命令可缩写为"C"（不分大小写）。用户可以定义自己的缩写命令。

3）用菜单输入命令。通过鼠标左键在主菜单中点取下拉菜单，再移到相应的菜单条上点取对应的命令。如果有下一级子菜单，则移动到菜单条后略停顿，将自动弹出下一级菜单，移动光标到对应的命令上点取即可。

如果使用快捷菜单，单击鼠标右键弹出快捷菜单，移动鼠标到对应的菜单项上点取即可。

通过快捷键输入菜单命令时，可用"Alt"键和菜单中带下划线的字母或光标移动键选择菜单条和命令回车即可。

4）用按钮输入命令。用鼠标在对应的按钮上点取，即可以输入该按钮对应的命令。

（3）透明命令

在执行其他命令的过程中运行的命令称为透明命令，透明命令一般用于环境的设置或辅助绘图。

输入透明命令时应该在普通命令之前加一撇号"'"，执行透明命令后会出现"》"提示符。透明命令执行完毕，继续执行原命令。

例如，画线过程中透明执行平移命令输入下一点。

命令：_line

指定第一点：点取一点

指定下一点或［放弃（U）］：点取"视图→平移→实时"　　　透明执行平移命令

_pan

》按"Esc"或"Enter"键退出，或单击鼠标右键显示快捷菜单。

按"Esc"键　　　　　　　　　　　　　　　　　　　　　　　　结束平移命令

正在恢复执行 LINE 命令。

指定下一点或［放弃（U）］：点取另一点　　　　　　　　继续直线命令

指定下一点或［闭合（C）/放弃（↙）］：　　　　　　　　结束直线绘制

（4）命令的重复、撤销和重做

1）命令的重复。执行命令的重复有以下方法：

①按回车键或空格键可以快速重复执行上一条命令。

②在绘图区单击鼠标右键选择"重复×××命令"，执行上一条命令。

③在命令提示区或文本窗口中单击鼠标右键，在弹出的快捷菜单中选择"近期使用的命令"，可选择最近执行的六条命令中的一条重复执行。

④在命令提示行中键入"multiple"，在下一个提示后输入要执行的命令，将会重复执行该命令直到按"Esc"键为止。

2）命令的撤销。正在执行的命令可以用以下方法撤销：

①用户可以按"Esc"键中断正在执行的命令，如取消对话框，废除一些命令的执行等，个别命令除外。但在某些命令中，并不取消该命令已经执行完的部分。例如，执行画线命令时已经连续绘制了几条线，再按"Esc"键，此时中断画线命令，不再继续执行，但已经绘制好的线条并不消失。

②连续按两次"Esc"键可以终止绝大多数命令的执行，要回到"命令"提示

状态时，往往要使用^C^C两次。连续按两次"Esc"键也可以取消夹点编辑方式显示的夹点。

③采用 U，Undo 及其组合，可以撤销前面执行的命令直到存盘时或开始绘图时的状态，同样可以撤销指定的若干次命令回到做好的标记处。

④撤销命令时可以通过键盘输入"U（不带参数选项）"或 undo（可带有不同的参数选项）"命令或选择"编辑→撤销"菜单；或者通过点取按钮⌐或按"Ctrl + Z"快捷键来完成。

3）命令的重做。已被撤销的命令还可以恢复重做。要恢复撤销的最后一个命令，可以键入"redo"或通过"编辑→重做"来执行，不过，重做命令仅限于恢复最近的一个命令，无法恢复以前被撤销的命令。如果是刚用 U 命令撤销的命令，可以用"Ctrl + Y"重做。

(5) 坐标输入

通过键盘可以精确地输入坐标，用键盘输入坐标的方法有以下几种：

1) 直角坐标

①绝对直角坐标。输入点的 (x，y，z) 坐标，在二维图形中，z 坐标可以省略。如"10，20"指点的坐标为 (10，20，0)。

②相对直角坐标。输入相对直角坐标时必须在前面加上"@"符号，如"@10，20"指该点相对于当前点沿 x 方向移动10，沿 y 方向移动20。

2) 极坐标

①绝对极坐标。给定距离和角度，在距离和角度中间加"<"符号，且规定 x 轴正向为0°，y 轴正向为90°，如"20<30"指距原点20、方向为30°的点。

②相对极坐标。在距离前加"@"符号，如"@20<30"，指输入的点距上一点的距离为20，和上一点的连线与 x 轴成30°角。

如果通过鼠标指定坐标，只需要在对应的坐标点上点取即可，如图7—9所示为四种坐标的图例。

3．文件操作命令

文件操作命令包括新建文件（分为快速设置和高级设置）、打开文件、保存文件、赋名存盘和输出数据等。

4．绘图流程

绘图流程包括启动、基本环境设置、绘制外围轮廓线、绘制图形中心线、绘制圆、绘制垂直线、绘制水平线、绘制剖面线、标注尺寸、保存绘图文件、输出等。

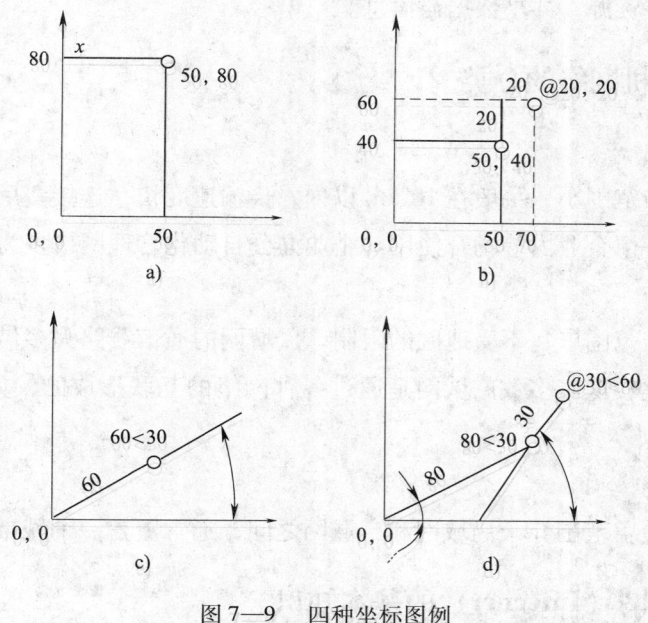

图 7—9 四种坐标图例
a) 绝对直角坐标 b) 相对直角坐标
c) 绝对极坐标 d) 相对极坐标

第四节 计算机网络

一、计算机网络的定义

计算机网络是计算机技术与通信技术相结合的产物。计算机网络就是利用通信设备和线路将地理位置不同的、功能独立的多个计算机系统相互连接起来,并配以完善的网络软件,实现网络中资源共享和信息交换的系统。

计算机网络的功能主要表现在以下两个方面:

1. 信息交换

计算机网络为网络中的计算机提供了强有力的通信手段,包括传送电子邮件、发布新闻消息、进行电子贸易等。

2. 资源共享

网络上的计算机不仅可以使用自身的资源,还可以与网络上的其他计算机共享硬件资源、软件资源，共享数据与信息。

二、计算机网络的分类

1. 局域网

局域网分布范围小，一般在 10 km 以内，传输速度快，连接费用低。通常在一个建筑物内或一个企业内等场合使用。企业办公自动化管理网络多为局域网。

2. 广域网

广域网分布范围广，不受地区的限制。广域网的通信线路大多借用公用通信网络，传输速率比较低。多数广域网是通过各种网络的互联形成的，如 Internet 就属于广域网。

3. 城域网

城域网的覆盖范围介于局域网和广域网之间，通常覆盖一个城市或地区。

三、因特网（Internet）的基本知识

Internet 是全世界最大的互联网络，但它本身不是一个具体的物理网络。它是把世界各地已有的各种网络，如局域网、数据通信网及公用电话交换网等通过统一的协议互联起来，组成一个覆盖全球范围的庞大的网络，因此它也被称为"网络的网络"。

1. Internet 的组成

Internet 是通过分层结构实现的，自上而下分为物理网、协议、应用软件和信息四层。

（1）物理网

物理网是实现 Internet 通信的基础。它像一张巨大的网覆盖全球范围，而且不断延伸和加密。

（2）协议

Internet 上传输的信息至少应遵循三个协议，即网际协议、传输协议和应用程序协议。

（3）应用软件

在实际应用中，用户是通过具体的应用软件来与 Internet 打交道的。

（4）信息

Internet 是一个信息的海洋，能以最快捷的方式为用户提供几乎无所不包的信息。

2．Internet 的主要服务

（1）电子邮件服务

电子邮件也称 E-mail，就是通过 Internet 来传递的一种电子媒体信息。使用电子邮件的首要条件是建立电子邮箱，每一个电子邮箱都要有一个"电子邮件地址"。Internet 电子邮件地址的格式为"用户名@主机名"。每个电子邮件地址在 Internet 上都是唯一的。

（2）远程登录服务

用户通过网络把自己的计算机登录到远程主机上，变成该主机的一个终端，从而使用该主机的软件和硬件资源，这种方式称为远程登录。当使用远程登录服务时，必须在本地计算机上安装一个特殊的远程登录程序。

（3）万维网（WWW）服务

万维网是基于超文本技术将许多信息资源连接成一个信息网，方便用户在 Internet 上搜索和浏览信息的查询服务系统。用户使用浏览器就可以浏览 Internet 网页。

（4）网络新闻服务

阅读新闻组中的文章时，必须使用称为新闻阅读器的软件。还可以通过此软件在新闻组中张贴自己的邮件，也可以针对其他邮件向新闻组发送自己的答复邮件。

（5）电子公告牌（BBS）服务

用户可以从公告牌上获得各种信息，也可以把要与别人交流的信息"张贴"在公告牌上。

第八章
装配调整基础知识

第一节 划线知识

一、划线工具及其用途

1. 划线平板

划线平板是由铸铁毛坯经精刨或刮研制成的。其作用是用来安放工件和划线工具，并在平板工作面上完成划线工作。

2. 划针

划针是直接在毛坯或工件上划线的工具。在已加工表面上划线时，常使用直径为3～5 mm的弹簧钢丝或高速钢制成的划针，将划针尖部磨成10°～20°角，并经淬火以提高其硬度和耐磨性。划针及其使用方法如图8—1所示。

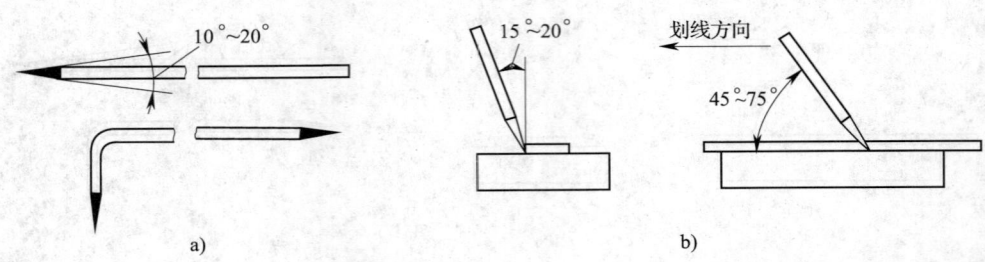

图8—1 划针及其使用方法
a）划针 b）划针的用法

3. 划规

划规是用来划圆和圆弧、等分线段、等分角度和量取尺寸的工具。划规两脚长度要磨得稍有不等，两脚合拢时脚尖才能靠近。划圆弧时应将手力作用到作为圆心的一脚，以防止中心滑移。划规的种类如图 8—2 所示。

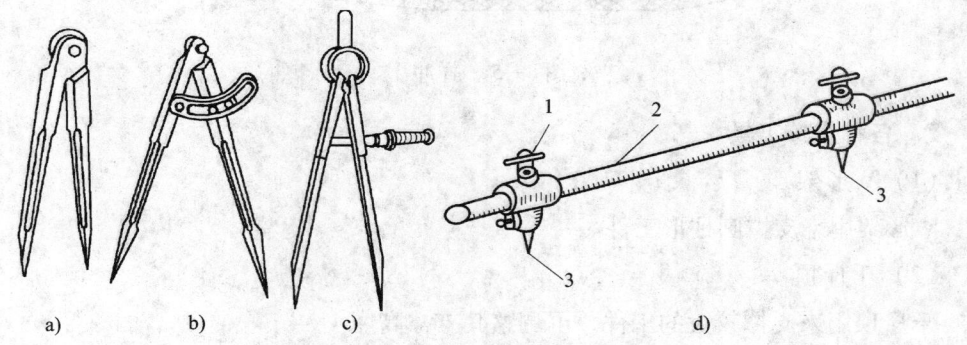

图 8—2 划规的种类

a）普通划规 b）扇形划规 c）弹簧划规 d）长划规

1—锁紧螺钉 2—滑杆 3—针尖

4. 划线盘

划线盘是直接用于划线或找正工件位置的工具，如图 8—3 所示。一般情况下，划线盘的直头用来划线，弯头用来找正工件。

5. 游标高度尺

游标高度尺是比较精密的量具及划线工具，如图 8—4 所示。它可以用来测量高度，还可以用量爪直接划线。

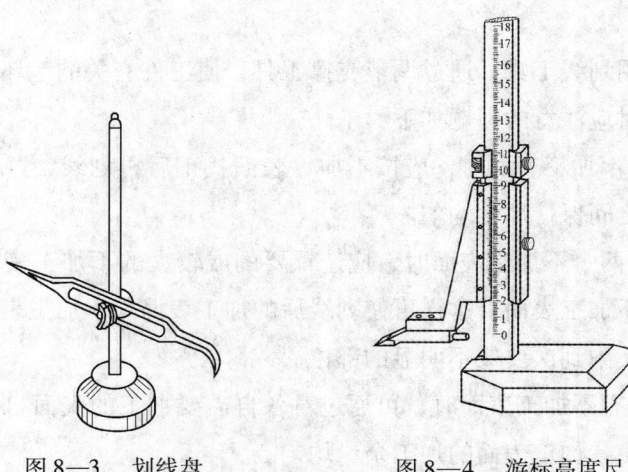

图 8—3 划线盘　　图 8—4 游标高度尺

6. 样冲

样冲如图 8—5 所示。它用于在工件所划的加工线条上打样冲眼，作为加工界线的标志，还可以用于在圆弧中心或钻孔时的定位中心打眼（称为中心样冲眼）。

图 8—5　样冲

7. 各种支撑工具

（1）V 形架

V 形架用来支撑圆柱形工件。

（2）千斤顶

千斤顶用来支撑较大的工件，可调整其支撑高度。

二、划线方法

1. 划线基准

（1）选择工具

根据工件的形状、大小及划线部位来选择合适的支撑、划线工具。

（2）平面划线基准

划线时，以工件上的某个点、线、面作为依据，用它来确定工件的各部分尺寸、几何形状及工件上各要素的相对位置，此依据称为划线基准。划线基准一般根据三种类型选择，如图 8—6 所示。

2. 找正和借料

（1）找正

找正就是利用划线工具，通过调节支撑工具，使工件有关的毛坯表面都处于合适的位置。找正时应注意的问题如下：

1）毛坯上有不加工表面时，应按不加工表面找正后再划线，这样可使加工表面和不加工表面之间保持尺寸均匀。

2）工件上有两个不加工表面时，应选重要的或较大的不加工表面作为找正依据，并兼顾其他不加工表面，这样可使划线后的加工表面与不加工表面之间尺寸比较均匀，使误差集中到次要或不明显的部位。

3）工件上没有不加工表面时，可通过对各自需要加工的表面自身位置找正后再划线，这样可使各加工表面的加工余量均匀。

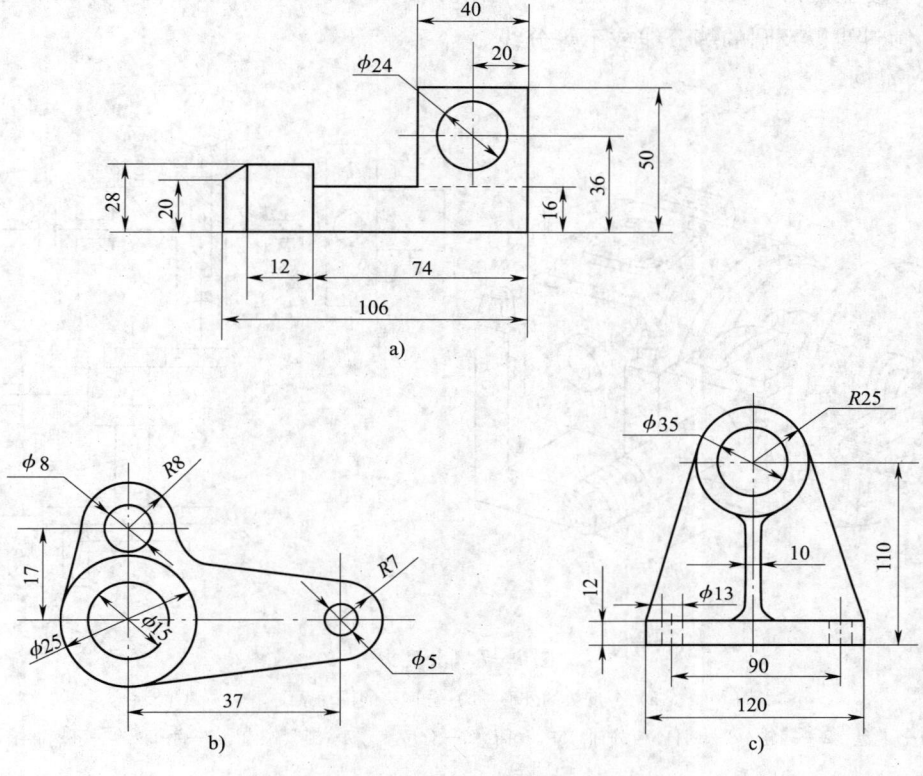

图 8—6 划线基准的类型

a) 以两个互相垂直的平面（或直线）为基准　b) 以两条互相垂直的中心线为基准

c) 以一个平面和一条中心线为基准

（2）借料

当毛坯尺寸、形状、位置上的误差和缺陷难以用找正的方法补救时，需要用借料的方法来解决。借料就是通过试划和调整，使各加工表面的余量互相借用、合理分配，从而保证各加工表面都有足够的加工余量，使误差和缺陷在加工后排除。借料划线时，应首先测量出毛坯的误差程度，确定借料的方向和大小，然后从基准开始逐一划线。若发现某一加工表面的余量不足时，应再次借料，重新划线，直至各加工表面都有允许的最小加工余量为止。

三、利用分度头划线

1. 分度头的结构和传动原理

（1）分度头的结构

分度头是一种较准确的等分角度的工具，钳工通常用它来对工件进行分度划线。分度头的外形如图8—7a所示。利用分度头可以在工件上划出水平线、垂直线、倾斜线以及圆的等分线或不等分线。

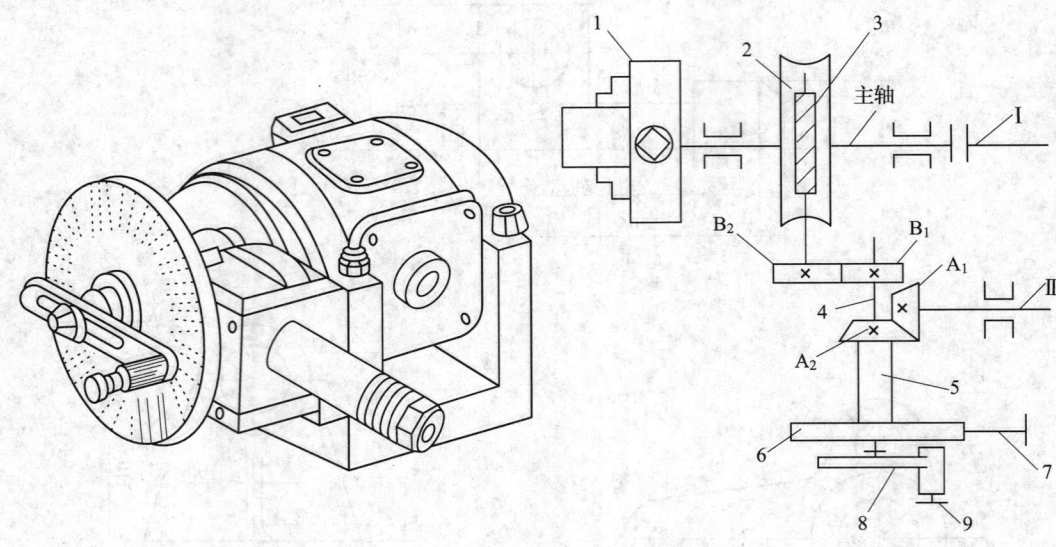

图8—7 分度头
a）分度头的外形 b）分度头的传动系统
1—卡盘 2—蜗轮 3—蜗杆 4—轴 5—套筒 6—分度盘 7—锁紧螺钉 8—手柄 9—手柄插销

（2）分度头的传动原理

分度头的传动系统如图8—7b所示。分度头的传动原理是：当手柄转1 r时，单头蜗杆也转1 r，与蜗杆啮合的40齿的蜗轮转一个齿，即转1/40 r，被卡盘夹持的工件也转1/40 r。如果将工件进行z等分，即每次分度头主轴应转1/z r，手柄每次分度应转过的转数可由下式确定：

$$n = \frac{40}{z} \text{r}$$

式中　n——工件转过每一等份时，分度头手柄转过的转数，r；

　　　z——工件的等分数。

2. 简单分度法

下面举例说明简单分度的方法。

例1　欲在工件某一圆周上划出均匀分布的8个孔，试求每划完一个孔的位置后分度头手柄应转多少转？

解：根据以上公式可得：

$$n = \frac{40}{8} = 5 \text{ r}$$

即每划完一个孔的位置后,分度头手柄应转5 r后再划另一个孔的位置。

第二节 钳工操作知识

一、錾削

用锤子打击錾子对金属工件进行切削加工的方法称为錾削。

錾削主要用于不便于机械加工的场合,如去除毛坯上的凸缘、毛刺、浇口、冒口,以及分割材料、錾削平面和沟槽等。

1. 錾削工具

錾削使用的工具主要是錾子和锤子。

(1) 錾子的种类

1) 扁錾。如图8—8a所示,扁錾切削部分扁平,切削刃较长,刃口略带圆弧形。扁錾主要用来錾削平面、去除毛刺和凸缘以及分割板材等。

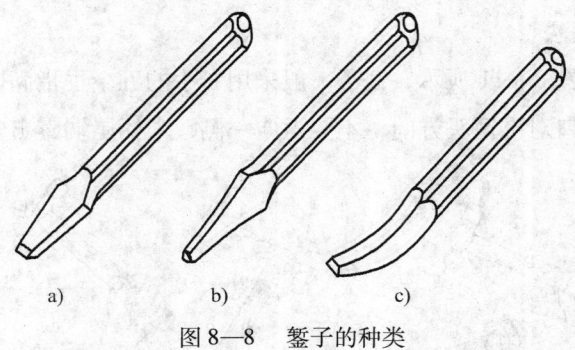

图8—8 錾子的种类

a) 扁錾 b) 尖錾 c) 油槽錾

2) 尖錾。如图8—8b所示,尖錾切削刃比较短,从切削刃到錾身逐渐变狭窄(故又称窄錾),以防止錾削沟槽时两侧面被卡住。尖錾主要用来錾削沟槽以及将板料分割成曲线形等。

3) 油槽錾。如图8—8c所示,油槽錾切削刃很短并呈圆弧形,切削部分制成弯曲形状。油槽錾主要用来錾削平面或曲面上的油槽。

(2) 锤子

锤子由锤头、木柄和楔子组成,如图8—9所示。其规格有0.25,0.5和1 kg

等多种。

2. 錾削方法

(1) 錾子的握法

錾子的握法如图 8—10 所示，錾子由左手的中指、无名指握住，小指自然合拢，食指和拇指自然接触，錾子头部伸出约 20 mm。錾子不能握得太紧，以免敲击时掌心承受的振动过大，或一旦锤子打偏后伤手。錾削时左手小臂要保持水平位置，肘部不能下垂或抬高。

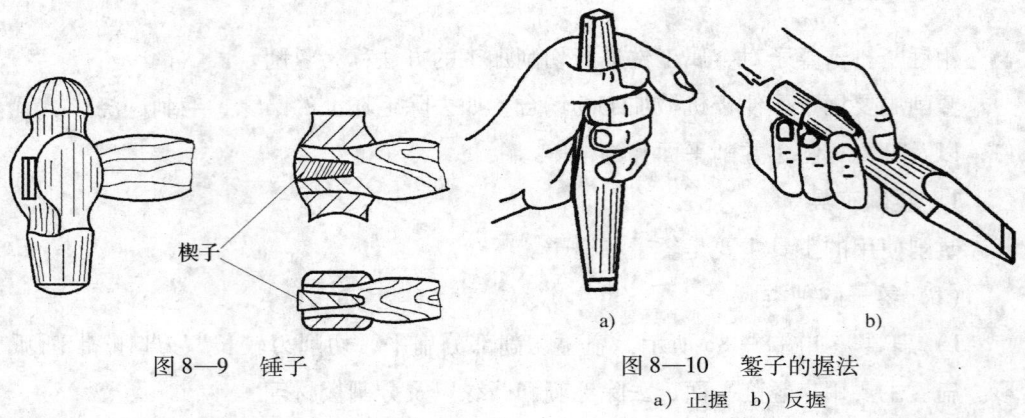

图 8—9 锤子　　图 8—10 錾子的握法
　　　　　　　　　a) 正握　b) 反握

(2) 锤子的握法

锤子的握法如图 8—11 所示，锤子一般采用右手的五个手指满握的方法，拇指轻轻压在食指上，虎口对准锤头方向，不要歪向一侧，木柄尾端露出 15~30 mm。

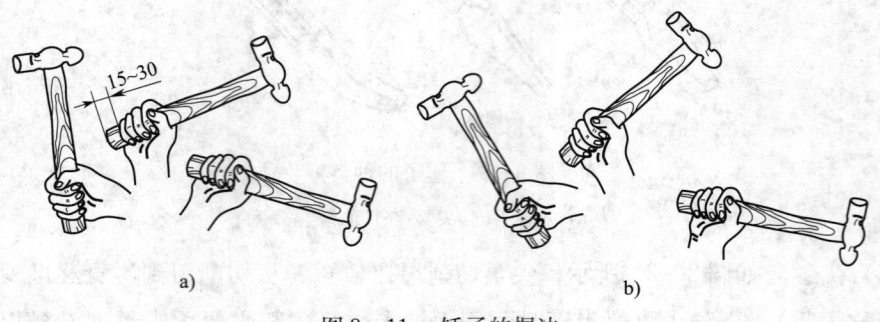

图 8—11 锤子的握法
a) 紧握法　b) 松握法

(3) 錾削姿势

为了形成较大的敲击力量，操作者必须保持正确的站立位置。正确的錾削姿势是：左脚跨前半步，两腿自然站立，人体重心稍微偏于后脚，视线落在工件的切削部位。如图 8—12 所示为錾削时的站立位置。

(4) 錾削操作方法

1) 錾削平面。錾削平面用扁錾进行，每次錾削余量为 0.5~2 mm。起錾时，切削刃应抵紧起錾部位，錾子头部向下倾斜，使錾子与工件起錾端面基本垂直，再轻敲錾子，即可准确和顺利地起錾，起錾方法如图 8—13 所示。起錾完成后，按正常方法进行平面的錾削。錾削较窄的平面时，錾子的切削刃最好与錾削的前进方向倾斜一个角度，如图 8—14 所示，其目的是使切削刃与工件有较大的接触面，且錾子也容易掌握平稳。錾削较宽

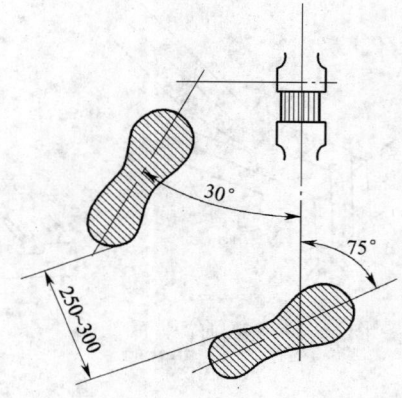

图 8—12　錾削时的站立位置

的平面时，由于切削面的宽度超过錾子的宽度，扁錾切削部分的两侧易被卡住，增大切削阻力，且不易掌握錾子，影响錾削质量。所以，一般应先用尖錾开间隔槽，再用扁錾錾去剩余部分，如图 8—15 所示。当錾削快到尽头时，必须掉头錾削；否则极易使工件边缘崩裂，形成废品。

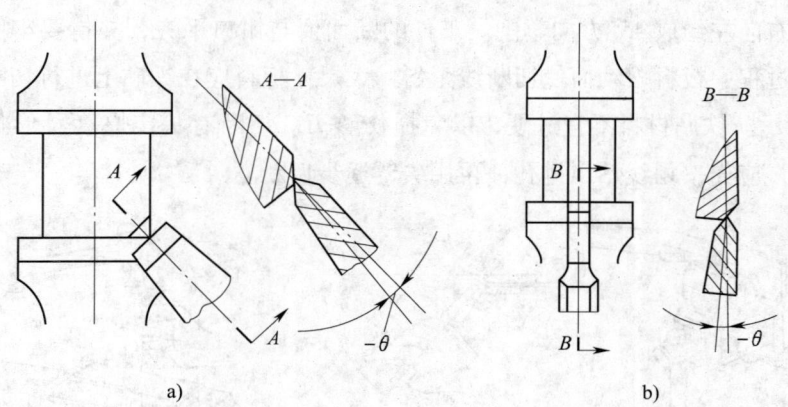

图 8—13　起錾方法
a) 斜角起錾　b) 正面起錾

2) 錾削油槽。如图 8—16 所示，錾削油槽时，首先应按图样上油槽的断面形状把油槽錾刃磨好。錾削平面上的油槽时，錾削方法与錾削平面一样。錾削曲面上的油槽时，錾子的倾斜度要随曲面不断调整，始终保持一个合适的后角。錾削油槽时要掌握好尺寸和表面粗糙度。油槽錾削后，不再用其他方法进行精加工，必要时可进行适当的修磨。

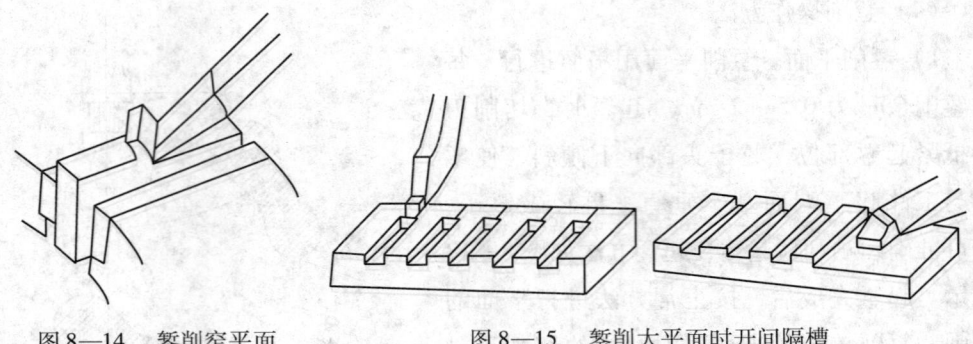

图 8—14　錾削窄平面　　　图 8—15　錾削大平面时开间隔槽

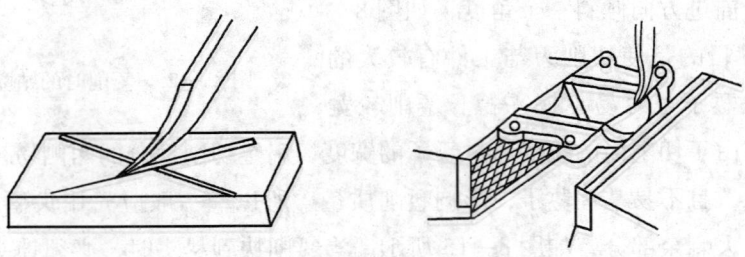

图 8—16　錾削油槽

3）錾削板料。小尺寸板料常利用台虎钳进行切断，如图 8—17a 所示，用扁錾沿钳口自右向左约成 45°方向錾削。工件的断面要与钳口平齐，夹持要牢固，以防止在切断过程中板料松动而使切断线歪斜。大尺寸板料应在铁砧上进行切断，如图 8—17b 所示。铁砧材料不宜过硬，以免损伤錾刃。切断有一定厚度及形状较复杂的板料时，应先按划线钻出排孔，再用尖錾逐步切断。

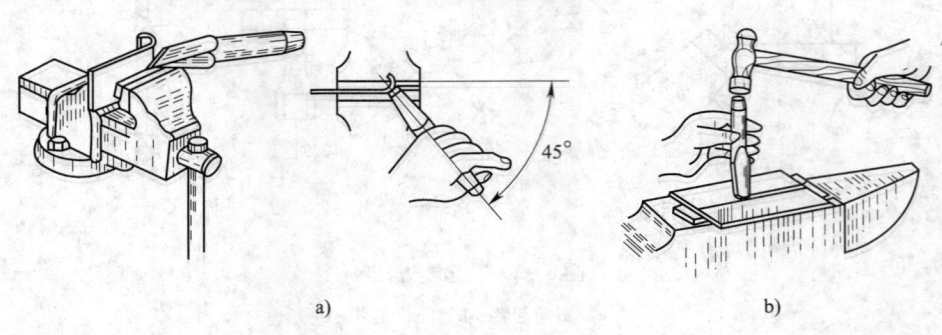

a)　　　　　　　　　　　b)

图 8—17　錾削板料

a）在台虎钳上錾削板料　b）在铁砧上錾削板料

（5）錾削的注意事项

1）錾子要保持锋利，过钝的錾子不但工作费力，錾削表面不平整，且容易打滑或伤手。

2）錾子头部有明显的毛刺时要及时磨掉，以避免铁屑碎裂飞出伤人；錾削时操作者必须戴上防护眼镜。

3）锤子木柄松动或损坏时要及时更换，以防止锤头飞出伤人。

4）錾子头部、锤子头部和柄部均不应沾油，以防止打滑。

5）操作者要掌握动作要领，錾削疲劳时应适当休息。

6）工件必须夹持稳固，伸出钳口高度为 10～15 mm，且工件下要加垫木。

二、锯削

1. 手锯

（1）手锯的组成

手锯由锯弓和锯条组成，如图 8—18 所示。

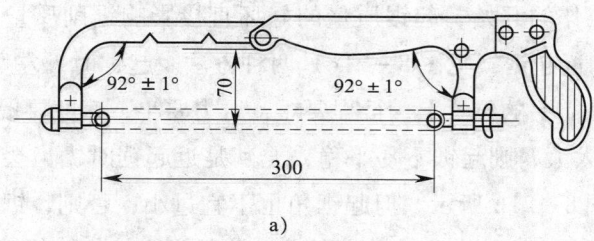

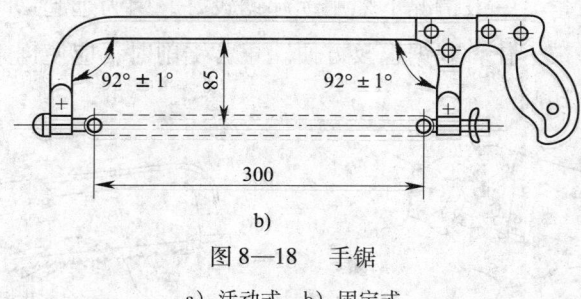

图 8—18　手锯

a）活动式　b）固定式

（2）锯条的安装

锯条是在前推时才起切削作用的，因此，安装锯条时应使齿尖的方向朝前，如图 8—19a 所示；如果装反了（见图 8—19b），则锯齿前角为负值，不能正常锯削。

2. 锯削方法

（1）手锯的握法

握持手锯时，应右手满握锯柄，左手轻扶在锯弓前端，如图 8—20 所示为手锯的握法。

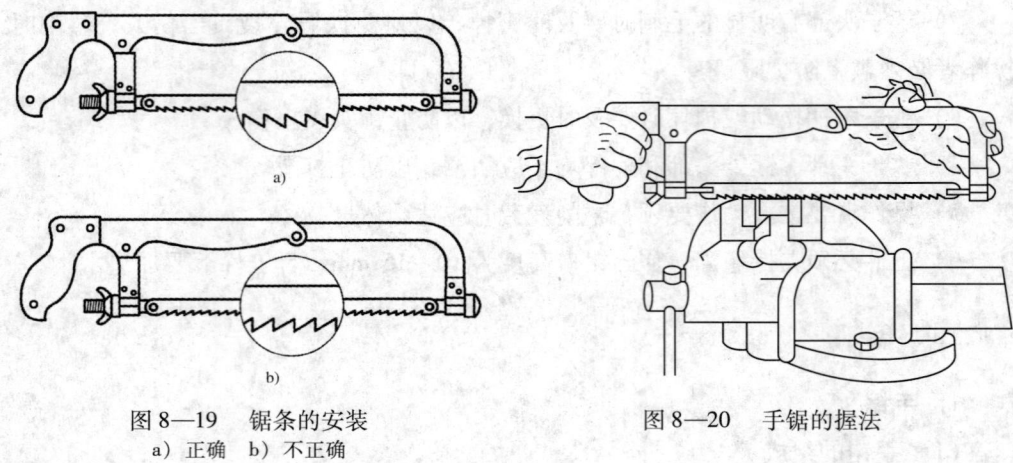

图 8—19　锯条的安装
a) 正确　b) 不正确

图 8—20　手锯的握法

（2）起锯方法

起锯是锯削工作的开始，起锯质量的好坏直接影响锯削质量。起锯有远起锯（见图 8—21a）和近起锯（见图 8—21c）两种方法。起锯时，左手拇指靠住锯条，使锯条正确地锯在需要的位置上，行程要短，压力要小，速度要慢。起锯角 θ 约为 15°。如果起锯角太大，则起锯不易平稳，尤其是近起锯时锯齿会被工件棱边卡住而引起崩裂，如图 8—21b 所示。但起锯角也不宜过小；否则，锯齿与工件同时接触的齿数较多，不易切入材料，多次起锯往往容易发生偏离，使工件表面锯出许多锯痕，影响表面质量。一般情况下采用远起锯较好，因为远起锯时锯齿是逐步切入材料的，锯齿不易被卡住，起锯也较方便。正常锯削时，应使锯条的全部有效齿在每次行程中都参加切削。

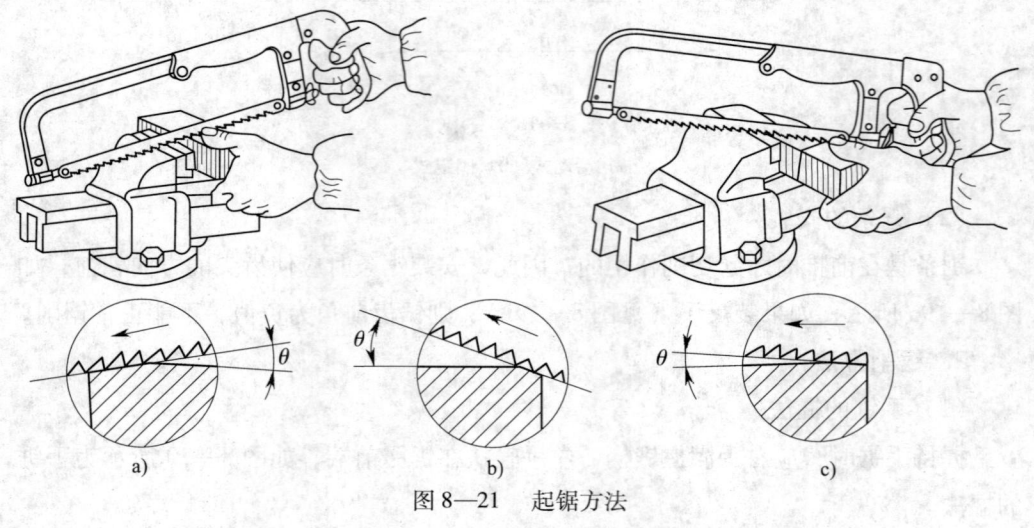

图 8—21　起锯方法
a) 远起锯　b) 起锯角太大　c) 近起锯

3. 锯削实例

(1) 棒料的锯削

如果锯削的断面要求平整，则应从开始连续锯到结束。若锯削的断面要求不高，可分几个方向锯下，这样可以提高工作效率。

(2) 管子的锯削

锯削管子前，可划出垂直于轴线的锯削线。由于锯削时对划线的精度要求不高，最简单的方法是用矩形纸条（划线边必须直）按锯削尺寸绕住工件外圆，如图 8—22 所示，然后划出锯削线，锯削时必须把管子夹正。对于薄壁管子和精加工过的管子，应夹在有 V 形槽的两块木衬垫之间，其夹持方法如图 8—23a 所示，以防止将管子夹扁或夹坏表面。

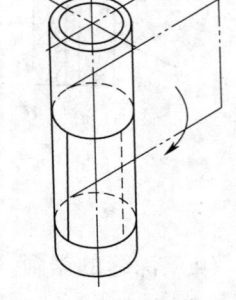

图 8—22 管子锯削线的画法

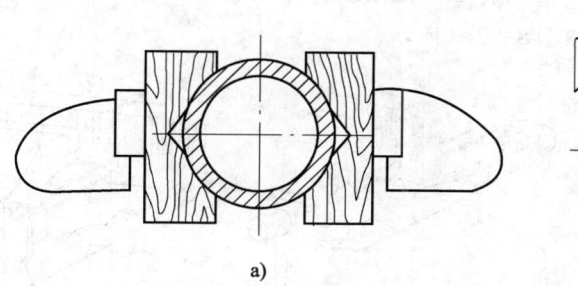
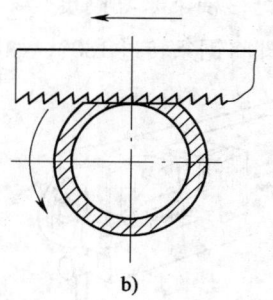

图 8—23 管子的夹持和锯削

a) 管子的夹持方法 b) 转位锯削

锯削薄壁管子时，不可以在一个方向从开始连续锯削到结束；否则，锯齿易被管壁钩住而崩裂。正确的方法是应先在一个方向锯到管子内壁处，然后把管子向推锯的方向转过一定的角度，并连接原锯缝再锯到管子的内壁处，如此逐渐改变方向，不断转锯，直到锯断为止，如图 8—23b 所示。

(3) 薄板料的锯削

锯削时应尽可能地从宽面上锯下去，当只能在板料的狭面上锯下去时，可用两块木板夹持，连木板一起锯下，这样不仅避免了锯齿被钩住，而且提高了板料的刚度，使锯削时不发生颤动，如图 8—24a 所示。也可以把薄板料直接夹在台虎钳上，用手锯沿横向斜推锯，使锯齿与薄板料接触的齿数增加，以避免锯齿崩裂，如图 8—24b 所示。

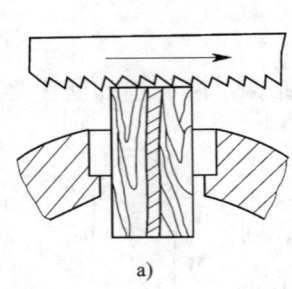 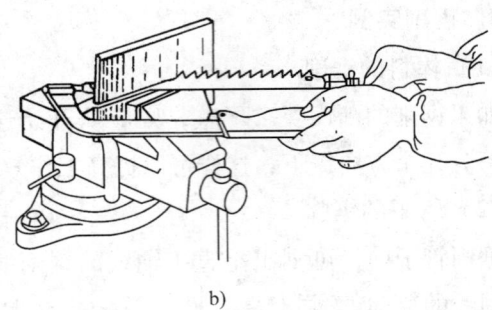

图 8—24 薄板料的锯削方法
a）用木板夹持 b）沿横向斜推锯

（4）深缝的锯削

深缝的锯削方法如图 8—25 所示。当锯缝的深度超过锯弓的高度时，如图 8—25a 所示，应将锯条转过 90°重新装夹，使锯弓转到工件的旁边，如图 8—25b 所示；当锯弓横下来其高度仍不够时，也可把锯条装夹成使锯齿朝向锯内的方式进行锯削，即将锯条转过 180°，如图 8—25c 所示。

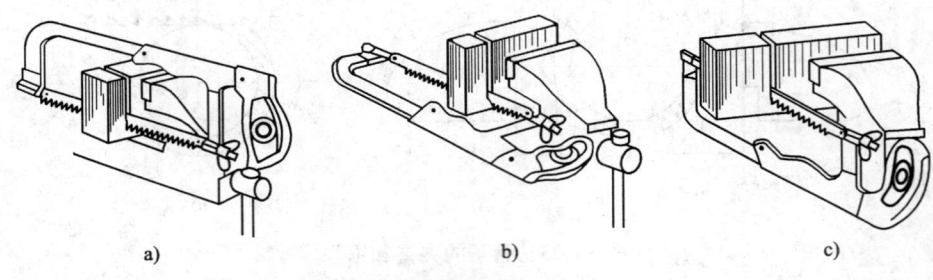

图 8—25 深缝的锯削方法
a）正常锯削 b）锯条转 90°锯削 c）锯条转 180°锯削

三、锉削

1. 锉刀

（1）锉刀的组成

锉刀由锉身和锉柄两部分组成。锉刀各部分的名称如图 8—26 所示。锉刀面是锉削的主要工作面，锉刀舌则用来装锉刀柄。

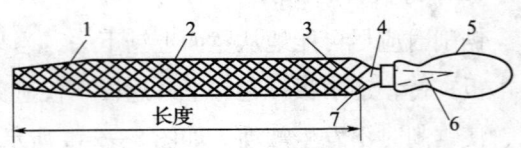

图 8—26 锉刀各部分的名称
1—锉刀面 2—锉刀边 3—底齿
4—锉刀尾 5—木柄 6—锉刀舌 7—面齿

（2）锉刀的种类

锉刀按用途不同，可分为钳工

锉、异形锉和整形锉三种。

钳工锉按其断面形状不同可分为平锉（旧称板锉）、方锉、三角锉、半圆锉和圆锉五种。

异形锉有刀口锉、菱形锉、扁三角锉、椭圆锉、圆肚锉等。异形锉主要用于锉削工件上特殊的表面。

整形锉又称什锦锉，主要用于修整工件上细小的表面。

（3）锉刀的选用与保养

1）锉刀的选用。每种锉刀都有其主要用途，应根据工件表面形状和尺寸大小来选用，如图 8—27 所示。

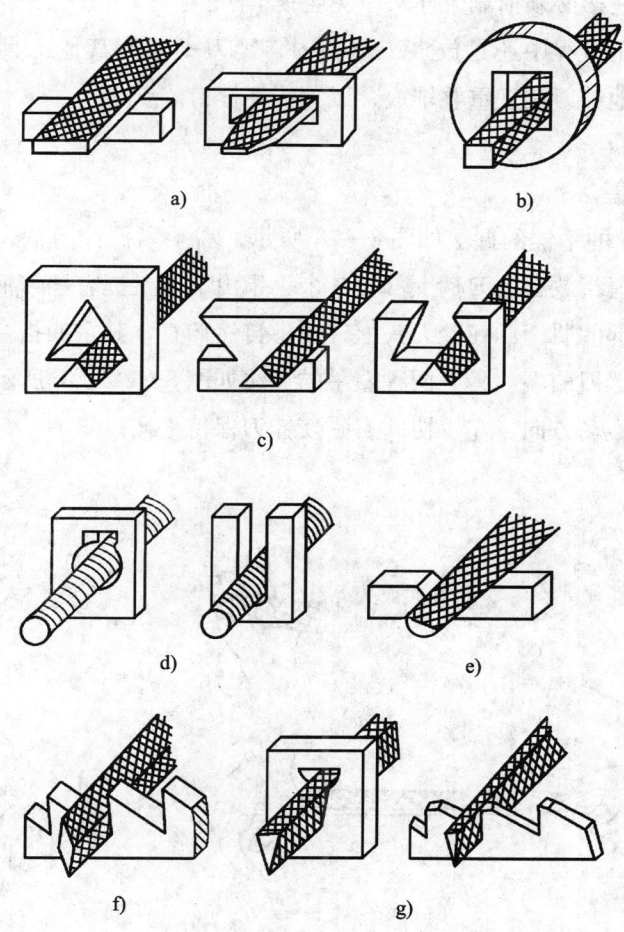

图 8—27　锉刀的选用

a）平锉　b）方锉　c）三角锉　d）圆锉　e）半圆锉　f）菱形锉　g）刀口锉

2）锉刀的保养

①新锉刀要先使用一面，用钝后再使用另一面。

②在粗锉时，应充分使用锉刀的有效全长，这样既可提高锉削效率，又可避免锉齿局部磨损。

③锉刀上不能沾油和水。

④如锉屑嵌入齿缝内，必须及时用钢丝刷沿着锉齿的纹路进行清除。

⑤不能锉毛坯上的硬皮及经过淬硬的工件。

⑥铸件表面如有硬皮，应先用砂轮磨去或用旧锉刀和锉刀的有齿侧边将其锉去，然后再进行正常的锉削加工。

⑦锉刀使用完毕必须清刷干净，以免生锈。

⑧无论是使用过程中还是放入工具箱内，锉刀不能与其他工具或工件放在一起，也不能与其他锉刀相互重叠堆放，以免损坏锉齿。

2．锉削方法

（1）锉刀的握法

大于 250 mm 的平锉的握法如图 8—28 所示，右手紧握锉刀柄，柄端抵在拇指根部的手掌处，拇指放在锉刀柄上部，其余手指由下而上握着锉刀柄；左手的基本握法是将拇指根部的肌肉压在锉刀头上，拇指自然伸直，其余四指弯向手心，用中指、无名指捏住锉刀前端。另有两种左手的握法如图 8—28b，c 所示。锉削时右手推动锉刀并决定推动方向，左手协同右手使锉刀保持平衡。

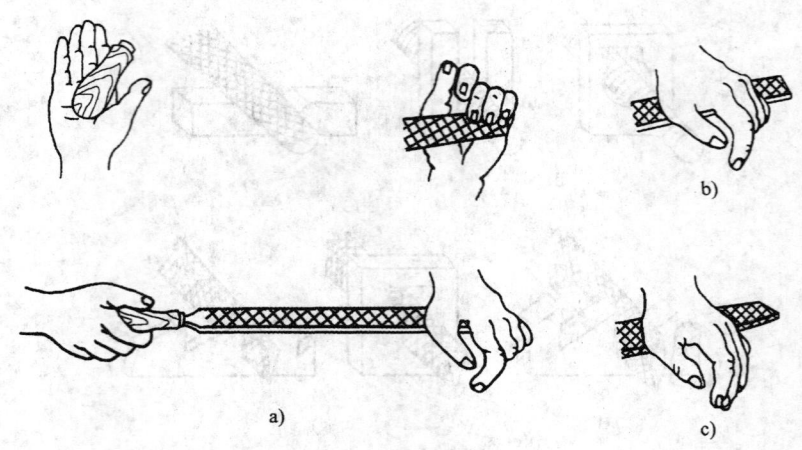

图 8—28　大平锉的握法
a) 锉刀的握法　b)，c) 左手的另外握法

（2）锉削姿势

锉削时的站立步位及姿势如图 8—29 所示，锉削动作如图 8—30 所示。两手握住锉刀放在工件上面，左臂弯曲，小臂与工件锉削面的左右方向保持基本平行，动作要自然。锉削时，身体先于锉刀与之一起向前，右脚伸直并稍向前倾，重心在左脚，左膝部呈弯曲状态。当锉刀锉至约 3/4 行程时，身体停止向前，两臂则继续将锉刀向前锉到头，同时，左脚自然伸直并随着锉削时的反作用力将身体重心后移恢复原位，并顺势将锉刀收回。当锉刀收回将近结束时，身体又开始先于锉刀前倾，做第二次锉削的向前运动。

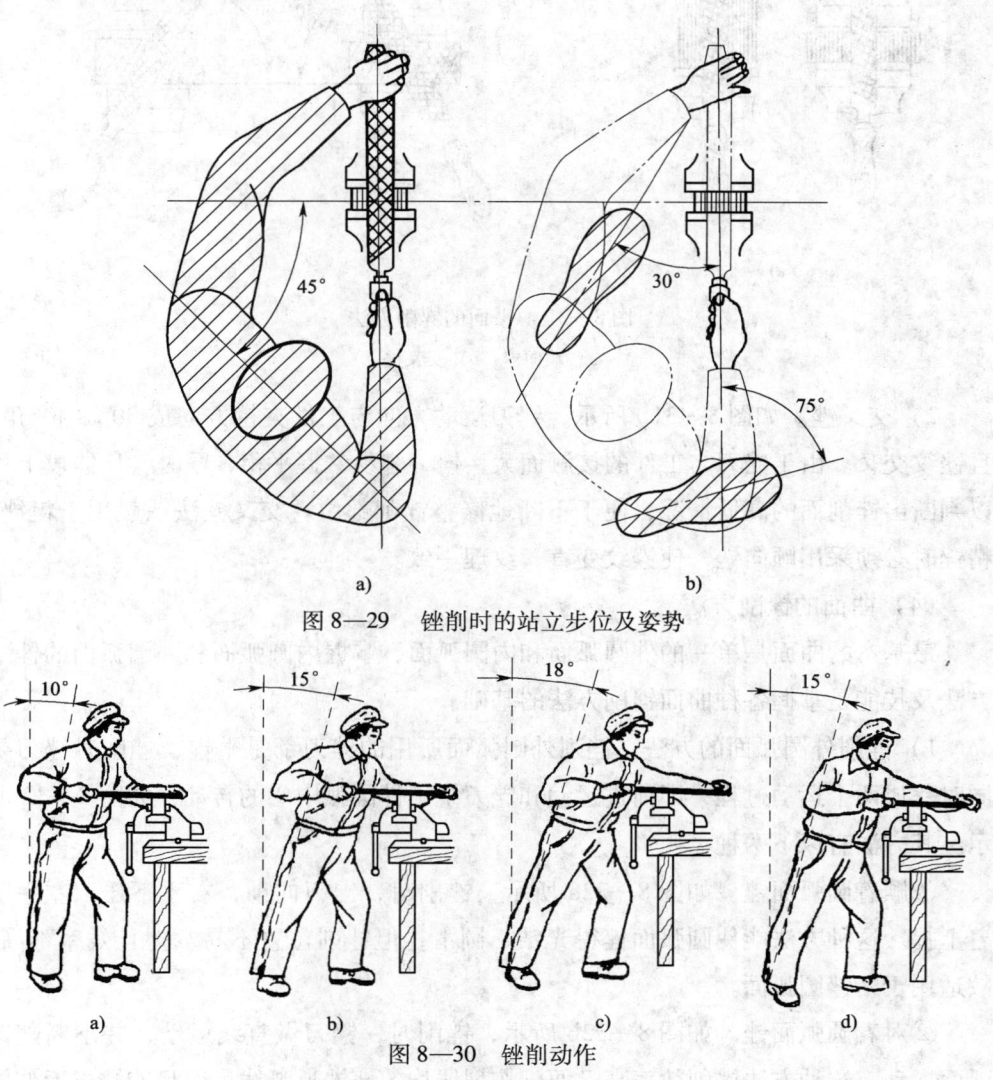

图 8—29 锉削时的站立步位及姿势

图 8—30 锉削动作

(3) 平面的锉削方法

1) 顺向锉。如图 8—31a 所示，锉刀运动方向与工件的夹持方向始终一致。在锉宽平面时，为使整个加工表面能均匀地锉削，每次退回锉刀时应在横向做适当的移动。顺向锉的锉纹整齐一致，比较美观，是最基本的一种锉法。

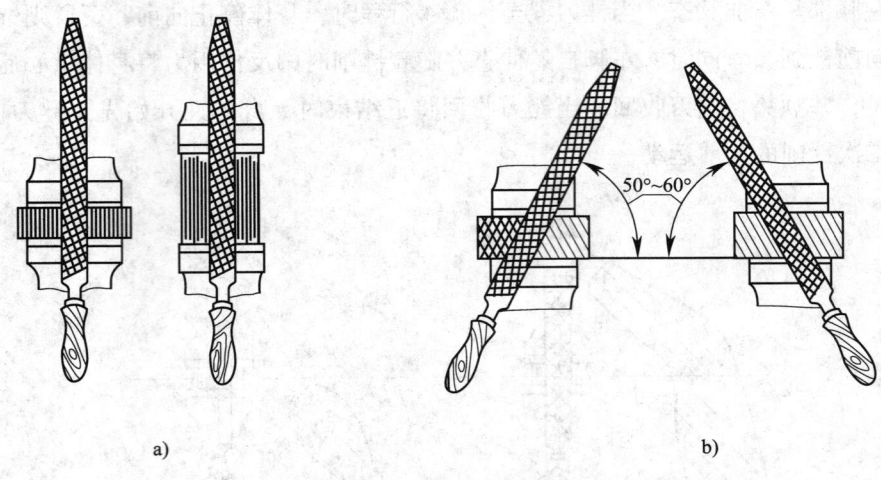

图 8—31　平面的锉削方法
a) 顺向锉　b) 交叉锉

2) 交叉锉。如图 8—31b 所示，锉刀运动方向与工件夹持方向成 30°~40°角，且锉纹交叉。由于锉刀与工件的接触面大，锉刀容易掌握平稳，同时，从锉痕上可以判断出锉削面的高低情况，便于不断地修整锉削部位。交叉锉法一般用于粗锉，精锉时必须采用顺向锉，使锉纹变直，纹理一致。

(4) 曲面的锉削方法

最基本的曲面是单一的外圆弧面和内圆弧面，掌握内圆弧面和外圆弧面的锉削方法及技能是掌握各种曲面锉削方法的基础。

1) 锉削外圆弧面的方法。锉削外圆弧面所用的锉刀都是平锉，锉削时锉刀要同时完成两个运动过程，即前进运动和锉刀绕工件圆弧中心的转动，如图 8—32 所示。其方法有以下两种：

①顺着圆弧面锉。如图 8—32a 所示，锉削时，锉刀向前，右手下压，左手随着上提。这种方法能使圆弧面锉得光洁、圆滑，但锉削位置不易掌握且效率不高，故适用于精锉圆弧面。

②对着圆弧面锉。如图 8—32b 所示，锉削时，锉刀做直线运动，并不断随圆弧面摆动。这种方法锉削效率高且便于按划线均匀地锉近弧线，但只能锉成近似圆弧面的多棱形面，故适用于圆弧面的粗加工。

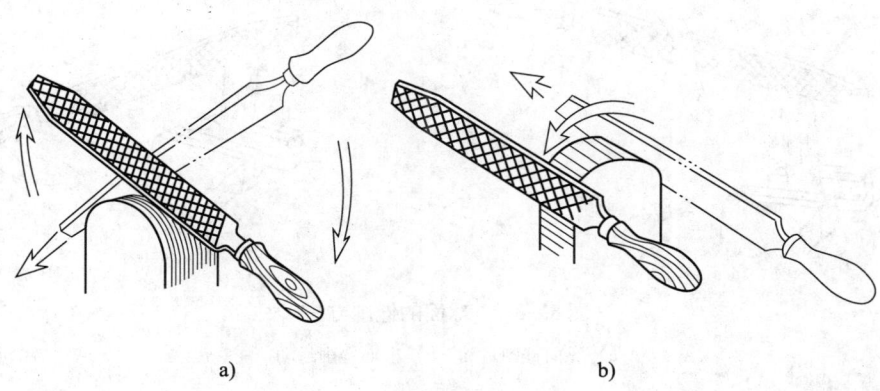

图 8—32 外圆弧面的锉削方法
a) 顺着圆弧面锉 b) 对着圆弧面锉

2) 锉削内圆弧面的方法。锉削内圆弧面的锉刀可选用圆锉或整形锉（圆弧半径较小时）、半圆锉、方锉（圆弧半径较大时）。锉削时锉刀要同时完成三个运动过程，即前进运动、随圆弧面向左或向右移动以及绕锉刀中心转动，其锉削方法如图 8—33 所示。这样才能保证锉出的圆弧面光滑、准确。

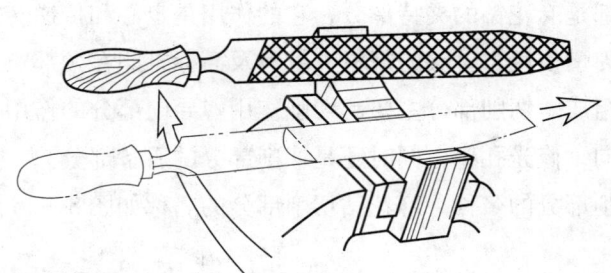

图 8—33 内圆弧面的锉削方法

3) 平面与曲面的连接方法。在一般情况下，应先加工平面、后加工曲面，这样便于曲面与平面圆滑连接。如果先加工曲面、后加工平面，则在加工平面时，由于锉刀侧面无依靠（平面与内圆弧面连接时）而产生左右移动，使已加工曲面损伤，同时连接处也不易锉得圆滑，或圆弧不能与平面相切（平面与外圆弧面连接时）。

4) 球面的锉削方法。锉削圆柱形工件端部的球面时，锉刀要以纵向和横向两种锉削运动相结合进行，才能获得所要求的球面，如图 8—34 所示。

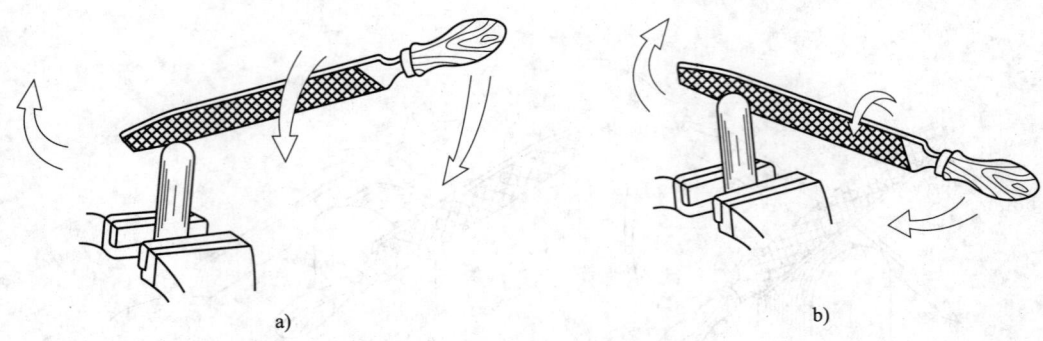

图 8—34 球面的锉削方法
a) 纵向锉削运动 b) 横向锉削运动

四、钻孔、扩孔、锪孔、铰孔与螺纹加工

1. 钻孔

（1）麻花钻

1）麻花钻的结构及各部分名称

①麻花钻的结构。麻花钻由柄部、颈部和工作部分组成，如图 8—35 所示。麻花钻有直柄式和锥柄式两种。一般钻头直径小于 13 mm 的制成直柄，大于 13 mm 的制成锥柄。柄部是麻花钻的夹持部分，它的作用是定心和传递转矩。颈部在磨削麻花钻时作为退刀槽使用，钻头的规格、材料及商标打印在颈部。工作部分由切削部分和导向部分组成。切削部分主要起切削作用。导向部分的作用不仅是保证钻头钻孔时的正确方向，修光孔壁，同时还是切削部分的后备部分。

②麻花钻切削部分的名称。麻花钻切削部分的名称如图 8—36 所示。

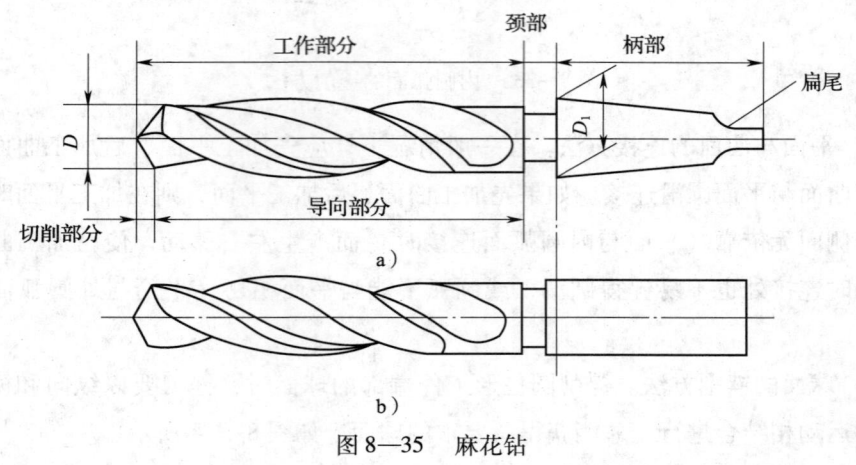

图 8—35 麻花钻
a) 锥柄式 b) 直柄式

2) 麻花钻的刃磨

①两手握法。右手握住麻花钻的头部,左手握住柄部,如图8—37所示。

②麻花钻与砂轮的相对位置。麻花钻刃磨时与砂轮的相对位置如图8—37所示。麻花钻轴线与砂轮母线在水平面内的夹角等于顶角2φ的一半,被刃磨部分的主切削刃处于水平位置,如图8—37a所示。

③刃磨动作。将主切削刃在略高于砂轮中心的水平面处先接触砂轮,其接触位置如图8—37b所示。右手缓慢地使麻花钻绕其轴线由下向上转

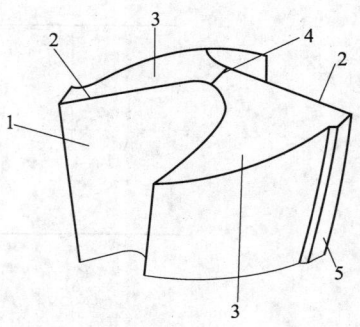

图8—36 麻花钻切削部分的名称
1—前面 2—主切削刃 3—主后面
4—横刃 5—棱边

动,同时施加适当的刃磨压力,这样可以磨到整个主后面。左手配合右手做缓慢的同步下压运动,刃磨压力逐渐加大,这样便于磨出后角,其下压时的速度及幅度与要磨成的后角大小有关;为保证麻花钻近中心处磨出较大的后角,还应做适当的右移运动。刃磨时两手动作配合要协调、自然。按此不断反复,两主后面经常轮换,直至达到刃磨要求为止。

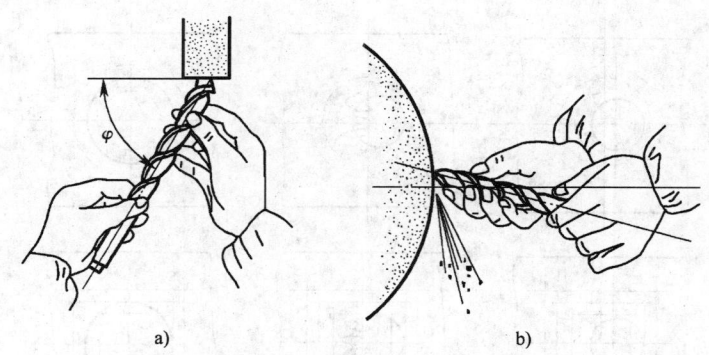

图8—37 麻花钻刃磨时与砂轮的相对位置
a) 麻花钻轴线与砂轮母线的夹角为φ b) 麻花钻刃磨时与砂轮的接触位置

(2) 钻孔方法

1) 在工件上划线。按钻孔的位置尺寸要求,划出孔位的十字中心线,打上中心样冲眼(要求冲点要小,位置要准)。按孔的大小划出孔的圆周线。钻直径较大的孔时,还应划出几个大小不等的检查圆,如图8—38a所示,以便钻孔时检查和找正钻孔位置。当钻孔的位置尺寸要求较高时,为了避免敲击中心样冲眼时所产生的偏差,也可直接划出以孔中心线为对称中心的几个大小不等的检查方框,作为钻孔时的检查线,如图8—38b所示,然后将中心样冲眼敲大,以便准确落钻定心。

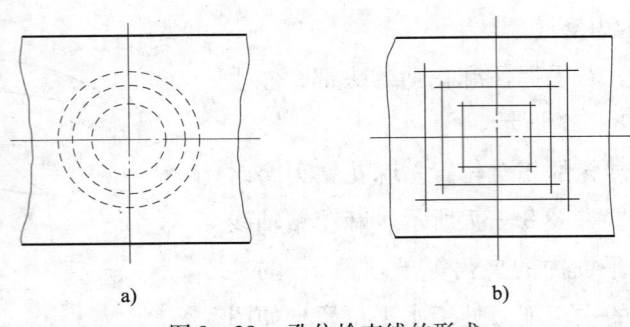

图 8—38　孔位检查线的形式
a) 检查圆　b) 检查方框

2) 起钻。钻孔时先使钻头对准钻孔中心钻出一浅坑,观察钻孔位置是否正确,并要不断校正,使浅坑与划线圆同轴。孔偏位时的找正方法是:偏位较少时,可在起钻的同时用力将工件向偏位的反方向推移,达到逐步校正的目的;偏位较多时,可在校正方向打上几个样冲眼或用油槽錾錾出几条槽,如图 8—39 所示,以减小此处的钻削阻力,校正起钻偏位的孔。无论何种校正方法,都必须在锥坑外圆小于钻头直径时完成,这是保证钻孔位置精度的重要一环。如果起钻锥坑外圆已经达到孔径,而孔位仍偏移,再校正就困难了。

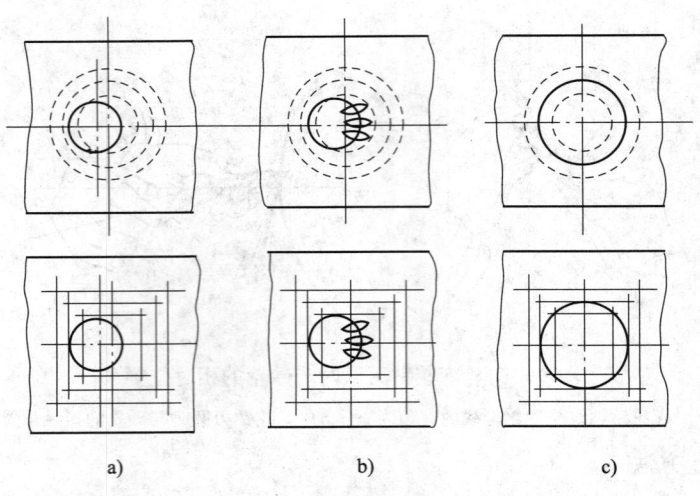

图 8—39　通过錾槽来校正起钻偏位的孔
a) 起钻中心偏移　b) 找正方法　c) 已找正

3) 手动进给操作。当起钻达到钻孔的位置要求时,即可压紧工件完成钻孔。手动进给时,进给用力不应使钻头产生弯曲现象,以免钻孔时轴线歪斜,如图 8—40 所示。钻小直径孔或深孔时,进给力要小,并要经常退出钻头排屑,以免切屑阻塞而扭断钻头,一般在钻孔深度达到直径的 3 倍时,一定要退出钻头排屑;孔将钻穿时,进给力必须减小,以防止因进给量突然增大而增大切削抗力,造成钻头折断,或使工件随着钻头转动而造成事故。

(3) 注意事项

1) 严格遵守钻床操作规程,严禁戴手套操作。

2) 钻孔过程中需要检测时,必须先停车后检测。

3) 钻孔时,机床用平口虎钳的手柄端(活动钳身)应放置在钻床工作台的左向,以防止因转矩过大而造成平口虎钳落地伤人。

2. 扩孔与锪孔

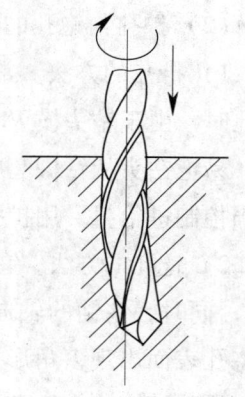

图 8—40 钻孔时轴线歪斜

(1) 扩孔钻与锪钻简介

1) 扩孔钻。扩孔钻有高速钢扩孔钻和硬质合金扩孔钻两种,如图 8—41 所示。

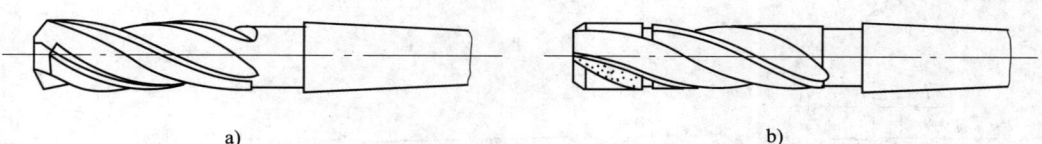

图 8—41 扩孔钻
a) 高速钢扩孔钻 b) 硬质合金扩孔钻

2) 锪钻。锪钻有柱形锪钻、锥形锪钻和端面锪钻等,其应用如图 8—42 所示。

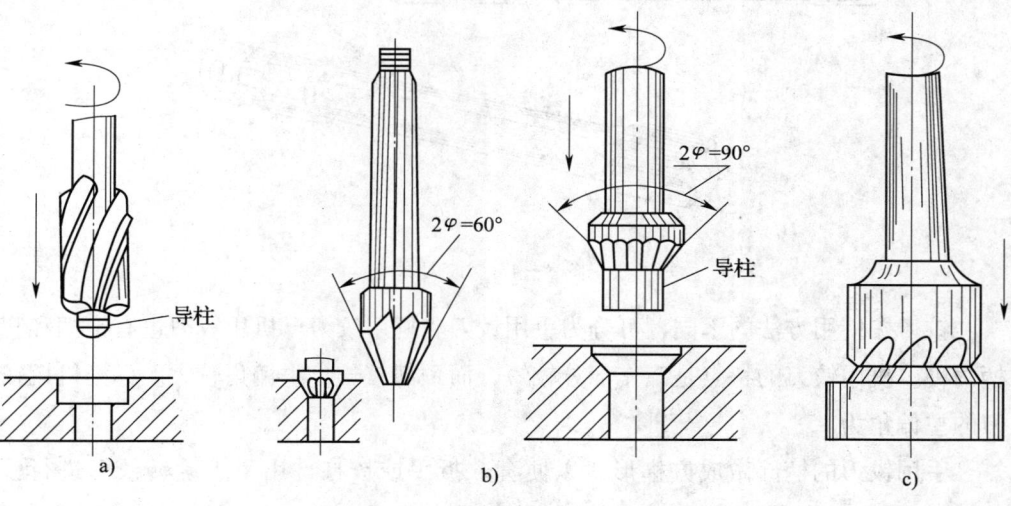

图 8—42 锪钻的应用
a) 锪圆柱形孔 b) 锪锥形孔 c) 锪孔口和凸台平面

(2) 扩孔与锪孔的方法

1) 扩孔的方法。常用的扩孔方法有用麻花钻扩孔和用扩孔钻扩孔。用麻花钻扩孔时，由于钻头横刃不参加切削，轴向力小，进给省力。但因钻头外缘处前角较大，易把钻头从钻头套中拉下来，所以，应把钻头外缘处的前角修磨得小一些，并适当控制进给量。用扩孔钻扩孔时，进给量可选得大一些。

2) 锪孔的方法。锪孔时的切削速度应比钻孔低，一般为钻孔切削速度的1/3～1/2；同时，锪钻的轴向抗力较小，因此，手动进给时压力不宜过大，并要均匀。当锪孔表面出现多角形振纹等情况时，应立即停止加工，找出问题并及时修整。为控制锪孔深度，在锪孔前可对钻床主轴（锪钻）的进给深度用钻床上的深度尺和定位螺母进行调整后定位。

3. 铰孔

(1) 铰刀的种类及特点

铰刀由柄部、颈部和工作部分组成，如图8—43所示。

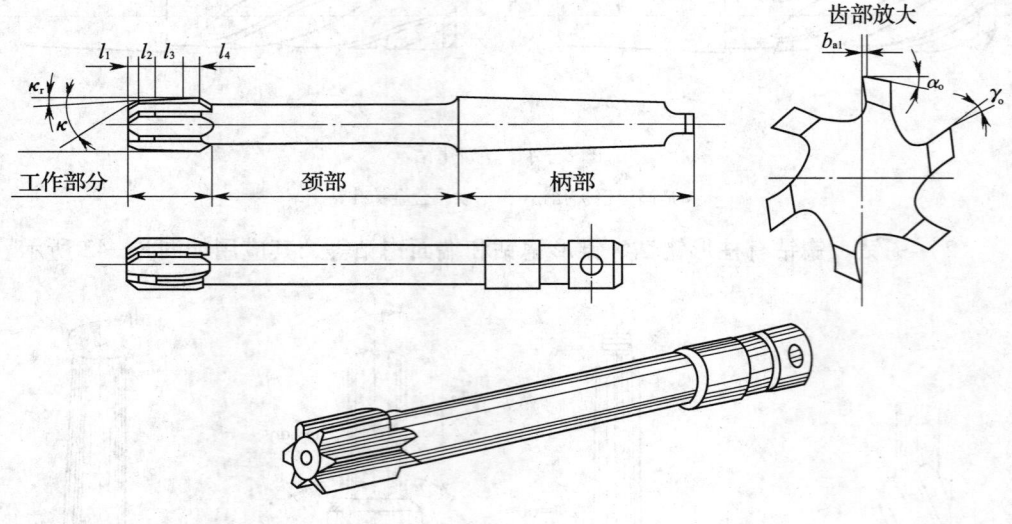

图8—43 铰刀

铰刀按使用方法的不同，可分为手用铰刀和机用铰刀。机用铰刀也有锥柄和直柄两种。机用铰刀的特点是工作部分较短，而颈部较长，主偏角较大。标准机用铰刀的主偏角为15°。

手用铰刀的柄部做成方榫形，以便套入扳手或铰杠，用手工旋转铰刀进行铰孔。手用铰刀的工作部分较长，主偏角较小，一般为40′～4°。铰刀按切削部分材料不同，可分为高速钢铰刀和硬质合金铰刀两种。铰刀按外部形状不同，又可分为直槽铰刀、锥铰刀和螺旋槽铰刀。螺旋槽手用铰刀如图8—44所示，特别适用于铰削带有键槽的内孔。

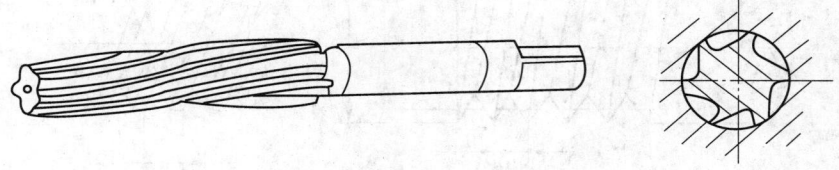

图8—44　螺旋槽手用铰刀

（2）铰孔的方法

1）铰削余量的确定。铰削余量是由上道工序（钻孔或扩孔）留下来的在直径方向的余量。铰削余量既不能太大，也不能太小。余量太大，会使刀齿切削刃负荷增大，变形增加，使铰出的孔径尺寸精度降低，表面粗糙度值增大；余量太小，上道工序残留变形难以纠正，原切削痕迹不能去除，影响孔的形状精度和表面粗糙度。用高速钢标准铰刀铰孔时的铰削余量见表8—1。

表8—1		铰削余量			mm
铰孔直径	<5	5~20	21~32	33~50	51~70
铰削余量	0.1~0.2	0.2~0.3	0.3	0.5	0.8

2）铰削的切削速度与进给量。用高速钢铰刀铰削钢件时，$v=4\sim 8$ m/min；铰削铸铁件时，$v=6\sim 8$ m/min；铰削铜件时，$v=8\sim 12$ m/min。铰削钢件及铸铁件时，$f=0.5\sim 1$ mm/r；铰削铜或铝材料时，$f=1\sim 1.2$ mm/r。

4．攻螺纹和套螺纹

（1）螺纹的种类

螺纹的种类较多，主要有普通螺纹、梯形螺纹、矩形螺纹、锯齿形螺纹和管螺纹等。应用较多的是普通螺纹和梯形螺纹。

（2）螺纹的基本尺寸和代号

1）基本尺寸。螺纹的基本尺寸有螺纹牙型角（α）、螺距（P）、导程（P_h）、螺纹大径（外螺纹d及内螺纹D）、螺纹小径（外螺纹d_1及内螺纹D_1）、螺纹中径（外螺纹d_2及内螺纹D_2）、螺旋升角λ等，如图8—45所示。

2）螺纹代号。普通螺纹分为粗牙普通螺纹和细牙普通螺纹，粗牙普通螺纹的代号用字母"M"及"公称直径"表示，如M16和M8等；细牙普通螺纹的代号用字母"M"及"公称直径×螺距"表示，如M20×1.5和M10×1等。

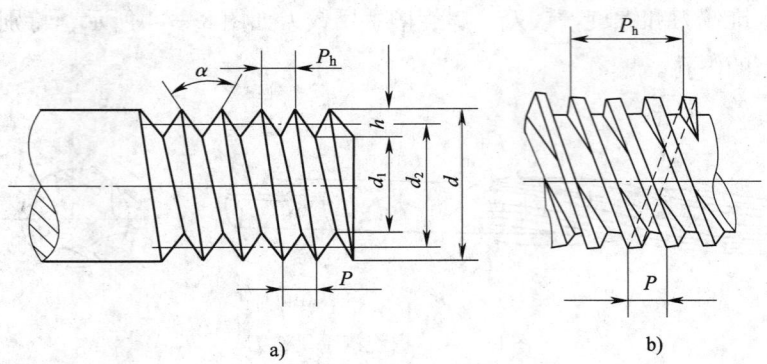

图 8—45　螺纹的基本尺寸
a）单线螺纹　b）三线螺纹

(3) 普通内螺纹的加工

1) 内螺纹的加工工具

①丝锥。丝锥是加工内螺纹的工具，分为手用丝锥和机用丝锥，如图 8—46 所示。丝锥由柄部和工作部分组成。柄部是攻螺纹时被夹持的部分，起传递转矩的作用。工作部分由切削部分 L_1 和校准部分 L_2 组成，切削部分的前角 $\gamma_o = 8° \sim 10°$，后角 $\alpha_o = 6° \sim 8°$，起切削作用；校准部分有完整的牙型，用来修光和校准已切出的螺纹，并引导丝锥沿轴向前进。校准部分的后角为 0°。

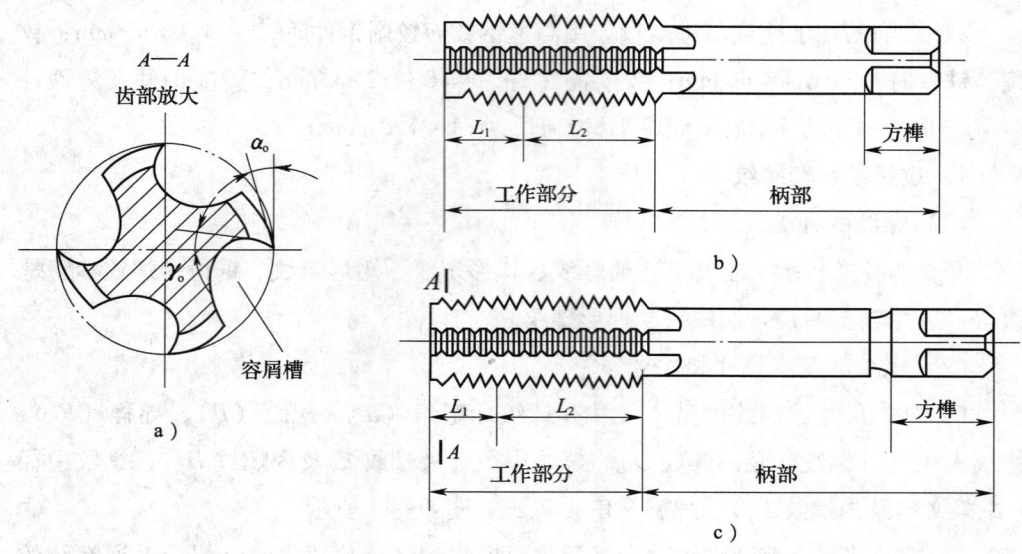

图 8—46　丝锥
a）切削部分齿部放大图　b）手用丝锥　c）机用丝锥

②铰杠。铰杠是手工攻螺纹时用来夹持丝锥的工具。铰杠分为普通铰杠和T形铰杠两类，分别如图8—47和图8—48所示。每类铰杠又分为固定式和活络式两种。

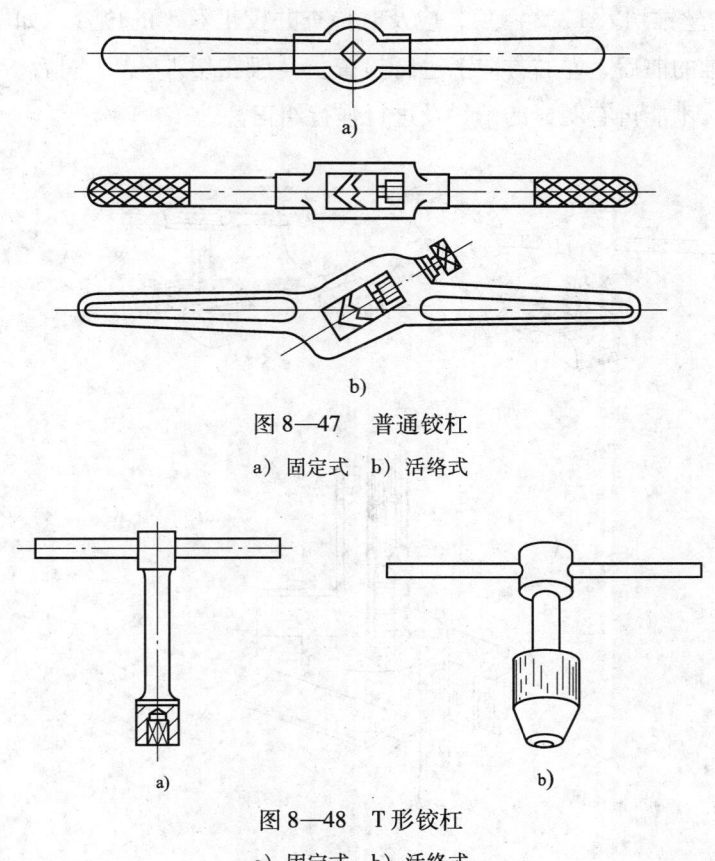

图8—47　普通铰杠
a) 固定式　b) 活络式

图8—48　T形铰杠
a) 固定式　b) 活络式

2）攻螺纹前底孔深度的确定方法。攻盲孔螺纹时，由于丝锥切削部分有锥角，端部不能攻出完整的螺纹牙型，所以钻孔深度要大于螺纹的有效长度。钻孔深度的计算公式为：

$$H_{深} = h_{有效} + 0.7D$$

式中　$H_{深}$——孔底深度，mm；

　　　$h_{有效}$——螺纹有效长度，mm；

　　　D——螺纹大径，mm。

3）攻螺纹的方法

①攻螺纹前要对底孔孔口倒角，且倒角处的直径应略大于螺纹大径，通孔螺纹两端都要倒角。这样使丝锥开始起攻时容易切入材料，并能防止孔口被挤压出凸边。工件的装夹位置应尽量使螺孔中心线置于水平或垂直位置，使攻螺纹时容易判

断丝锥轴线是否垂直于工件平面。

②起攻时,要把丝锥在孔口处放正,然后对丝锥加压力并转动铰杠,如图8—49a所示;当丝锥切入1~2圈后,应及时检查并校正丝锥的位置,如图8—49b所示,应在丝锥的前后、左右方向上进行检查。一般在切入3~4圈后,丝锥的位置应正确无误,不能再有明显的偏斜及进行强行纠正。

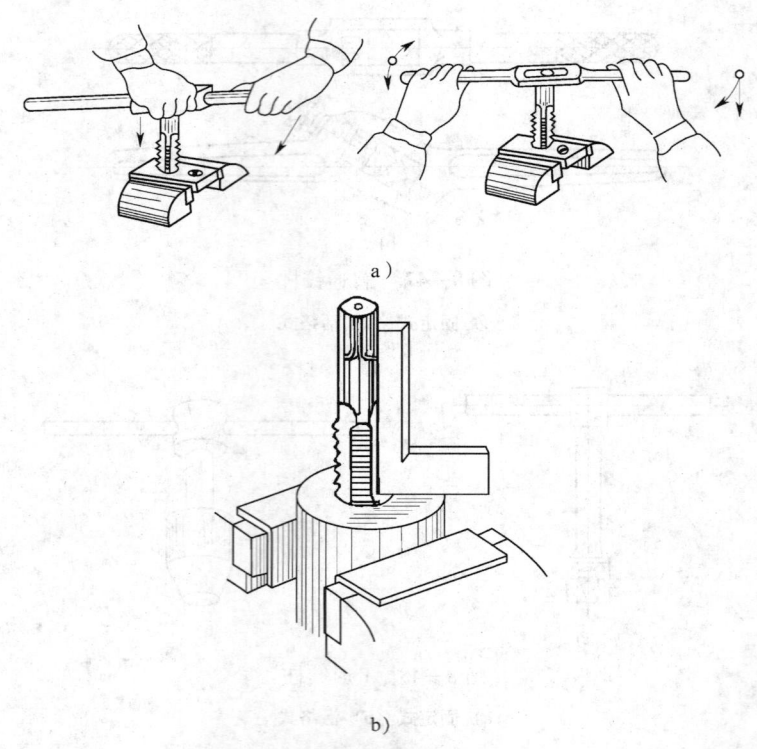

图8—49 攻螺纹方法
a) 起攻 b) 检查丝锥的位置

③当丝锥的切削部分全部切入工件后,只需转动铰杠即可,不能再对丝锥施加压力;否则螺纹将被破坏。攻螺纹时,丝锥要经常倒转1/4~1/2圈,使切屑碎断后容易排出,避免因切屑阻塞而使丝锥卡死。

④攻盲孔螺纹时,要经常退出丝锥,排出孔内的切屑;否则会因切屑阻塞而使丝锥折断或达不到螺纹深度要求。当工件不便倒向时,可用磁性针棒吸出切屑。

⑤攻塑性材料的螺孔时,要加注切削液,以减小切削阻力,减小螺孔的表面粗糙度值,延长丝锥的使用寿命。

⑥用成组丝锥攻螺纹时,必须以头锥、二锥、三锥的顺序攻至标准尺寸。在较硬的材料上攻螺纹时,可用各丝锥轮换交替进行,以减小切削部分的负荷,防止丝

锥折断。

(4) 普通外螺纹的加工

1) 圆板牙。圆板牙是外螺纹的加工工具，分为封闭式和开槽式两种结构，如图 8—50 所示。

2) 套螺纹的方法

①为了使圆板牙容易切入材料，套螺纹时圆杆端要倒成锥角，如图 8—51 所示。锥体的最小直径应比螺纹小径略小，以避免螺纹端部出现锐边和卷边。

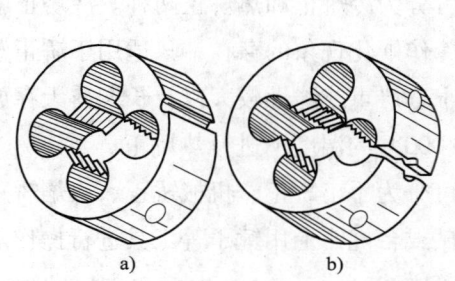
图 8—50 圆板牙
a) 封闭式　b) 开槽式

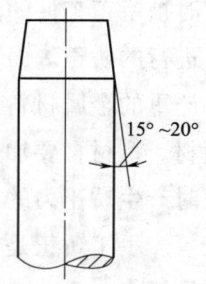
图 8—51 套螺纹时圆杆端倒锥角

②套螺纹时切削力矩较大，圆杆类工件要用 V 形钳口或厚铜板作为衬垫，才能牢固地夹持。

③起套时，要使圆板牙的端面与圆杆轴线垂直。要在转动圆板牙时施加轴向力，转动要慢，压力要大。当圆板牙切入材料 2~3 圈时，要及时检查并校正圆板牙的位置；否则，切出的螺纹牙型一面深一面浅，甚至出现乱牙。

④起套完成转为正常套螺纹时，不要加压，让圆板牙自然引进，以免损坏螺纹和圆板牙；并要经常倒转断屑。

⑤在钢件上套螺纹要加注切削液，以减小螺纹的表面粗糙度值，延长圆板牙的使用寿命。

五、矫正

1. 矫正的概念

消除金属板材和型材的不平、不直或翘曲等缺陷的操作称为矫正。金属板材和型材不平、不直或翘曲，主要是由于在轧制或剪切等外力作用下，材料内部组织发生变化所产生的残余应力引起的变形；另外，原材料在运输和存放时处理不当，也会引起变形。

金属材料的变形有两种，一种是弹性变形；另一种是塑性变形。矫正是针对塑性变形而言的，因此只有塑性好的金属材料才能矫正。

金属板材、型材矫正的实质就是使它产生新的塑性变形，从而消除原有的不平、不直或翘曲变形。在矫正过程中，金属板材、型材要产生新的塑性变形，它的内部组织要发生变化。所以，矫正后金属材料硬度提高，性质变脆，这种现象叫做冷作硬化。冷作硬化后的材料给进一步的矫正或其他冷加工带来困难，必要时可进行退火，使材料恢复到原来的力学性能。

按矫正时被矫正工件的温度分类，可分为冷矫正和热矫正两种。冷矫正就是在常温条件下进行的矫正。由于冷矫正时冷作硬化现象的存在，只适用于矫正塑性较好、变形不严重的金属材料。对于变形十分严重或脆性较大以及长期露天存放而生锈的金属板材、型材，要加热到 700～1 000℃ 的温度下进行热矫正。

按矫正时产生矫正力的方法分类，可分为手工矫正、机械矫正、火焰矫正和高频热点矫正等。手工矫正是在平板、铁砧或台虎钳上用锤子等工具进行操作的，矫正时一般采用锤击、弯曲、延展和伸张等方法。

2．手工矫正的工具

（1）平板、铁砧和台虎钳

平板、铁砧和台虎钳是矫正板材、型材的基座。

（2）软锤子和硬锤子

矫正一般材料时，通常使用钳工锤子和方头锤子等硬锤子。矫正已加工过的表面、薄钢件或有色金属制件时，应使用铜锤、木锤、橡皮锤等软锤子。如图 8—52 所示为用木锤矫正板料。

（3）抽条和拍板

抽条是采用条状薄板料弯成的简易手工工具，用于抽打较大面积的板料，如图 8—53 所示为用抽条抽平板料。拍板是用质地较硬的檀木制成的专用工具，用于敲打板料。

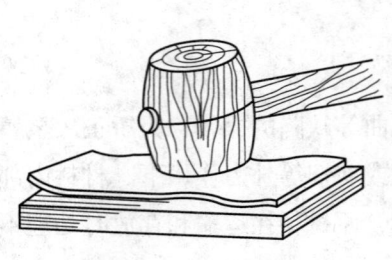
图 8—52　用木锤矫正板料

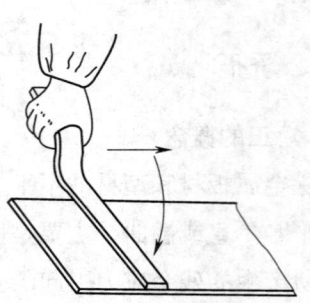
图 8—53　用抽条抽平板料

(4) 螺旋压力工具

螺旋压力工具适用于矫正较大的轴类零件或棒料,如图 8—54 所示为用螺旋压力工具矫直轴类零件。

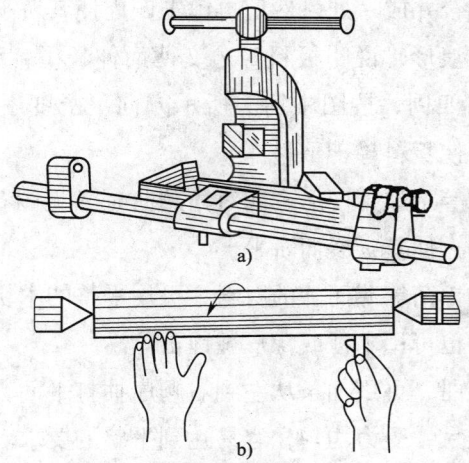

图 8—54 用螺旋压力工具矫直轴类零件
a) 矫正 b) 检查

(5) 检验工具

检验工具包括平板、90°角尺、钢直尺和百分表等。

3. 手工矫正的方法

(1) 板料的矫平

金属薄板(厚度小于 4 mm 的板材)和厚板(厚度大于 4 mm 的板材)的矫正方法不同,薄板最容易出现中部凸起、边缘呈波浪形以及翘曲等变形,可采用延展法矫平,如图 8—55 所示。

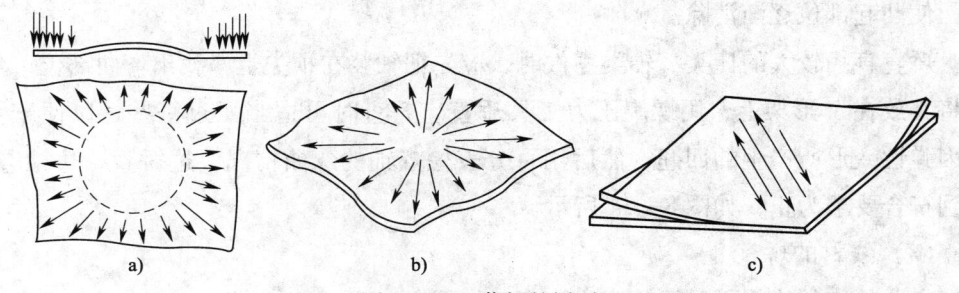

图 8—55 薄板的矫平
a) 中间凸起 b) 边缘呈波浪形 c) 对角翘

薄板中间凸起是由于变形后中间材料变薄而引起的,矫正时可锤击板料边缘,使边缘材料延展变薄,其厚度与凸起部位的厚度越接近,则板料越平整。如图 8—

55a 中箭头所示方向就是锤击位置。锤击时应由里向外，逐渐由轻到重、由稀到密。如果直接锤击凸起部位，则会使凸起的部位变得更薄，这样不但达不到矫平的目的，反而使凸起更为严重。如果薄板表面有相邻几处凸起，应先在凸起的交界处轻轻锤击，使几处凸起合并成一处，然后再锤击四周使其矫平。

如果薄板四周呈波浪形，说明板料四边变薄而伸长了，如图 8—55b 所示。矫正时锤击点应从中间向四周，按图中箭头所示方向，密度逐渐变稀，力量逐渐减小，经反复多次锤打，使板料趋于平整。

如果薄板发生翘曲等不规则变形，如对角翘曲时（见图 8—55c），就应沿另外没有翘曲的对角线锤击，使其延展而矫平。

如果板料是铜箔、铝箔等薄而软的材料，可用平整的木块在平板上推压材料的表面，使其逐渐平整，也可用木锤或橡皮锤锤击。

如果薄板有微小扭曲，可用抽条从左到右顺序抽打平面，如图 8—53 所示。因抽条与板料接触面积较大，受力均匀，容易达到平整的要求。

用氧—乙炔焰切割下的板料，其边缘在气割过程中冷却较快，收缩严重，因而导致切割下的板料不平。这种情况也应锤击边缘气割处，使其得到适量的延展。锤击点在边缘处重而密，第二圈和第三圈应轻而稀，逐渐达到平整的要求。

矫正厚板时，由于其刚度高，可采用锤击法，用锤子直接锤击凸起部位，使其纤维受压缩变短而达到矫平的目的。

(2) 棒类、轴类零件的矫直

棒类和轴类零件的变形主要是弯曲，一般采用用反向弯曲的方法矫直。矫直前，应先检查零件的弯曲程度和弯曲部位，并用粉笔做好记号。然后使凸起部位向上，用锤子连续锤击凸起部位，这样棒料上层金属受压力缩短，下层金属受拉力伸长，使凸起部位逐渐消除。

矫直直径较大的棒类、轴类零件时，应先把轴装在顶尖上，找出弯曲部位，然后将其放在 V 形架上，用螺旋压力工具矫直。矫直时可适当压过一些，以便于消除因弹性变形所产生的回翘，然后用百分表检查轴的弯曲情况。边矫直，边检查，直到符合要求为止，如图 8—54 所示。

(3) 线材的矫直

弯曲的细长线材可采用伸张法校直，如图 8—56 所示。将线材一端夹在台虎钳上，从钳口处的一端开始，把弯曲的线材在圆木上绕一圈，握住圆木向后拉，使线材伸张而矫直。

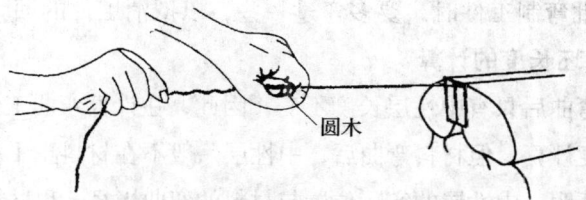

图 8—56　用伸张法矫直线材

六、弯曲

1. 弯曲概述

将原来平直的板材或型材弯成所要求的曲线形状或角度的操作叫做弯曲。

弯曲是使材料产生塑性变形，因此，只有塑性好的材料才能进行弯曲。如图 8—57a 所示为弯曲前的钢板，图 8—57b 所示为弯曲后的情况。它的外层材料伸长（图中 e—e 和 d—d），内层材料缩短（图中 a—a 和 b—b），中间有一层材料（图中 c—c）在弯曲后长度不变，称为中性层。材料弯曲部分虽然发生了拉伸和压缩，但其断面面积保持不变。

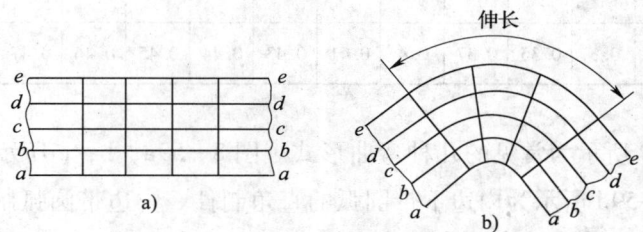

图 8—57　钢板弯曲前及弯曲后的情况
a) 弯曲前　b) 弯曲后

经过弯曲的工件，越靠近材料的表面，金属变形越严重，也就越容易出现拉裂或压裂现象。

相同材料的弯曲，工件外层材料变形的大小取决于工件的弯曲半径。弯曲半径越小，外层材料变形越大。为了防止弯曲件拉裂，必须限制工件的弯曲半径，使它大于导致材料开裂的临界弯曲半径——最小弯曲半径。

最小弯曲半径的数值由试验确定。常用钢材的弯曲半径如果大于两倍材料厚度，一般就不会被弯裂。当工件的弯曲半径比较小时，应分两次或多次弯曲，中间进行退火，以避免弯裂。

材料的弯曲变形是塑性变形，但是不可避免地有弹性变形存在。工件弯曲后，由于弹性变形的恢复，使得弯曲角度和弯曲半径发生变化，这种现象称为回弹。利用胎具、模具成批弯制工件时，要多弯过一些，以抵消工件的回弹。

2. 弯曲前毛坯长度的计算

由于工件在弯曲后只有中性层长度不变，因此，在计算弯曲工件毛坯长度时，可以按中性层的长度计算。但材料弯曲后，中性层一般不在材料正中，而是偏向内层材料一边。经试验证明，中性层的实际位置与材料的弯曲半径 r 和材料厚度 t 有关。

当材料厚度不变时，弯曲半径越大，变形越小，中性层越接近材料厚度的中间。如果弯曲半径不变，材料厚度越小，变形越小，中性层也越接近材料厚度的中间。因此，在不同的弯曲情况下，中性层的位置是不同的，如图8—58所示。

中性层位置系数 x_0 见表8—2。从表中 r/t 的值可知，当弯曲半径 $r \geq 16t$ 时，中性层在材料的中间。在一般情况下，为简化计算，当 $r/t \geq 8$ 时，可取 $x_0 = 0.5$ 进行计算。

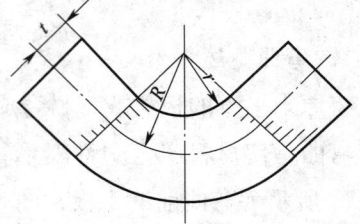

图8—58　弯曲时中性层的位置

表8—2　　　　　　　　中性层位置系数 x_0

$\dfrac{r}{t}$	0.25	0.5	0.8	1	2	3	4	5	6	7	8	10	12	14	>16
x_0	0.2	0.25	0.3	0.35	0.37	0.4	0.41	0.43	0.44	0.45	0.46	0.47	0.48	0.49	0.5

如图8—59所示为常见的几种弯曲形式。图8—59a，b，c所示为内边带圆弧的制件，图8—59d所示为内边不带圆弧的直角制件。内边带圆弧制件的毛坯长度等于直线部分和圆弧中性层长度相加。圆弧中性层长度可按下式进行计算：

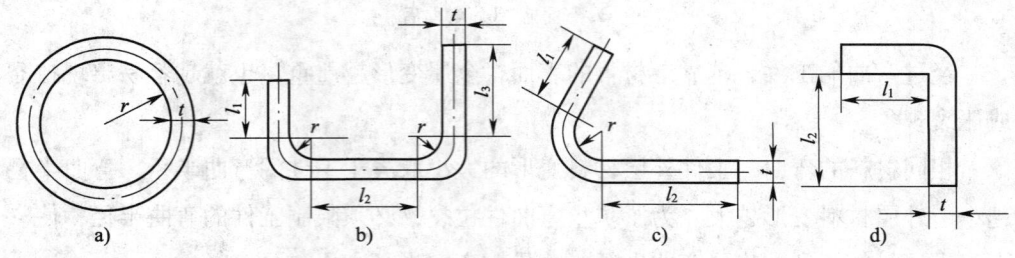

图8—59　常见的弯曲形式

$$A = \pi(r + x_0 t)\alpha/180°$$

式中　A——圆弧部分中性层长度，mm；

　　　r——内弯曲半径，mm；

　　　x_0——中性层位置系数；

t——材料厚度，mm；

α——弯曲角（也称弯曲中心角），如图 8—60 所示（弯曲整圆时，$\alpha = 360°$；弯曲直角时，$\alpha = 90°$）。

对于内边弯曲成直角的不带圆弧的制件，其毛坯长度可按弯曲前及弯曲后毛坯体积不变的原则，参照实际生产情况，用以下经验公式进行计算：

$$A = 0.5t$$

上述毛坯长度的计算方法中，由于材料本身性质的差异和弯曲技术、操作方法的不同，其计算结果与实际弯曲工件毛坯长度之间仍有误差。因此，成批生产时一定要用试验的方法反复确定毛坯的准确长度，以免造成成批废品。

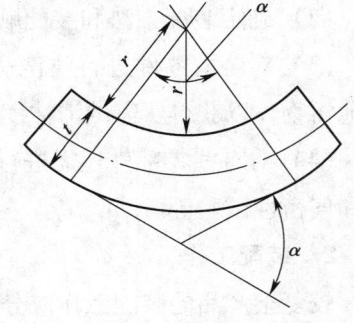

图 8—60　圆角弯曲时的弯曲角

第三节　装配工艺基础知识

一、装配的概念

将若干个零件结合成部件，或将若干个零部件结合成最终产品的工艺过程称为装配。

装配工作是产品制造过程中的后期工作，它包括各种装配的准备工作，部件装配、总装配、调整、精度检验和试机等工作。装配质量的好坏对整个产品的质量起着决定性的作用。通过装配才能形成最终的产品，并保证它具有规定的精度以及设计所确定的使用功能和质量。如果装配不当，不重视清理工作，不按工艺技术要求装配，即使所有零件加工质量都合格，也不一定能够装配出合格的、优质的产品。这种装配质量较差的产品，精度低，性能差，功率损耗大，使用寿命短，将会造成很大的损失；相反，虽然某些零部件的质量并不很高，但经过仔细地修配和精确地调整后，仍能装配出性能良好的产品。因此，装配工作是一项非常重要而又细致的工作，必须认真按照产品装配图，制定出合理的装配工艺规程，采用新的装配工艺，以提高装配精度，达到质量优、费用少、效率高的要求。

产品的装配工艺过程由以下四个部分组成：

1. 装配前的准备工作

（1）研究和熟悉产品装配图、工艺文件及技术要求；了解产品的结构、零件的作用以及相互之间的连接关系，并对装配零部件配套的标准件、外购件等的品种及数量加以检查。

（2）确定装配方法和装配顺序，准备所需的工具。

（3）对装配零件进行清洗和清理，去掉零件上的毛刺、锈蚀、切屑、油污及其他污物，以获得所需的清洁度。

（4）对有些零部件还需进行刮削等修配工作，有的要进行平衡试验、渗漏试验和气密性试验等。

2. 装配工作

较复杂产品的装配工作应分为部件装配和总装配两个过程。

（1）部件装配

部件装配是指产品在进入总装配以前的装配工作。凡是将两个以上的零件结合在一起或将零件与几个组件结合在一起，使其成为一个装配单元的工作都可以称为部件装配。

把产品划分成若干装配单元，是缩短装配周期的基本措施。因为划分成若干个装配单元后，可在装配工作上组织平行装配作业，扩大装配工作面，而且能使装配按流水线组织生产，或便于协作生产。同时，各装配单元能预先调整及试验，各部分以比较完善的状态送去总装配，有利于保证产品质量。

（2）总装配

总装配是指把零件和部件装配成最终产品的过程。产品的总装配通常是在企业的装配车间（或装配工段）内进行的。但某些产品（如重型机床、大型汽轮机和大型泵等）在制造厂内只进行部件装配工作，而在产品安装的现场进行总装配工作。

3. 调整、精度检验和试机

（1）调整

调整工作是指调节零件或机构的相互位置、配合间隙、结合松紧等，其目的是使机构或机器工作协调，如轴承间隙、镶条位置、蜗轮轴向位置的调整等。

（2）精度检验

精度检验包括几何精度检验、工作精度检验等。如车床总装配后要检验主轴中心线与机床导轨的平行度误差、中滑板导轨与主轴中心线的垂直度误差以及前顶尖和后顶尖是否等高等，这些都属于几何精度。工作精度检验一般指切削试验，如车床要进行车圆柱或车端面试验等。

(3) 试机

试机包括机构或机器运转的灵活性、工作温升、密封、振动、噪声、转速、功率和效率等方面的检查。

4. 喷漆、涂油、装箱

喷漆是为了防止不加工面的锈蚀以及使机器外表美观，涂油是使工作表面及零件已加工表面不生锈，装箱是为了便于运输。这些工作都需要结合装配工序进行。

二、装配方法、装配工艺和装配技术要点

1. 装配方法

为了保证机器的工作性能和精度，在装配过程中必须达到零部件相互配合的规定要求。根据产品的结构、生产条件和生产批量的不同，为保证规定的配合要求，一般可采用以下四种装配方法：

(1) 互换装配法

在装配时各配合零件不经修配、选择或调整即可达到装配精度的装配方法称为互换装配法。按互换装配法进行装配时，装配精度由零件的制造精度保证。

互换装配法的特点如下：

1) 装配操作简便，生产效率高。

2) 便于组织流水线作业及自动化装配。

3) 便于采用协作方式组织专业化生产。

4) 零件磨损后便于更换。

这种方法对零件的加工精度要求较高，制造费用将随之增大。因此，这种装配方法适用于组成件数少、精度要求不高或大批量生产的场合，如生产自行车、拖拉机、电气设备等。

(2) 选配法

选配法是指将零件的制造公差适当放宽，然后选取其中尺寸相当的零件进行装配，以达到配合要求。选配法又可分为直接选配法和分组选配法两种。

1) 直接选配法。是指由装配工人直接从一批零件中选择"合适"的零件进行装配。这种方法比较简单，零件不必事先分组。但装配过程中挑选零件的时间长，装配质量取决于装配工人的技术水平，不宜用于节拍要求较严的大批量生产。

2) 分组选配法。将一批零件逐一测量后，按实际尺寸的大小分成若干组，然后将尺寸大的包容件（如孔等）与尺寸大的被包容件（如轴等）相配，将尺寸小的包容件与尺寸小的被包容件相配。这种装配方法的配合精度取决于分组数，增加

分组数可以提高装配精度。

分组选配法的特点如下：

①经分组选择后零件的配合精度高。

②因零件制造公差放大，所以加工成本降低。

③增加了对零件测量分组的工作量，并需要加强对零件的储存和运输的管理，同时会造成半成品和零件的积压。

分组选配法常用于成批或大量生产，装配精度高、配合件的组成数少，又不便于采用调整装配的情况。例如，柴油机的活塞与缸套、活塞与活塞销，滚动轴承的内圈、外圈及滚子等。

（3）调整装配法

在装配时通过改变产品中可调整零件的相对位置或选用合适的调整件以达到装配精度的方法称为调整装配法。如图8—61所示为用垫片调整轴向配合间隙。如图6—15所示为通过选择不同厚度的垫片来保证中央传动系统齿轮轴向间隙的要求。如图8—62所示为用调节螺钉调节柴油机的气门间隙，以保证柴油机工作时气门的密封性。

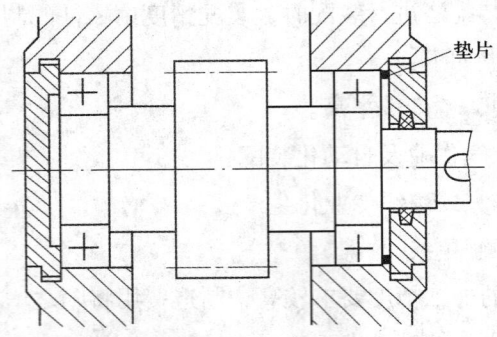

图8—61　用垫片调整轴向配合间隙

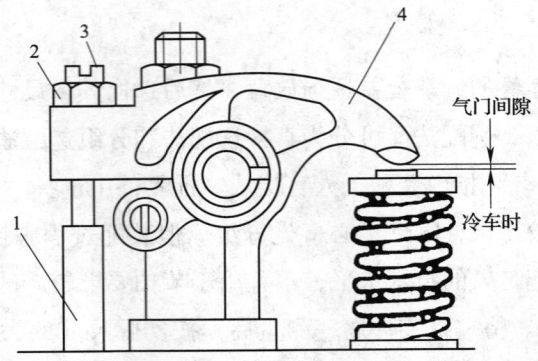

图8—62　用调节螺钉调节柴油机的气门间隙

1—推杆　2—锁紧螺母　3—调节螺钉　4—摇臂

调整装配法的特点如下：

1）装配时，零件不需要任何修配加工，只靠调整就能达到装配精度要求。

2）可进行定期调整，故容易恢复配合精度，这对容易磨损或因温度变化而需改变尺寸及位置的结构是很有利的。

3）调整件容易降低配合副的连接刚度和位置精度，所以要认真、仔细地调整。调整后，固定要坚实、牢靠。

（4）修配装配法

在装配时修去指定零件上预留的修配量，以达到装配精度的方法称为修配装配法。如图8—63所示为活塞环间隙的检查和修整，通过修研活塞环端面，以保证柴油机缸体活塞环的合理侧面间隙要求。

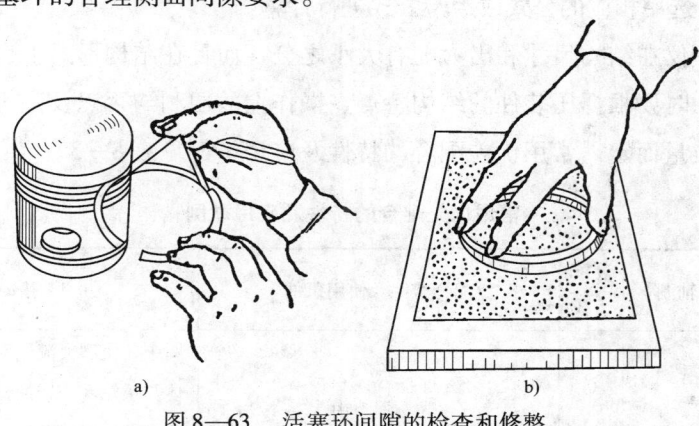

图8—63　活塞环间隙的检查和修整

a）检查　b）研磨

修配装配法的特点如下：

1）零件的加工精度要求降低。

2）不需要高精度的加工设备，而又能得到很高的装配精度。

3）装配工作复杂化，装配时间增加，故适用于单件、小批量生产，或成批生产精度要求高的产品。

2. 装配工艺

无论是常温下的压装装配，还是热装装配和冷装装配，都是装配钳工组装具有过盈配合副的工件的工艺手段。选择温差法、压装法及综合方法的依据，是由构件的结构，配合性质以及精度和过盈大小，操作现场条件（压装机结构尺寸及压力容量、加热设备、起重设备等）决定的。采用温差法进行装配时，由于其配合表面的粗糙处在装配过程中没有被抹平，冷却之后，包容件与被包容件配合表面的微观不平处相互交错咬合，大大增加了相互间的摩擦，故其结合强度比压装高出许多。上述各种方法本身各有优缺点，不可一概而论，在有些情况下可以相互替代，而在有些情况下是不可以相互替代的。

（1）压装装配

压装装配法往往适用于配合过盈相对于温差法较小的情况，且是有键连接的，同时又需要能拆卸的结构。在压装机上压装时，压装机必须满足两个条件，一是压装机的结构尺寸应能使被压装的工件装进压装机内，即被压装工件能被压装机的结构尺寸所包容；二是压装机的压力容量，即压力机的最大压力要满足配合需要，也就是压装机产生的压力足以能抵抗压装工件配合表面在压装过程中所产生的摩擦阻力。后一点往往很难直接判断出来，必须根据工件配合副的具体结构尺寸、配合公差、表面粗糙度值等参数，选用相应的公式或经验公式进行计算。

压装机不仅在结构尺寸和出力上有大小之分，而且在结构形式上也有立式和卧式之别。选用时要根据压装件的结构特点、操作上的便利与否以及是否有利于保证压装程度和质量而定。常用优先配合的特性及应用举例见表8—3。

表8—3　　　　　常用优先配合的特性及应用举例

基孔制	基轴制	装配方法	配合特性及使用条件	应用举例
H7/z6	—	温差法	特重型压入配合	用于承受很大的转矩或变载、冲击、振动负荷处，配合处不加紧固件，材料的许用应力要求很大	中、小型交流电动机轴壳上绝缘体与接触环、柴油机传动轴壳体与分电器衬套的配合
H7/y6				小轴肩与环的配合
H7/x6				钢与轻合金或塑料等不同材料的配合，如柴油机销轴与壳体、气缸盖与进气门座等的配合
				偏心压床的滑块与轴、柴油机销轴与壳体、连杆孔与衬套外径等的配合
H7/p6	U7/h6	压力机或温差法	重型压入配合	用于传递较大转矩，配合处不加紧固件即可得到十分牢固的连接。材料的许用应力要求较大	车轮轮毂与轮芯、联轴器与轴、轧钢设备中的辊子与心轴、拖拉机活塞销与活塞孔、船舵尾轴与衬套等的配合
H7/u6				
H8/u7				蜗轮青铜轮缘与钢轮芯、安全联轴器销轴与套、螺纹车床蜗杆轴衬与箱体孔等的配合

续表

基孔制	基轴制	装配方法	配合特性及使用条件		应用举例
H6/t5	T6/h5	压力机或温差法	中型压入配合	不加紧固件可传递较小的转矩。当材料强度不够时，可用来代替重型压入配合，但需加紧固件	齿轮孔与轴的配合
H7/t6 H8/t7	T7/h6				联轴器与轴、含油轴承与轴承座、农业机械中的曲柄盘与销轴的配合
H6/t5	S6/h5				柴油机连杆衬套与轴瓦、主轴承孔与主轴瓦等的配合
H7/t6					减速器中的轴与蜗轮、空压机连杆头与衬套、辊道辊子与轴、大型减速器低速齿轮与轴的配合
H8/s7	S7/h6				蜗轮缘套与轮芯、轴衬与轴承座、空气钻外壳盖与套筒、安全联轴器销钉与套、压气机活塞销与气缸、拖拉机齿轮泵小齿轮与轴等的配合
H7/r6	R7/h6		轻型压入配合	用于不拆卸的轻型过盈连接（不依靠配合的过盈量传递摩擦负荷，传递转矩时要增加紧固件），以及用于以高的定位精度达到部件的刚度及对中性要求的场合	重载齿轮与轴、车床齿轮箱中齿轮与衬套、蜗轮青铜缘与轮芯、轴与联轴器、可换钻套与钻模板等的配合
H6/p5 H7/p6	P6/h5 P7/h6				受冲击振动的重负荷的齿轮与轴、压缩机十字销轴与连杆衬套、柴油机缸体上的孔与主轴瓦、凸轮孔与凸轮轴等的配合
H8/h7	—	用压力机压入	过盈概率 66.8%~93.6%	用于可承受很大转矩、振动及冲击（但需附加紧固件），不经常拆卸的地方。同轴度精度高，配合紧密性较好	升降机用蜗轮或带轮的轮缘与轮芯、链轮轮缘与轮芯、高压循环泵缸与套等的配合
H6/n5	N6/h6		80%		可换钻套与钻模板、增压器主轴与衬套等的配合
H7/n6	N7/h6		77%~82.4%		爪形联轴器与轴、链轮轮缘与轮芯、蜗轮青铜轮缘与轮芯、破碎机等振动机械的齿轮与轴的配合，柴油机泵座与泵缸、压缩机连杆衬套与曲轴衬套、圆柱销与销孔的配合
H8/n7	N8/h7		58.3%~67.6%		安全联轴器销钉与套、高压泵缸与缸套、拖拉机活塞销与活塞孔等的配合

续表

基孔制	基轴制	装配方法	配合特性及使用条件		应用举例
H6/m5	M6/h5	用铜锤打入	50%~62.1%	用于配合紧密、不经常拆卸的地方。当配合长度大于1.5倍直径时，用来代替H7/n6，同轴度精度高	压缩机连杆头与衬套、柴油机活塞孔与活塞销的配合
H7/m6	M7/h6				蜗轮青铜轮缘与铸铁轮芯、齿轮孔与轴、减速器的轴与锥齿轮、定位销与孔的配合
H8/m7	M8/h7		50%~56%		升降机械中的轴与孔、压缩机十字销轴与座的配合
H6/k5	K6/h5	用锤子打入	46%~49.1%	用于承受不大的冲击负荷处，同轴度精度较高，用于经常拆卸的部位，为广泛采用的一种过渡配合	精密螺纹车床主轴箱体孔与主轴前轴承外圈的配合
H7/k6	K7/h6		41%~45%		机床固定齿轮与轴、中型电动机轴与联轴器或带轮、减速器蜗轮与轴、齿轮与轴的配合
H8/k7	K8/h7		41%~54.2%		压缩机连杆孔与十字头销、循环泵活塞与活塞杆的配合
H6/js5	JS6/h5		19%~21.1%	用于频繁拆卸、同轴度要求不高的地方，是最松的一种过渡配合，大部分都将得到间隙	木工机械中轴与轴承的配合
H7/js6	JS7/h6		18%~20%		机床变速箱中齿轮与轴、精密仪表中轴与轴承、增压器衬套间的配合
H8/js7	JS8/h7		17%~20.8%		机床变速箱中齿轮与轴、轴端可卸下的带轮与手轮、电动机座与端盖等的配合
H6/h5	H6/h5	加油后用手旋进		配合间隙较小、能较好地对准中心，一般多用于经常拆卸或者在调整时需移动或转动的连接处，或工作时滑移较慢并要求具有较高的导向精度的地方，以及对同轴度有一定要求并通过紧固件传递转矩的固定连接处	剃齿机主轴与剃齿刀衬套、车床尾座体与套筒、高精度分度盘轴与孔、光学仪器中变焦距系统的孔与轴的配合
H7/h6 H8/h7	H7/h6 H8/h7				机床变速箱的滑移齿轮与轴、离合器与轴、钻床横臂与立柱、风动工具活塞与缸体、往复运动中精确导向的压缩机连杆孔与十字头销、定心的凸缘与孔的配合

续表

基孔制	基轴制	装配方法	配合特性及使用条件	应用举例
H8/h8 H9/h9	H8/h8 H9/h9	加油后用手旋进	间隙定位配合，适用于同轴度要求较低、工作时一般无相对运动的配合以及负荷不大、无振动、拆卸方便、加键可传递转矩的情况	安全联轴器销钉与套、一般齿轮与轴、带轮与轴、螺旋搅拌器叶轮与轴、离合器与轴、操纵件与轴、拨叉与导向轴、滑块与导向轴、减速器油尺与箱体孔、剖分式滑动轴承壳体与轴瓦、电动机座上口与端盖的配合
H10/h10 H11/h11	H10/h10 H11/h11			起重机链轮与轴、对开轴瓦与轴承座两侧的配合，连接端盖的定心凸缘、一般的铰接机构、精度要求不高的机构中拉杆和杠杆等的配合
H6/g5	G6/h5	用手旋进	具有很小的间隙，适用于有一定相对运动、运动速度不高并为精密定位的配合，以及运动可能有冲击但又能保证零件同轴度或紧密性的配合	光学分度头主轴与轴承、刨床滑块与滑槽的配合
H7/g6	G7/h6			精密机床主轴与轴承、机床传动齿轮与轴、中等精度分度头主轴与轴套、矩形花键副、可换钻套与钻模板、柱塞燃油泵的轴承壳体与销轴、拖拉机连杆衬套与曲轴的配合
H8/g7				柴油机气缸体与挺杆、手电钻中的配合
H6/f5	F6/h5	用手推滑进	具有中等间隙，广泛适用于普通机械中转速不高并用普通润滑油或润滑脂润滑的滑动轴承，以及要求在轴上自由转动或移动的配合场合	精密机床中主轴箱、进给箱的转动件的配合，或其他重要滑动轴承、高精度齿轮轴套与轴承衬套、柴油机的凸轮轴与衬套孔等的配合
H7/f6	F7/h6			爪形离合器与轴，机床中一般轴与滑动轴承，机床夹具、钻模、镗模与导套孔，柴油机机体气缸套孔与气缸套、柱塞与缸体等的配合
H8/f7	F8/h7			中等速度、中等负荷的滑动轴承，机床滑移齿轮与轴，蜗轮减速器的轴承端盖与孔，离合器活动爪与轴的配合

续表

基孔制	基轴制	装配方法	配合特性及使用条件	应用举例
H8/f8	F8/h8	用手推滑进	配合间隙较大，能保证良好的润滑，允许在工作中发热，故可用于高转速、大跨度或多支点的轴和轴承以及精度低、同轴度要求不高的在轴上转动的零件与轴的配合	滑块与导向槽、控制机械中的一般轴与孔、支撑跨距较大或多支撑的传动轴与轴承的配合
H9/f9	F9/h9			安全联轴器轮毂与套、低精度含油轴承与轴、球体滑动轴承与轴承座及轴、链条张紧轮或传动带导轮与轴、柴油机活塞环与环槽宽度方向等的配合

从表 8—3 所列不同配合种类、配合特性及其相应精度等级和若干实用实例中，对各种装配状态及由此而决定的装配方法与手段大致能做出界定，但对压装时所需压力或采用温差法时所需温差，则只能根据实际配合工件的具体参数进行计算。计算时对有关公式中所含参数的选取与具体判断等也需要具备一定的实践经验。要注意一些应用经验公式构成的参数中，并未有配合副表面粗糙度对公式计算结果的影响因素，实际上配合副表面粗糙度在压装过程中所产生的摩擦阻力的大小是有很大影响的。

压装操作中的几个问题：

1）当遇有工件压入盲孔时，要设法在压装过程中能顺利地把盲孔中的气体排出，为此，要在封闭面间制出导气槽或将盲孔改变为通孔。

2）压装轴时，为了压装顺利，要在轴表面涂润滑油，润滑油一般用白铅油加润滑油合成或用白铅油加二硫化钼干油合成。

3）轮与轴之间有键配合时，压装前要按图样要求进行认真核查，清理好配合部位，并要进行预装搭头检验，特别是对于双槽键，要查看槽位是否能对正；否则要先对正一处，另一处经修配后再按修配后的实际状况重新配键。对一般平键在轮槽内应能轻微滑动，但两侧又不得有间隙，并在预装前配作好后把键置于轴上。对于钩头楔键和切向键，应在轮、轴压入到位后再进行配研，并要达到所要求的接触率，两侧有间隙的，应在打紧后还存有一定的再打入余量。为预防压入过程中键槽相互错位，压入时要采用导向键——假键，并确保假键能顺利取出。

4）压装时，应使压装机压力中心线通过轮、轴的几何对称轴线，避免压装偏载，随时用 90°角尺进行检验，避免出现压装过程的歪斜。

5) 压装时，要把着力点选在工件刚度最高的位置上，如压装轮、轴时，不可让轮缘单独承受压力。压装时所采用的工装或垫板、套筒等不得选用脆性材质（如铸铁等）制作，以确保操作安全。

6) 压装时一定要确保压合到位，如轮孔两端凸缘与轴上限位台肩端面一定要靠紧，不得留有间隙。如图样无规定时，其间隙不得大于 0.1 mm。

7) 曲轴的轴颈与飞轮等零件一般不允许采用压装装配，如必须采用压装手段组装时，要以在压装过程中不造成曲轴变形为前提，并应采取垫实和用千斤顶顶牢的可靠措施，避免出现永久变形，破坏曲轴的精度。

（2）冷装装配

冷装装配是温差法装配的一种工艺手段，它是利用了金属材料在遇冷时体积收缩的物理特性，使在常温下有过盈而难以装配的工件在受冷降温的条件下产生冷缩，使其配合部位的过盈消除并出现装配间隙，从而较容易地完成装配过程。冷装装配受诸多因素的制约和条件限制，如成本高、不够安全、污染环境、降温区间较小等，所以应用不普遍，只能在极特殊的情况下采用。

例如，当包容件尺寸和质量都很大，被包容件相比之下很小，刚度和强度都较低时，包容件既不能加热，又不能使用压装机，就只能采用将较小的被包容件冷缩，从而消除或减小实际过盈的冷装装配工艺来达到装配目的。

有的结构，如制氧机多级叶轮与轴的装配就必须采取冷装法，把被包容件轴冷却降温至出现装配间隙时进行快速组装，达到装配目的。因为叶轮与轴的配合是无键连接，故过盈较大。叶轮本身的结构很复杂，不能整体加工，是用铆钉铆接而成的，不仅结构本身刚度较低，而且要求精度较高（工作转速很高），所以组装时既不能承受较大的压装力，也不能采用加热叶轮借以热胀轮孔的方法达到装配目的，因为加热时也会造成叶轮的热变形而破坏叶轮的精度。因此，只能采用冷却被包容件轴的冷装装配法。为了达到冷装的目的，需要有效地控制原配合过盈量的变化，使其达到能顺利装配的状态，也就是需要根据实际的条件和具体要求算出冷装温度。

1) 计算冷装温度。冷装温度应根据配合件的材料和配合直径及最大公差来决定。其计算公式为：

$$T = 2\frac{\delta}{ad}$$

式中　T——零件需冷却的温度，℃；

δ——配合的最大公差，mm；

a——轴用材质的线膨胀系数，℃$^{-1}$；

d——轴的配合直径，mm。

2）检查配合尺寸。装配前必须认真检查零件的配合表面并清理和擦拭干净。配合尺寸以及圆根、台肩等相关部位应符合配合和装配工艺要求，检查合格后方可进行装配工作。

3）冷却剂的种类和性能

①干冰（固态二氧化碳）。能将零件冷却至-75℃，因其温度降低不多，只适用于公差小（如 H7/k6 配合）的中型零件。用它作为冷却剂时，在盛有酒精或丙酮的容器周围用干冰预冷，然后在冷却器内另放些干冰，这样的混合液体就可以将零件冷却至-75℃。

②液体氨。能将零件冷却至-120℃，但直接使用往往不能满足过盈配合零件的需求，在应用时需用具有蛇形管的冷却器对零件间接冷却，因它不与零件直接接触，零件不受介质侵蚀，但冷却时间较长，同时氨又有强烈刺激臭味，污染环境，妨碍生产。

③液体氮。能将零件冷却至-195℃。用它作为冷却剂，可以对所有直径大于 50 mm 的过盈配合零件进行装配，性质比液体氨稳定，不易与零件起化学作用，不腐蚀零件表面、冷却箱及取氮罐，是较理想的冷却剂。但一般企业中的制氧设备均没有收集液体氮的装置，外购运输时需用特种昂贵设备，并有 10%～50% 的挥发损失。

④液体氧。能将零件冷却至-180℃，虽然它的冷却温度高于氮，但也能满足零件直径大于 50 mm 的 R7 和 R8 系列配合需要。由于氧的性质活泼，能助燃不能自燃，要特别注意安全。此外，对金属虽有氧化作用，但一般是在零度以上，尤其是对钢、铸铁等。为了防止冷装后容器内剩余的液体氧挥发成氧气与容器发生作用，冷装后要及时将容器擦拭干净，并采用纯铜板制作冷却箱和取氧罐。有些大企业的氧气站里的液体氧为副产品，故用液体氧作为冷却剂是合适的，也比较经济。

4）冷装器具

①对取氧罐和冷却容器的要求。冷装器具的结构如图 8—64 所示，取氧罐和冷却容器都要有很好的保温层，以免液态氧更多地挥发；同时，为了不使容器内超出大气压力，应设有一个出气孔，使容器内气态的氧及时排出；还要具有一定的承重能力，有在搬运时不变形的刚度和使运输方便的结构。对于冷装器具的材料，要求在低温下力学性能变化不大及导热性较好，以保证液态氧注入后能很快停止沸腾现象。在强度允许的条件下，制作器具的金属板越薄越好，可以减少容器本身的液态

氧消耗，采用 1.5~2 mm 的铜板制作容器较好。为减轻质量并能很好地保温，其外壳采用厚度为 20 mm 的木板作为箱体，用石棉板与矿渣棉作为填料（它们的热导率小，是较好的绝热材料）。经过长达 6 h 的冷装试验，其表面温度与室温相接近。

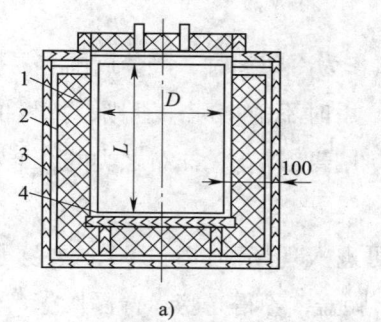 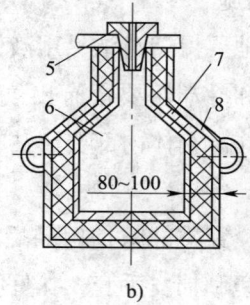

图 8—64　冷装器具的结构

1、7—保温层　2—石棉板　3—木箱　4—纯铜容器　5—木盖　6—容器　8—外壳

②如果现场需用量和取氧量不大，也可使用大暖水瓶取送液态氧，操作很方便。

5）零件冷却所需要的时间。零件冷却所需要的时间按下式计算：

$$T = \alpha\delta$$

式中　T——零件所需要的冷却时间，min；

α——与材料有关的综合系数，见表 8—4；

δ——被冷却零件的特征尺寸，即零件最大壁厚、半径、厚度，mm。

表 8—4　　　　　　　　与材料有关的综合系数

零件材料		黄铜	青铜	钢	铸铁
α	液体氮	0.8	0.9	1.2	1.3
	液体氧	1.0	1.1	1.4	1.5

6）冷装操作及应注意的问题

①冷却时间从零件浸入冷却液开始算起，零件浸入初期有强烈的"沸腾"现象，以后渐渐减弱以至"沸腾"现象消失，刚停止时只说明零件表面与冷却剂的温差很小，但并没有完全冷透，还需要按零件壁厚尺寸的不同相应地再延长一段冷却时间。

②零件延长一段冷却时间取出后应立即装入包容件的相关部位，动作要迅捷、沉稳，夹持零件时要注意同轴并不得歪斜；否则温度迅速回升，并在配合表面生成一层厚霜，会影响装入，甚至出现中途"抱住"的危险。纠正装配中产生的歪斜

现象时，允许用铜锤或木锤进行敲击校正；若工件是较软的铜件时，要使用木锤。

③如果一次要装的零件很多，从冷却箱中取出一件后，应随即放入一件，并补充足够的冷却剂，盖好箱盖。

7）安全措施

①工作场地要保持清洁，用液体氧作为冷却剂时，严禁周围有易燃物和火种。

②取氧罐和冷却箱要留有出气孔，用时不能堵死；否则，挥发的氧气压力增高，易引起爆炸。箱体内部要清洁，禁止掉入棉花、抹布之类的纤维物。箱体放置要牢固、平稳。

③操作时，穿戴好防护用品后方可进入现场和进行操作；要穿长袖衣服和长裤，戴上护目镜和棉皮手套，扎好帆布脚盖，不得光膀赤臂操作。

④往冷却箱放入和取出零件时，要使用工具（如钳子等）或用铁丝事先捆扎好，不得直接用手取放零件，以免冻伤。

(3) 热装装配

热装装配是温差法装配的另一种工艺手段，与冷装装配的方法相反，是把包容件加热，使其热胀后消除过盈并能增加装配间隙，从而把过盈装配转换成间隙装配。从表8—3所列配合特性及应用举例中可以看出，温差法中的热装装配多用于传递大转矩，承受交变载荷、冲击载荷及振动负荷的情况，且多属于无键连接的结构，因此配合过盈都较大。若采用压装装配时，不仅需采用大吨位的压装机压装，且在压装过程中，配合表面压应力较大而产生的摩擦阻力会严重擦伤配合表面，使其配合后因连接强度受到影响而达不到配合性能要求。另外，很大的压装力往往在压装过程中会造成被包容件的变形，造成精度上的损失。所以，热装装配在很多具体情况下也像前述的冷装装配一样有其特殊的条件。为了提高工作效率和质量，常采用热装装配。

1）加热前的准备

①零件的配合尺寸、直径、凸台、圆根、倒角等要复检无误，配合表面要处理干净，毛刺、碰伤、锈斑、黏结污物等要仔细清除干净。

②热装带键的零件。安装平键时要事先按轴和孔的键槽修配好，并固定到轴上；安装钩头楔键或切向键时要利用导向键，以确保键与键槽正确的相互位置。

③热装零件的相关件。热装前要看好图样，注意热装零件里边是否有挡圈、垫片等其他零部件，修配和试装无误并交检合格后方可进行装配。

④调整及刻线，做好有方向性要求的标记。热装前找正相互位置，同时在明显处做出刻线标记和方向性要求的指示标记，以避免错位或装反。

⑤加热温度的计算。加热温度按下式进行计算：

$$T = \frac{\Delta_1 + \Delta_2}{da} + T_0$$

式中　T——零件所需的加热温度，℃；

　　　Δ_1——配合处的最大过盈，mm；

　　　Δ_2——热装时的间隙，mm，一般取配合直径的 1‰ ~ 1.5‰；

　　　d——配合处的公称直径，mm；

　　　a——加热件材料的线膨胀系数，℃$^{-1}$；

　　　T_0——室温，一般取 20℃。

金属材料的线膨胀系数：钢、铸钢为 0.000 011℃$^{-1}$；铸铁为 0.000 10℃$^{-1}$；黄铜为 0.000 018℃$^{-1}$；青铜为 0.000 017℃$^{-1}$；纯铜为 0.000 017℃$^{-1}$；不锈钢 1Cr18Ni9Ti 为 0.000 017℃$^{-1}$。

⑥加热和保温时间的经验数据。零件的加热和保温时间与零件的壁厚、材质、表面积和加热方式有关，一般可按 10 mm 需 10 min 的加热时间，每厚 40 mm 需 10 min 的保温时间计算。例如，加热装配的工件壁厚是 160 mm，则加热时间为 160 min，再加上保温时间为 40 min，故此件共需加热和保温时间为 200 min。

⑦热装前要做一把测量尺子，用以测量和确认加热工件是否可以终止加热及达到了装配条件。尺子的制作要满足使用轻便和不易变形的条件，操作时可以在距离热源较远处精确地测得被测部位的热胀状况。制作时，尺子可以用金属棒，也可以采用金属板，尺子的名义尺寸即实际尺寸应等于被测部位直径公称尺寸加配合处的最大过盈 Δ_1 加装配时必须的最小间隙。用游标卡尺对好尺子后锁定游标卡尺，以便在尺子使用过程中随时校验有无精度变化的情况，确保尺子测得的结果准确无误。为了能远离热源而进行测量，在尺身上应焊接一手柄，其长短或粗细由操作者自定。

2）热装操作及应注意的问题

①加热零件热透后，测量尺子能自由通过，并经复检确认测得结果准确无误时，才能终止加热，进行热装操作。

②热装。达到热装条件后，要立即进行热装，动作要快而准确，一次装到底，中途不允许停留。如果发生故障，不要强行装入，应排除故障后重新加热，再进行热装。

③装配相关零件。与热装零件有关的零件一般应完全冷却到正常温度后再装配。由于装配顺序、方向的原因，特殊零件除外。

④一般精度要求较高的零件在油中加热比较合适，因为加热比较均匀，同时不产生氧化皮。

⑤零件加热时必须注意：加热温度应不高于该零件淬火后的回火温度。

⑥当有铜材质的构件，如铜导套、铜螺母等作为被包容件而采用热装装配时，要特别注意以下问题：

加热包容件时，往往由于其质量大，含热量大，散热慢，当被包容件（铜套）组装后，由于其质量相对较小，又是有色金属，导热和升温很快，很短的时间内其温度就升至与包容件相近，由于有色金属的线膨胀系数比黑色金属大，因此，在很大的热应力作用下，在配合处的铜件表面产生塑性变形，其变形量取决于升温大小和包容件与被包容件两种材质线膨胀系数的差值大小，线膨胀系数相差越大，温升越高，所产生的塑性变形量就越大。由于是热装，所以加热的温度一般都较高，其结果是在铜件表面产生的受压塑性变形量往往都会超过其相配合的过盈量，在热装冷却之后，不仅配合部位原来的过盈量消除，而且还出现间隙，成为废品。

根据上述情况，想办法控制铜套升温，消除热胀力和铜件表面的塑性变形是问题的关键。为此，在热装后应立即采取对铜构件的快速冷却措施，如用高压强制水循环制冷，与此同时，对包容件也可采用风冷和水冷的方式，使其热量快速散掉，这样就能使热装被包容件为铜构件的装配获得成功。

3）消除由于冷却收缩而产生轴向间隙的方法。在热装后，由于冷却收缩的结果，往往都会在轮与轴的轴向定位台肩处出现轴向间隙，其实质是装配不到位，定位不可靠。因此，要在热装中消除这种现象，让间隙消除，确保装配到位。

①采用撞击的方法。零件热装后，在冷却过程中用锤子敲击或用重物撞击加热零件，直到冷却后消除间隙为止。撞击时，要在撞击部位垫铜板或木板，以防止损伤零件。这种方法适用于中、小型零件。

②螺栓拉紧法。零件热装后，在冷却过程中用螺栓拉紧加热零件，直到冷却后消除间隙为止。这种方法常用于较小的零件。

③压重物法。零件热装后，在冷却过程中用重物压在加热零件上，直到冷却后消除间隙为止。这种方法使用时有一定的局限性，因为加重物要适当，太小不起作用，太大则有一定难度。对于大的套和圈之类的零件，在压力机上顶压不方便时可采用这种方法。

④在压力机上顶压的方法。零件热装后，冷却过程中在压力机上随时给压，直到冷却后消除间隙为止。

在采用上述几种方法时，为了加速冷却过程，可用风吹加热的零件。但必须注意这种方法对易裂的合金钢材料不可用。

4）零件加热方法

①电感应加热。这种方法适用于大型齿圈等零件的加热，而短粗的零件不宜用这种加热方法，因为这种形状的零件绕的电缆圈数要多，在绝缘材料不好的情况下，散热条件也不好，所以易起烟火。

②电阻炉加热。电阻炉的炉腔较清洁，炉温控制较严格，升温和加热过程都能严格按工艺曲线进行调控。采用电阻炉加热是一种较先进和科学的加热方法。

③煤气炉加热。应注意的是：零件进炉时要用铁板或石棉板把孔口盖好，以防止落入污物；零件孔口不得正对喷火嘴，可朝炉门方向；炉内温度通过控制煤气的通入量，按加热曲线进行调整。

④油箱中加热。零件在油箱中加热时，必须悬挂或用支架、隔栅垫起，不可与箱底直接接触，以免受热不均匀；零件的配合表面必须全部浸没在油中，油面要低于油箱边缘 100 mm 以上；油箱周围应排除易燃物，做好防火工作，加热时要时刻注意检测油温的上升情况，严格控制油温不能超过用油的闪点，以免引起火灾。各种加热用油的闪点见表 8—5。

表 8—5　　　　各种加热用油的闪点　　　　　　　　　　　　　℃

名称	闪点	名称	闪点	名称	闪点
L—AN15 全损耗系统用油	165	6 号车用机油	185	11 号气缸油	215
L—AN32 全损耗系统用油	170	10 号车用机油	200	24 号气缸油	240
L—AN46 全损耗系统用油	180	15 号车用机油	210	38 号过热气缸油	290
L—AN68 全损耗系统用油	190	22 号车用机油	180	52 号过热气缸油	300
L—AN100 全损耗系统用油	210	32 号车用机油	180	62 号过热气缸油	315
L—AN150 全损耗系统用油	220	46 号车用机油	195	72 号合成过热气缸油	340
		57 号车用机油	195	65 号合成过热气缸油	325
				33 号合成过热气缸油	300

3. 装配技术要点

要保证产品的装配质量，主要是应按照规定的装配技术要求去装配。不同的产品其装配技术要求虽不尽相同，但在装配过程中有许多工作要点是必须共同遵守的，其中包括以下几点：

（1）做好零件的清理和清洗工作

清理工作包括去除残留的型砂、锈蚀、切屑等，对于孔、槽、沟及其他容易存留杂物的部位，尤其应仔细进行清理。要做好零件加工后的去毛刺、倒角工作，要防止因操作鲁莽而损伤其他表面而影响精度。

一般情况下，零件的清洗工作是不可缺少的，其清洁的程度可视相配合表面的精密性高低而允许有所差别。例如，对于轴承、液压元件和密封件等精密零件的清洁程度要求应十分严格。特别要注意的是：对于已经仔细清洗过的零件，装配时若随意拿棉纱再去擦几下，反而会将零件弄脏。

（2）做好润滑工作

相配合表面在配合或连接前一般都需加油润滑，如果在配合或连接之后再加油润滑，会导致机器在启动阶段因不能及时供油而加剧磨损。对于过盈连接件，配合表面如缺乏润滑，则当敲入或压合时极易发生拉毛现象。当活动连接的配合表面缺少润滑时，即使配合间隙正确，也常常因有卡滞现象而影响正常的活动性能，而有时会被误认为配合不符合要求。

（3）相配合零件的配合尺寸要准确

装配时，对于某些较重要的配合尺寸进行复验或抽验，这是很必要的一项工作，尤其是当需要知道实际的配合间隙或过盈时。过盈配合的连接一般都不宜在装配后再拆下重装，所以对实际过盈量的准确性更要十分重视。

（4）边装配边检查

当所装配的产品较复杂时，每装完一部分应检查一下是否符合要求，而不要等大部分或全部装完后再检查，此时发现问题往往为时已晚，有的甚至不易查出问题产生的原因。

在对螺纹连接件紧固的过程中，还应注意对其他有关零部件的影响，即随着螺纹连接件的逐渐拧紧，有关的零部件位置也可能有所变动，此时要防止发生卡住、碰撞等情况，避免产生附加应力而使零部件变形或损坏。

（5）试车前的检查和启动过程的监视

试车意味着机器将开始运动并经受负荷的考验，不能盲目从事，因为这是最有可能出现问题的阶段。试车前，应做一次全面的检查，例如，检查装配工作的完整性、各连接部分的准确性和可靠性、运动部件的灵活性、润滑系统是否正常等。在确保各项操作都准确无误和安全的条件下，方可开机试运转。

当机器启动后，应注意观察各运动件的工作是否正常，主要工作参数是否正确。主要工作参数包括润滑油的压力和温度、振动和噪声、机器有关部位的温度等。只有当启动阶段各项运行指标均正常、稳定时，才有条件进行下一阶段的试机内容。而启动一次成功的关键在于装配全过程的严密和认真。

三、装配精度计算

1. 装配尺寸链的基本概念

为了解决机器装配的某一精度问题，往往要涉及各组成零件的许多有关尺寸。例如，齿轮内孔与轴外圆配合间隙 A_Σ 的大小与孔径 A_1 及轴径 A_2 的大小有关，如图 8—65a 所示；垫圈端面与箱体孔端面配合间隙 B_Σ 的大小与箱体孔端面距离尺寸 B_1、齿轮宽度 B_2 及垫圈厚度 B_3 的大小有关，如图 8—65b 所示；机床滑板和导轨之间配合间隙 C_Σ 的大小与尺寸 C_1，C_2 及 C_3 的大小有关，如图 8—65c 所示。如果把影响某一装配精度的有关尺寸彼此顺序地连接起来，就构成了一个封闭外形，即装配尺寸链。

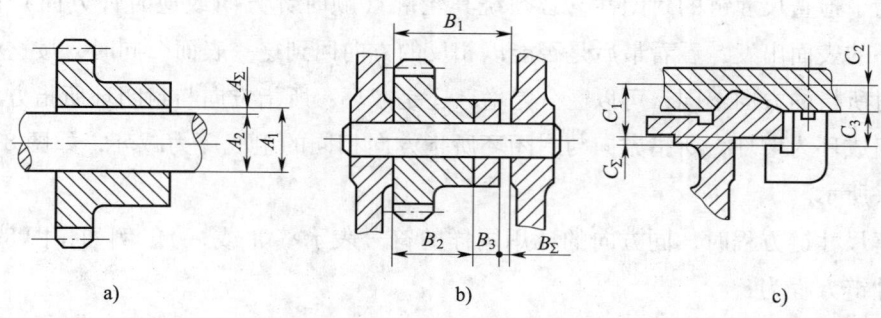

图 8—65　装配尺寸链（一）

装配尺寸链有两个特征：

（1）有关尺寸连接起来构成封闭外形。

（2）构成这个封闭外形的每个独立尺寸的偏差都影响着装配精度。

运用尺寸链原理来分析机器的装配精度问题是一种有效的方法。因为任何机器都是由若干互相关联的零件和部件所组成的，这些零件和部件的有关尺寸就反映着它们之间的彼此联系而形成尺寸链，所以，从尺寸链的观点来看，整个机器就是一个彼此有着密切联系的尺寸链系统。

装配尺寸链可由装配图中找出，为了方便起见，通常不绘出该装配部分的具体结构，也不必按照严格的比例，而只需依次绘出各有关尺寸，排列成封闭外形的尺寸链简图，如图 8—66 所示。

组成尺寸链的各个尺寸简称为环。在每个尺寸链中至少有三种环。在尺寸链中，当其他环尺寸确定后新产生的一个环叫做封闭环（或称终结环），用 A_Σ 和 B_Σ 等表示。在装配尺寸链中，封闭环通常就是装配后的精度或技术要求。一个尺寸链中只有一个封闭环，其余尺寸叫做组成环。同一组尺寸链中的组成环用同一字母表示，如 A_1，A_2，A_3 等。各组成环尺寸的变动对封闭环所产生的影响往往不同。例如，在图 8—65a 中，孔径尺寸 A_1 增大，间隙 A_Σ 也增大；而当轴径尺寸 A_2 增大时，间隙 A_Σ 将减小，所以又可将尺寸链中的组成环分为两种，即增环与减环。

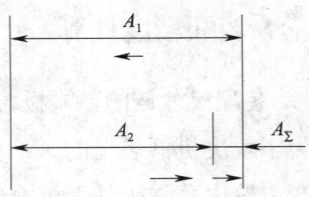

图 8—66　尺寸链简图（一）

在其他各组成环不变的条件下，当某组成环增大时，如果封闭环随之增大，那么这个组成环就称为增环，如图 8—65a 中的 A_1；当某组成环增大时，如果封闭环随之减小，那么这个组成环就称为减环，如图 8—65a 中的 A_2。

为了检查尺寸链的封闭性，必须绕其轮廓（顺时针方向或逆时针方向）由任何一环的表面出发，看看最后是否能以相反的方向回到这一表面。同时，按这些环绕时所指的方向不同，可以区分是增环还是减环：所指方向与封闭环所指方向相反的组成环为增环，所指方向与封闭环所指方向相同的组成环为减环，如图 8—66 中箭头所示。

解尺寸链方程时，同方向的环用同样的符号表示（+ 或 −）。例如，图 8—66 的尺寸链方程为：

$$A_1 - A_2 - A_\Sigma = 0$$

或：

$$A_\Sigma = A_1 - A_2$$

由尺寸链简图及其方程可知，尺寸链封闭环的基本尺寸就是各组成环基本尺寸的代数和。

上述装配尺寸链所涉及的都是尺寸精度问题，在有些情况下，还会遇到相互位置精度的装配工艺问题，如平行度、垂直度等。在建立这种装配尺寸链时，要涉及平行度和垂直度的有关精度，为此，可先进行适当的误差变换，以统一误差的性质，然后就可以列出尺寸链简图及其方程。经过这样变换之后，任何带有垂直度、平行度要求的装配尺寸链与平行的装配尺寸链之间并无本质的区别，所以分析方法也基本相同。

2. 装配尺寸链的封闭环公差

尺寸链中封闭环的公差大小是由组成这个尺寸链的其余各环的公差大小决定的。封闭环公差与各组成环公差之间的极限关系可由以下两个假定得出：

（1）所有增环都是最大极限尺寸，而所有减环都是最小极限尺寸。

(2) 所有增环都是最小极限尺寸，而所有减环都是最大极限尺寸。

显然，在第一种情况下，将得到封闭环最大极限尺寸；而在第二种情况下，将得到封闭环最小极限尺寸。用公式表示为：

$$A_{\Sigma \max} = \sum_{i=1}^{m} \vec{A}_{i\max} - \sum_{i=1}^{n} \overleftarrow{A}_{i\min} \qquad (8\text{—}1)$$

$$A_{\Sigma \min} = \sum_{i=1}^{m} \vec{A}_{i\min} - \sum_{i=1}^{n} \overleftarrow{A}_{i\max} \qquad (8\text{—}2)$$

式中　$A_{\Sigma \max}$——封闭环最大极限尺寸，mm；

　　　$A_{\Sigma \min}$——封闭环最小极限尺寸，mm；

　　　$\vec{A}_{i\max}$——各增环最大极限尺寸，mm；

　　　$\vec{A}_{i\min}$——各增环最小极限尺寸，mm；

　　　$\overleftarrow{A}_{i\max}$——各减环最大极限尺寸，mm；

　　　$\overleftarrow{A}_{i\min}$——各减环最小极限尺寸，mm；

　　　m——增环数；

　　　n——减环数。

将式（8—1）和式（8—2）两者相减，可得封闭环的公差：

$$\delta_{\Sigma} = \sum_{i=1}^{m+n} \delta_i \qquad (8\text{—}3)$$

式中　δ_{Σ}——封闭环公差，mm；

　　　δ_i——各组成环公差，mm。

式（8—3）表明，封闭环公差等于各组成环公差之和。

3. 装配尺寸链的解法

装配工作的任务是保证机器在装配后达到规定的各项精度要求，从尺寸链观点看，就是解尺寸链，也就是使其达到各尺寸链封闭环的预定精度。

解装配尺寸链的方法主要有以下四种：

(1) 完全互换法

在采用完全互换法装配时，尺寸链中各组成环不需经过任何选择和修整，就能保证其封闭环的预定精度。为了实现完全互换法解尺寸链，尺寸链各环的公差（极限偏差）需根据式（8—1），(8—2) 和（8—3）的极限关系来确定。其计算的一般步骤如下：

1) 绘出所需解的尺寸链简图，并列出其尺寸链方程。

2）由封闭环公差值（根据机器或部件所规定的装配技术要求给出）按式（8—3）合理分配给各组成环。

3）按照一定的公差配合要求确定各环的上偏差和下偏差，且必须满足式（8—1）和式（8—2）。

例2　在如图8—65b所示的装配单元中，为了使齿轮能正常工作，要求装配后垫圈端面与箱体孔端面之间具有 0.1~0.3 mm 的轴向间隙。已知各基本尺寸为 $B_1 = 80$ mm，$B_2 = 60$ mm，$B_3 = 20$ mm。试用完全互换法解此尺寸链。

解：（1）绘出尺寸链简图，如图8—67所示。

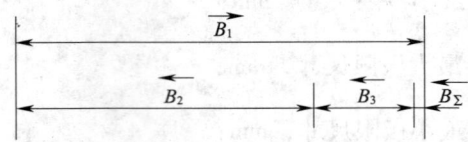

图8—67　尺寸链简图（二）

（2）列出尺寸链方程：

$$B_\Sigma = B_1 - B_2 - B_3 = B_1 - (B_2 + B_3)$$

（3）求出封闭环公差：

$$\delta_\Sigma = 0.3 - 0.1 = 0.2 \text{ mm}$$

考虑各环加工难易程度不同，按式（8—3）的关系将 δ_Σ 适当分配给各组成环，取 $\delta_{B1} = 0.10$ mm，$\delta_{B2} = 0.06$ mm，$\delta_{B3} = 0.04$ mm。

4）确定各环的上偏差和下偏差。由于 B_1 为增环，B_2 和 B_3 为减环，故取 $B_1 = (80 + 0.10)$ mm，$B_2 = (60 - 0.06)$ mm。为满足式（8—1）和式（8—2），对 B_3 的极限尺寸进行计算：

$$B_{\Sigma \max} = B_{1\max} - (B_{2\min} + B_{3\min})$$
$$B_{\Sigma \min} = B_{1\min} - (B_{2\max} + B_{3\max})$$

移项后得：

$$B_{3\min} = B_{1\max} - (B_{2\min} + B_{\Sigma \max})$$
$$= 80.1 - (59.94 + 0.3)$$
$$= 19.86 \text{ mm}$$

$$B_{3\max} = B_{1\min} - (B_{2\max} + B_{\Sigma \min})$$
$$= 80 - (60 + 0.1)$$
$$= 19.90 \text{ mm}$$

即　　$B_3 = 20_{-0.14}^{-0.10}$ mm

也就是说，尺寸链各环如果按上述计算所得的极限偏差来制造，那么在装配时不需经过任何选择和修整，就能保证达到预定的装配技术要求。

（2）分组装配法

在采用分组装配法装配时，可将尺寸链中各组成环的公差放大到经济精度，然后按实测尺寸分组，装配时按组进行互换装配，以保证其封闭环的预定精度。

1）用分组装配法解尺寸链时，各组成环的极限偏差可按以下步骤来确定：

①先按完全互换法解出各组成环的允许公差和偏差值。

②将得出的组成环公差扩大几倍，使其达到经济精度。

③按相同方向来移动各组成环的制造偏差位置。

④对各组成环零件制造后的实际尺寸进行精密测量，并按大小等分成几组，取对应组的零件进行装配。

例3 有一批直径为30 mm 的轴、孔配合件，装配间隙要求为0.005～0.015 mm，用分组装配法解此尺寸链时，试确定各组成环的偏差值。已知孔、轴的经济公差为0.02 mm。

解：（1）先按完全互换法确定各组成环的允许公差和偏差值，取 $\delta_\text{孔} = \delta_\text{轴} = 0.005$ mm，当孔的尺寸规定为 $\phi 30^{+0.005}_{0}$ mm 时，则轴的尺寸应为 $\phi 30^{-0.005}_{-0.010}$ mm。

（2）将轴和孔的公差均扩大4倍，即 $4 \times 0.005 = 0.02$ mm，使其达到经济精度。

（3）按相同方向移动组成环的制造偏差位置，如孔径取 $\phi 30^{+0.02}_{0}$ mm（极限偏差向大的方向移动），则轴径应取 $\phi 30^{+0.01}_{-0.01}$ mm（极限偏差也向大的方向移动）。

（4）在零件制造后，按不同的尺寸进行分组，由于制造公差比允许公差扩大了4倍，因此可分为4组。装配时，使大尺寸的孔与大尺寸的轴配合，小尺寸的孔与小尺寸的轴配合。由于分组公差与允许公差相同，因此就可使配合间隙达到要求。孔、轴的分组偏差见表8—6。

表8—6　　　　　　　　　　孔、轴的分组偏差　　　　　　　　　　mm

组别	孔径	轴径	配合间隙
1	$\phi 30^{+0.020}_{+0.015}$	$\phi 30^{+0.010}_{+0.005}$	0.005～0.015
2	$\phi 30^{+0.015}_{+0.010}$	$\phi 30^{+0.005}_{0}$	0.005～0.015
3	$\phi 30^{+0.010}_{+0.005}$	$\phi 30^{0}_{-0.005}$	0.005～0.015
4	$\phi 30^{+0.005}_{0}$	$\phi 30^{-0.005}_{-0.010}$	0.005～0.015

2) 确定组成环偏差值时的注意事项

①各组成环公差取值一般应相等，同时，各组成环的制造偏差在用完全互换法得出的公差带位置的基础上要向同方向偏移。这样，经分组装配，各组的配合性质才能取得一致。

②在经济可行的制造公差中要选用最小的，以减少分组数。

③采用分组装配法时，装配质量不取决于零件的制造公差，而取决于分组公差。因此，配合零件的表面粗糙度、形位公差须与分组公差相适应；否则就不能得到很高的装配质量。

（3）修配装配法

修配装配法是指通过修配的方法来改变尺寸链中某一预先规定的组成环尺寸，使之满足封闭环的规定精度要求。这个预先被规定要进行修配的组成环叫做补偿环，且用框格来表示，如 $\boxed{A_1}$，$\boxed{B_1}$，$\boxed{C_1}$ 等。

按修配装配法解尺寸链时，确定各组成环的极限偏差及补偿环时一般应考虑以下几个方面：

1) 补偿环的选定原则

①不是几个尺寸链的公共环。

②修配加工比较方便。

③修配时本身的形状精度、位置精度和表面质量容易达到规定要求。

2) 按现有生产类型下经济可行的公差来规定尺寸链各环的公差及非补偿环的上偏差、下偏差，必然会使封闭环上所累积起来的总误差超出规定的公差。设备组成环的制造公差为 δ'_1，δ'_2，…，δ'_{n-1}，则封闭环的公差将为：

$$\delta'_\Sigma = \delta'_1 + \delta'_2 + \cdots + \delta'_{n-1}$$

δ'_Σ 必然大于规定的封闭环公差 δ_Σ，其相差数值（$\delta'_\Sigma - \delta_\Sigma$）称为补偿值。显然，在规定各环的制造公差值时，应使这个补偿值不要太大，因为补偿值过大，将增大装配时的修配工作量。

3) 确定补偿环的极限尺寸。为了确保补偿环在修配后能获得封闭环的规定精度，在确定补偿环的极限尺寸时应采用以下方法：

①若补偿环尺寸越修整封闭环尺寸越大，则应先限制其最大极限尺寸。

②若补偿环尺寸越修整封闭环尺寸越小，则应先限制其最小极限尺寸。

然后再按补偿环公差确定其偏差值。

例4 如图8—68所示为保证普通车床前、后顶尖轴线等高的装配尺寸链，根据精度要求，只允许尾座高 $0 \sim 0.06$ mm。已知 $A_1 = 202$ mm，$A_2 = 156$ mm，$A_3 = 46$ mm。试按修配装配法确定补偿环和其他各组成环的偏差值。

解：(1) 绘出尺寸链简图，如图 8—69 所示。

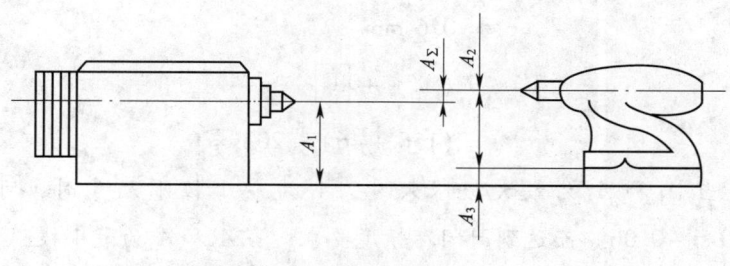

图 8—68　装配尺寸链（二）

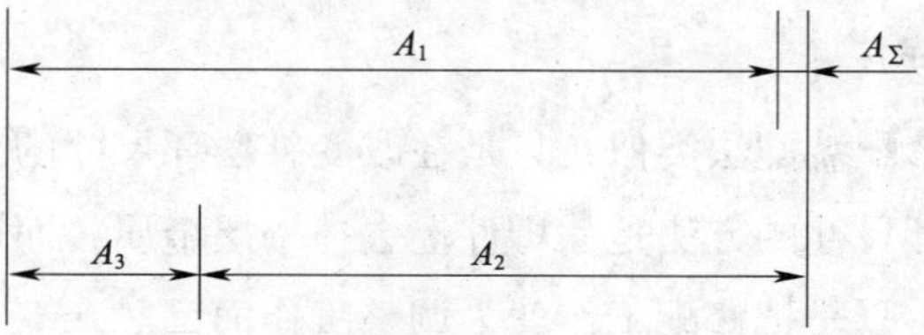

图 8—69　尺寸链简图（三）

(2) 列出尺寸链方程：

$$A_\Sigma = (A_2 + \boxed{A_3}) - A_1$$

考虑修配工艺的方便，选定 $\boxed{A_3}$ 为补偿环。

(3) 按具体生产条件，确定各环经济可行的公差：取 $\delta_{A1} = 0.25$ mm，$\delta_{A2} = 0.2$ mm，$\delta_{A3} = 0.15$ mm。并规定：$A_1 = 202_{-0.25}^{\ 0}$ mm，$A_2 = 156_{\ 0}^{+0.2}$ mm。

(4) 求出补偿环极限尺寸。由于补偿环 $\boxed{A_3}$ 为增环，且尺寸越修封闭环尺寸越小，所以应首先求出补偿环的最小极限尺寸。为此，必须满足尺寸链方程，即：

$$A_\Sigma 2\min = (A_{2\min} + \boxed{A_3}_{\min}) - A_{1\max}$$

移项后得：

$$\boxed{A_3}_{\min} = A_{1\max} + A_{\Sigma\min} - A_{2\min}$$
$$= 202 + 0 - 156 = 46 \text{ mm}$$
$$\boxed{A_3}_{\max} = \boxed{A_3}_{\min} + \delta_{A3} = 46 + 0.15 = 46.15 \text{ mm}$$

即 $\boxed{A_3} = 46_{\ 0}^{+0.15}$ mm

(5) 为校核补偿环极限尺寸的计算是否正确，可按尺寸链方程对封闭环极限

尺寸进行验算,得封闭环极限尺寸为:

$$A_{\Sigma max} = (A_{2max} + \boxed{A_3}_{max}) - A_{1min}$$
$$= (156.2 + 46.15) - 201.75$$
$$= 0.6 \text{ mm}$$

$$A_{\Sigma min} = (A_{2min} + \boxed{A_3}_{min}) - A_{1max}$$
$$= (156 + 46) - 202 = 0$$

也就是当 A_1 和 A_3 为最大极限尺寸,A_1 为最小极限尺寸时,可将 A_3 修去 0.54 mm(0.6 - 0.06)而达到封闭环精度要求;当 A_2 和 A_3 为最小极限尺寸,而 A_1 为最大极限尺寸时,仍能保证封闭环在规定要求范围。

(4) 调整装配法

调整装配法与修配装配法类似,只是在改变补偿环尺寸的方法上有所不同。修配装配法改变补偿环尺寸的方法是从零件上去掉一层金属,而调整装配法则不必从补偿环上去掉金属,只是把修配工作变为调整工作而已。

用调整装配法解尺寸链时,改变补偿环尺寸的方法有以下两种:

1) 用可动调整件,即采用能改变装配件位置的零件使封闭环达到规定的精度。

2) 用固定调整件,即采用按一定尺寸制成的、以备加入尺寸链的专用零件来使封闭环达到规定的精度。

第四节 常用装调工装、设备的使用与保养知识

一、常用工具

1. 刮削用具和显示剂

(1) 刮刀

刮刀是刮削的主要工具,刀头部分应具有足够高的硬度,刃口必须锋利。刮刀的刀头一般采用碳素工具钢 T10A~T12A 或滚动轴承钢 GCr15 制成,刀柄采用弹簧钢 65Mn。刀柄与刀头对焊后,再对刀头进行局部淬硬处理。刮削硬度较高的材料(如白口铸铁等)时,可采用由硬质合金制成的刀头。根据用途不同,刮刀可分为

平面刮刀和曲面刮刀两大类。

1）平面刮刀。平面刮刀如图8—70所示，主要用于刮削平面（如平板、工作台等），也可用于刮削外曲面。按所刮削表面的精度要求不同，可分为粗刮刀、细刮刀和精刮刀三种。刮刀的楔角β的大小应根据粗、细、精刮的要求而定，刮刀头部的角度和形状如图8—71所示。如图8—71a所示，粗刮切削β为90°~92.5°，切削刃必须平直；细刮刀β为95°左右，切削刃稍带圆弧；精刮刀β为97.5°左右，切削刃的圆弧半径比细刮刀小些。在刃磨时必须避免出现如图8—71b所示的几种错误形状。

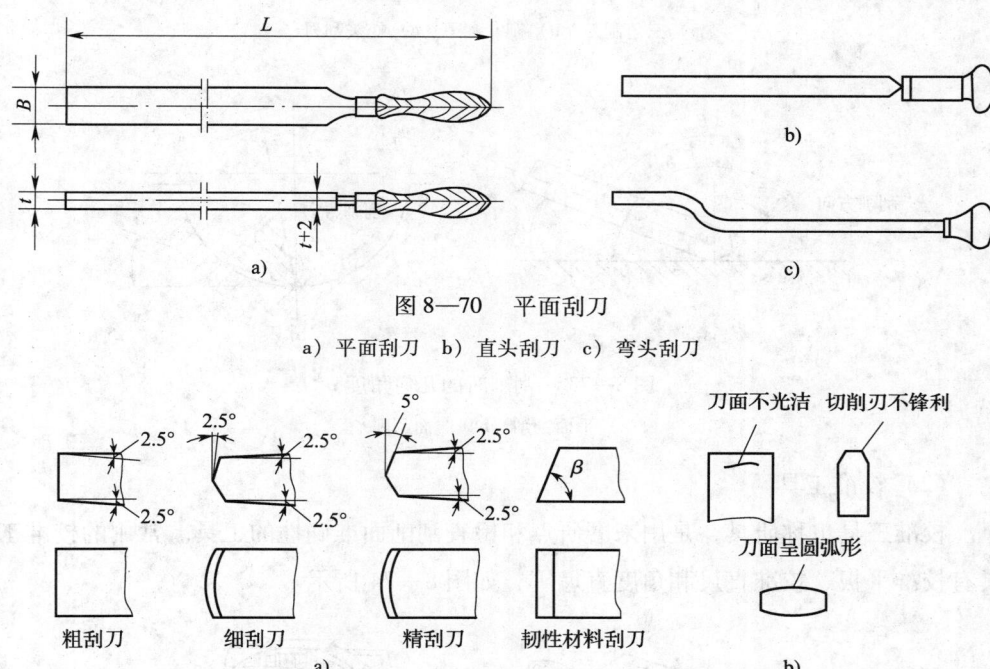

图8—70 平面刮刀
a）平面刮刀 b）直头刮刀 c）弯头刮刀

图8—71 刮刀头部的角度和形状
a）刮刀头部的角度 b）刮刀头部的错误形状

2）曲面刮刀。曲面刮刀主要用于刮削内曲面（如滑动轴承的内孔等）。曲面刮刀有多种形状，常用的有三角刮刀和蛇头刮刀等，如图8—72所示。三角刮刀的断面形状呈三角形，可用三角锉改制而成，也可用碳素工具钢T10A直接锻制。在三个面上开有三条凹形刀槽，刀槽开在两刃中间，切削刃边上只留2~3mm的棱边。蛇头刮刀的断面形状呈矩形，在两个平面上开有凹形刀槽，刀头部具有四条圆弧形的切削刃。粗刮刀圆弧的曲率半径大，精刮刀圆弧的曲率半径小。

刮刀刮削时的几何角度如图8—73所示。平面刮削采用负前角刮削，曲面刮削常采用正前角刮削。

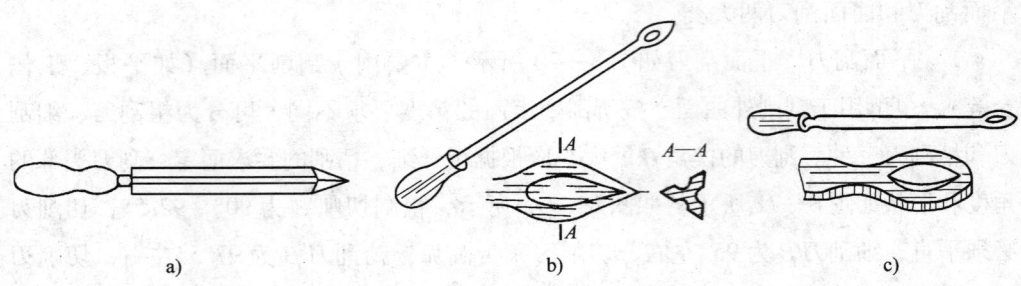

图8—72 曲面刮刀的形状

a）三角刮刀 b）柳叶刮刀 c）蛇头刮刀

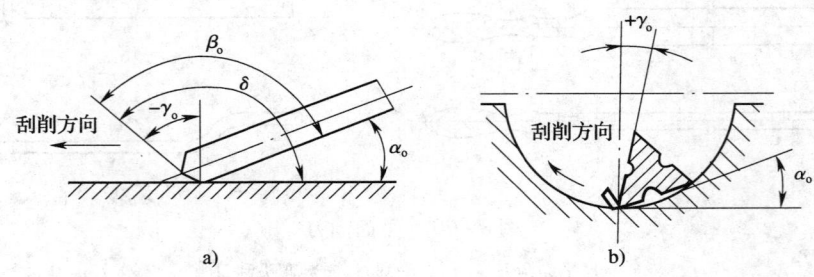

图8—73 刮削时的几何角度

a）平面刮削 b）曲面刮削

（2）校准工具

校准工具也称研具，是用来磨研点和检查刮削面准确性的工具。常用的校准工具有校准平板、校准直尺和角度直尺等，如图8—74所示。

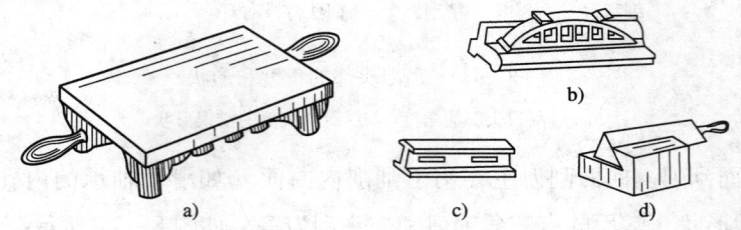

图8—74 校准工具

a）标准平板 b）桥式直尺 c）工字形直尺 d）角度直尺

1）标准平板。标准平板主要用于检查较宽的平面。其面积有多种规格，选用时，平板的面积应大于刮削面的3/4。

2）校准直尺。校准直尺主要用于检验狭长的平面。常用的有桥式直尺和工字形直尺两类。桥式直尺主要用来检验大导轨的直线度。工字形直尺有单面和双面两种，单面工字形直尺的一面经过精刮，精度较高，常用来检验较短导轨的直线度；双面工字形直尺的两面都经过精刮且互相平行，常用来检验狭长平面相对位置的准确性。

3) 角度直尺。角度直尺主要用于检验两个刮削面成角度的组合面，如燕尾形导轨面等。两基准面经过精刮，并形成所需的标准角度，如55°和60°等。

各种直尺不用时应将其吊起。不便吊起的直尺应安放平稳，以防止产生变形。

检验各种曲面时，多数是用与其相配合的零件作为标准工具。如检验齿轮和蜗轮的齿面时，用与其啮合的齿轮和蜗杆作为校准工具。

（3）显示剂

校准工具与工件对研时所用的有颜色的涂料称为显示剂。显示剂用来显示工件误差的位置和大小。

1) 显示剂的种类。常用的显示剂有红丹粉和蓝油两大类。红丹粉由氧化铁（呈红褐色）或氧化铅（呈橘黄色）微粉加适量的润滑油（或润滑脂）调和而成。因为红丹粉显点清晰，无反光，且价格较低，故广泛用于铸铁和钢的刮削研点显示；蓝油由蓝粉与蓖麻油及适量润滑油调和而成（呈深蓝色），由于它研点小而清晰，故多用于精密工件和有色金属及其合金材料的刮削研点显示。

2) 显示剂的使用方法。根据粗刮和精刮要求不同，显示剂可标准研具上或涂在工件表面上。粗刮时显示剂可调得稀一些，涂在标准研具（或工件）表面上，可涂得厚一些，这样显示出来的研点较大，便于刮削；精刮时显示剂可调得稠一些，涂在工件表面上，应薄而均匀，这样显示出来的研点细小，便于增多刮削点数，提高刮削精度。使用显示剂时，还要注意保持清洁，切忌混入灰尘、切屑和其他污物，以免在研点时划伤已刮削的工件表面。

2．一般螺纹连接工具

（1）呆扳手

呆扳手是紧固螺纹的常用工具之一，有单头和双头之分，其规格以开口宽度表示。

（2）梅花扳手

梅花扳手工作部分的孔中有等分的12个角，如图8—75所示，用它装拆六角螺母或螺栓时，柄部仅需摆动30°角，可在活动范围较小的场合工

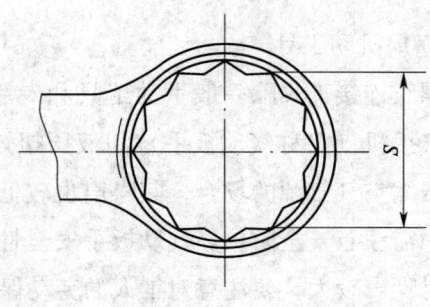

图8—75 梅花扳手

作，并且使用时不易脱出。梅花扳手的规格尺寸用 S 表示。

（3）套筒扳手

套筒扳手主要由套筒头、手柄、连接杆和接头等组成，每只套筒头只适用于一种尺寸的六角螺栓或螺母。套筒头工作部分内孔形状与梅花扳手相同，规格也以参数 S 表示。手柄形式有棘轮手柄、摇手柄等，以适应各种现场工作的需要。除了具有一般扳手的功用外，套筒扳手特别适用于在各种特殊位置（如空间狭小或凹下较深处）装拆六角螺栓或螺母。

（4）内六角扳手

内六角扳手专门用于装拆内六角螺钉，其规格以等六角形对边距离的公称尺寸 S 表示。

（5）活扳手

活扳手的开口宽度可以调节，可装拆一定尺寸范围内的螺母或螺栓，通用性较强。在螺栓或螺母尺寸不一、数量又少的情况下，或者螺母或螺栓的棱角不规则时，常用活扳手装拆。但活扳手松旷或使用不当时，易损坏螺母或螺栓头部的棱角。

（6）圆螺母扳手

常用的圆螺母扳手有侧面槽钩扳手、端面孔活扳手和侧面孔钩扳手等，如图8—76 所示。

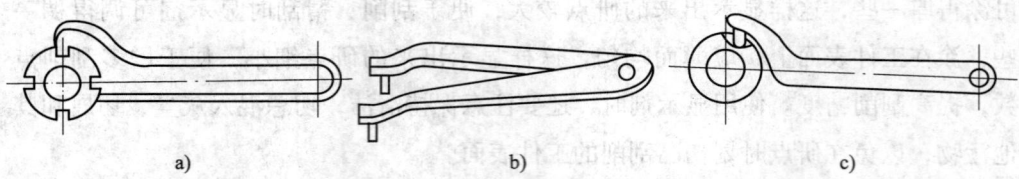

图8—76　圆螺母扳手

a）侧面槽钩扳手　b）端面孔活扳手　c）侧面孔钩扳手

（7）机动工具

螺纹连接工具除一般手动工具和专用工具外，还有各种机动工具，如电动扳手、气扳机（又称气动扳手）和液压扭矩扳手等。电动扳手适用范围广，尤其是在无压缩空气气源的场合，其噪声也较低，安全性以双重绝缘的电动扳手为更好，使用中需注意安全防护。气动扳手安全性好，但需在有压缩空气的场合才能使用，工作时噪声较大，要注意对工人的劳动保护。液压扭矩扳手主要适用于大、重型设备中大直径螺纹连接的紧固和拆卸工作，需要有压力油油源作为驱动动力。

3. 规定预紧力的螺纹连接工具

(1) 扭矩扳手

对于有规定预紧力要求的螺纹连接，常用的手动工具是扭矩扳手和扭矩旋具以及定扭矩扳手和定扭矩旋具，如图8—77所示。扭矩扳手和旋具在螺纹连接时可指示出预紧力，操作方便，但误差较大。定扭矩扳手和旋具常用在大批大量生产中，可预先设定扭矩值。操作时扳动手柄，当感觉到发出响声时，扭矩已达到预定值。

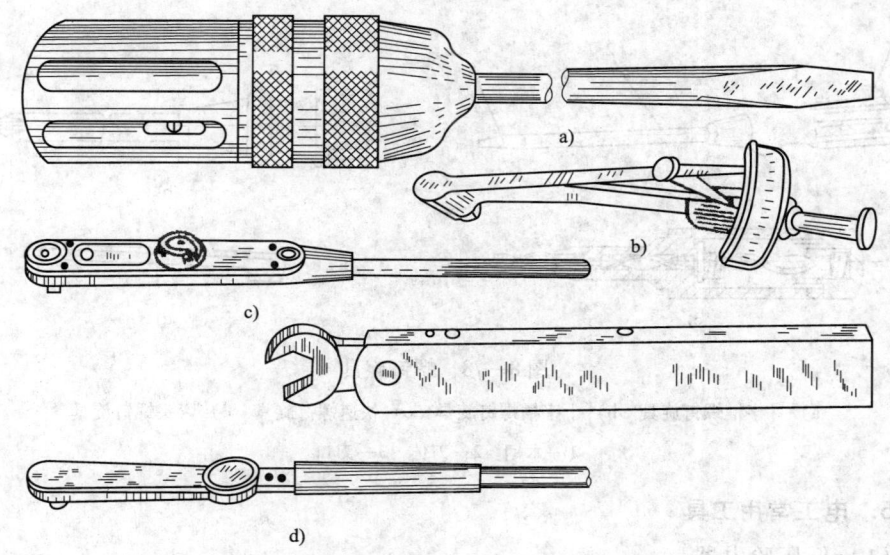

图8—77 扭矩旋具和扭矩扳手

a) 定扭矩旋具 b) 直接横梁式扭矩扳手 c) 刻度盘指示式扭矩扳手 d) 定扭矩扳手

(2) 机动扭矩扳手

机动扭矩扳手用于有规定预紧力要求的螺纹连接，分为电动定扭矩扳手和气动定扭矩扳手。

(3) 数控螺栓拧紧机

数控螺栓拧紧机是由电动扳手头与计算机数控系统组合而成的，以实现数控定扭矩操作。其扭矩的控制精度可达3%，转角的控制精度可达±(1°~2°)，同时，还可以对被拧紧螺栓的力学性能（主要是屈服强度）实施控制。

4. 螺钉旋具

常用的螺钉旋具包括一字槽螺钉旋具（见图8—78a）、十字槽螺钉旋具（见图8—78b）、快速螺钉旋具（见图8—78c）和弯头螺钉旋具（见图8—78d）等。使用螺钉旋具时应注意以下几点：

（1）根据螺钉头部沟槽的形状和尺寸选用相应规格的螺钉旋具。

（2）使用螺钉旋具时应手握旋具柄部，使刀口对准螺钉头部沟槽，在沿着螺钉方向用力的同时旋转旋具，即可拧紧或松开螺钉。

（3）不能将螺钉旋具作为撬棒使用，也不能用锤子敲击螺钉旋具的柄部，将螺钉旋具作为錾子使用。

（4）不能在旋具刀口附近用扳手或钳子来增加扭转力矩。

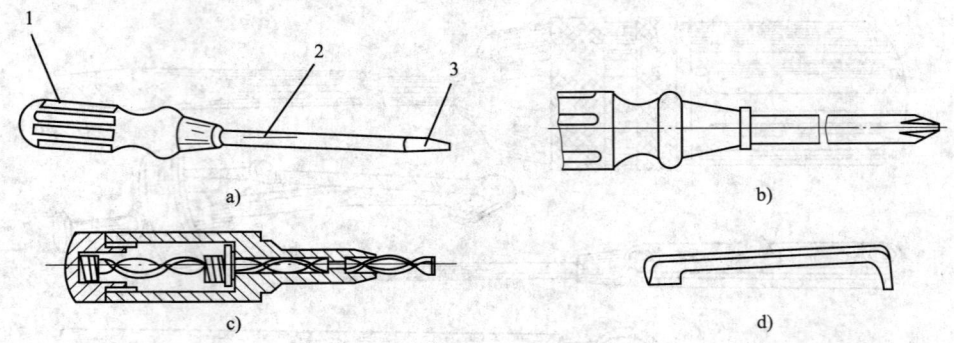

图 8—78　螺钉旋具

a）一字槽螺钉旋具　b）十字槽螺钉旋具　c）快速螺钉旋具　d）弯头螺钉旋具

1—木柄　2—刀体　3—刀口

5. 电工常用工具

（1）低压验电器

低压验电器又称验电笔，电工常用它来判断低压电源火线的端子。如图 8—79 所示为四种低压验电器的外形。

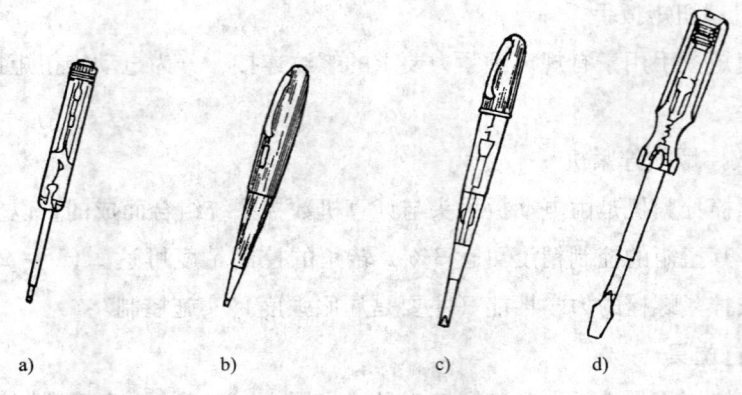

图 8—79　低压验电器的外形

a）108 型　b）505 型　c）111 型　d）301 型

(2) 夹扭剪切两用钳

夹扭剪切两用钳又称电工钳,其外形如图 8—80 所示。主要用于夹持或折断金属薄板以及切断金属丝。其中铁柄的电工钳供一般使用,带绝缘柄的电工钳在有电的场合中使用。

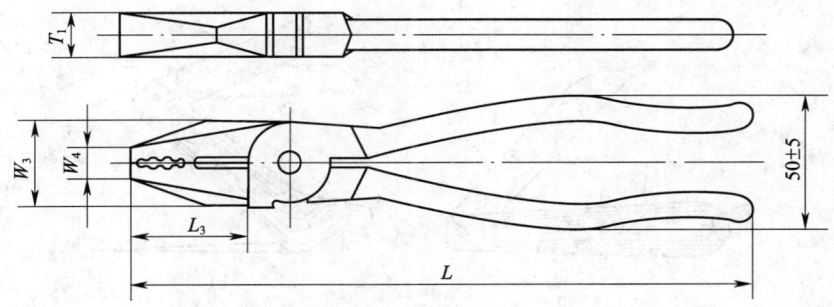

图 8—80　夹扭剪切两用钳的外形

为了能在各种特殊的作业环境中方便使用,在夹扭剪切两用钳的基本类型中衍生出各种专用的电工钳,如尖嘴钳、弯嘴钳、扁嘴钳、鸭嘴钳、圆嘴钳等。

(3) 斜嘴钳

斜嘴钳又称为斜口钳,其外形如图 8—81 所示。电工主要用它来切断金属丝,为安装电线的常用工具。

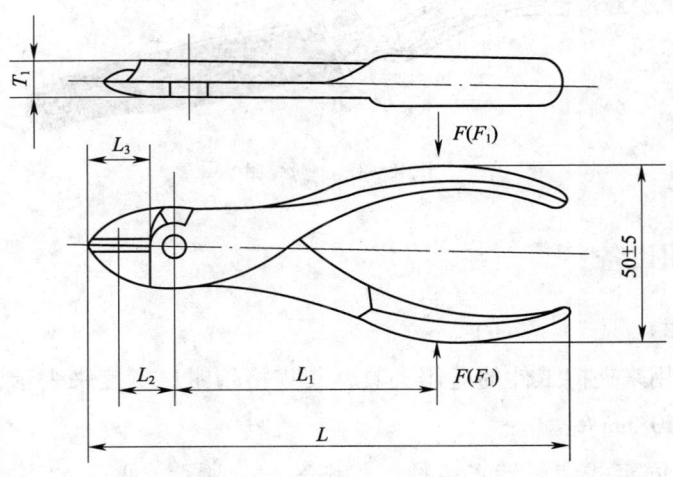

图 8—81　斜嘴钳的外形

(4) 电工刀

电工刀又称为水手刀,其外形如图 8—82 所示。电工、船舶上的水手等常用它来割削电缆、绳索等。按其功能不同可分为普通电工刀和三用电工刀两种,三用电工刀除切、削功能外，还可完成锯、钻、挑等多种操作。

（5）剥线钳

剥线钳如图8—83所示，它是剥离带护套（橡胶、塑料等，但不能用于剥离金属护套）电缆的专用工具。

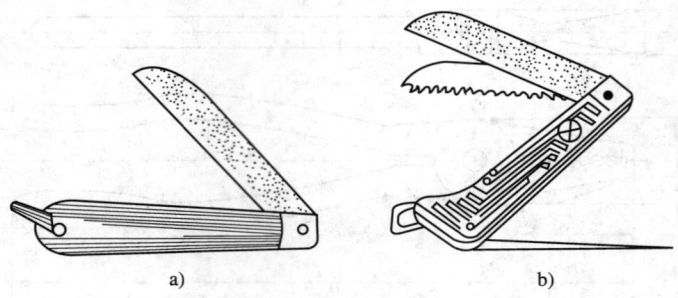

图8—82　电工刀的外形
a) 普通电工刀　b) 三用电工刀

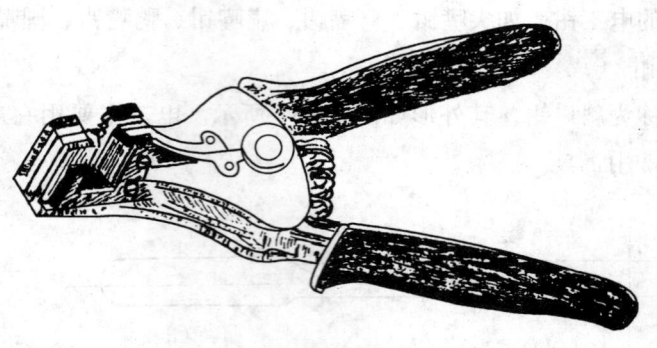

图8—83　剥线钳

二、常用设备

1. 台虎钳

台虎钳是用来夹持工件的通用夹具，其规格用钳口宽度来表示，常用规格有100, 125和150 mm等。

台虎钳有固定式和回转式两种，如图8—84所示。两者的主要结构和工作原理基本相同，其不同点是回转式台虎钳比固定式台虎钳多了一个底座，工作时钳身可在底座上回转，可满足不同方位的加工需要，因此使用方便，应用范围广。

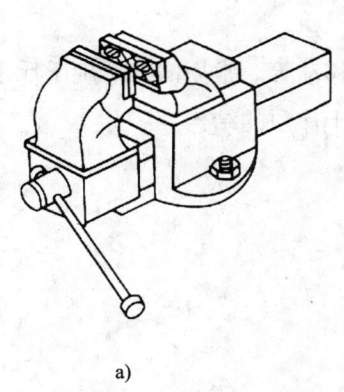 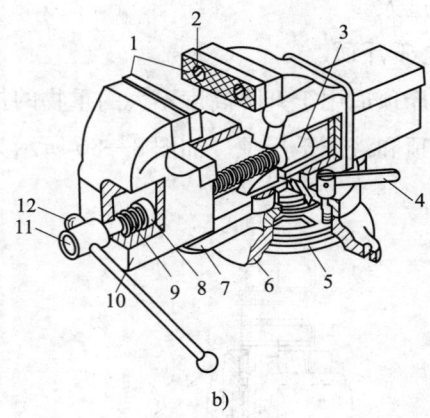

a)　　　　　　　　　　　　b)

图 8—84　台虎钳

a）固定式　b）回转式

1—钳口　2—螺钉　3—螺母　4，12—手柄　5—夹紧盘　6—转盘座
7—固定钳身　8—挡圈　9—弹簧　10—活动钳身　11—丝杆

使用台虎钳的注意事项如下：

（1）夹紧工件时要松紧适当，只能用手扳紧手柄，不得借助其他工具加力。

（2）强力作业时，应尽量使力朝向固定钳身。

（3）不允许在活动钳身和光滑平面上进行敲击作业。

（4）对丝杆、螺母等活动表面应经常清洗、润滑，以防止生锈。

2．砂轮机

砂轮机是用来刃磨各种刀具、工具的常用设备，由电动机、砂轮机座、托架和防护罩等部分组成，如图 8—85 所示。

砂轮较脆，转速又很高，使用时应严格遵守以下安全操作规程：

（1）砂轮的旋转方向要正确，只能使磨屑向下飞离砂轮。

（2）砂轮机启动后，应在砂轮旋转平稳后再进行磨削。若砂轮跳动明显，应及时停机修整。

（3）砂轮机托架与砂轮之间的距离应保持在 3 mm 以内，以防止将工件带入而造成事故。

（4）磨削时应站在砂轮机的侧面，且用

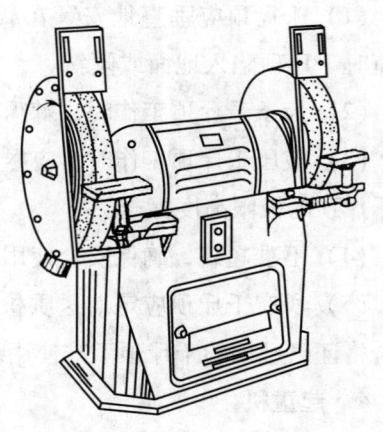

图 8—85　砂轮机

力不宜过大。

3. 千斤顶

千斤顶适用于升降高度不大的重物的提高、移动等。常用的有螺旋千斤顶、齿条千斤顶和液压千斤顶。如图8—86所示为液压千斤顶的结构。

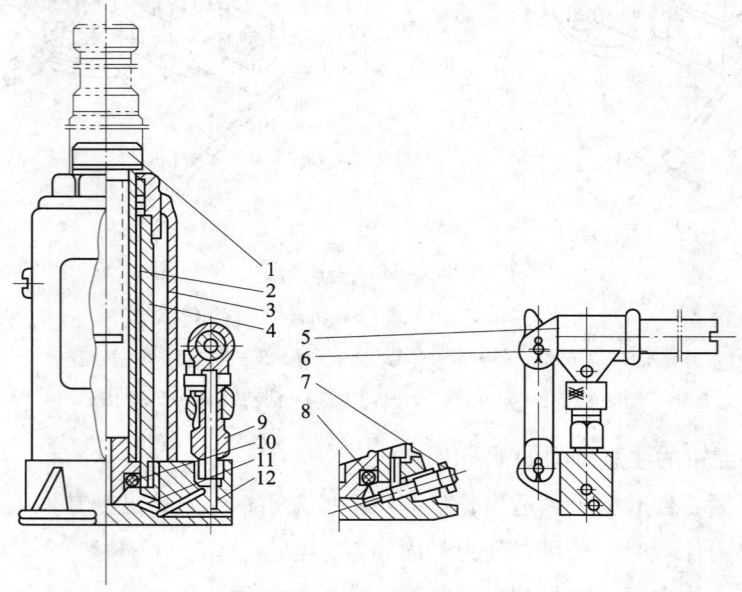

图8—86 液压千斤顶的结构

1—螺杆 2—主活塞 3—储油缸 4—主缸 5—压把 6—压把杆

7—放油杆 8，10—胶碗 9—液压缸 11，12—单向阀

使用千斤顶的注意事项如下：

（1）千斤顶应垂直地安置在载荷下面，工作地面应坚实、平坦，以防止承受载荷时千斤顶陷入地面或倾斜。

（2）齿条千斤顶工作时，棘爪必须在棘轮顶面上滑过。

（3）液压千斤顶工作时，应尽量避免全部旋出螺杆，主活塞的行程不允许超过千斤顶的极限高度标志。

（4）不准超载，确保安全使用。

（5）所有千斤顶应定期送质检部门做安全鉴定，没有安全鉴定合格证，或鉴定合格证已过期的千斤顶不准使用。

4. 起重机

起重机是现代工业生产过程的机械化、自动化的代表之一，它是改善物料的搬运条件、减轻劳动强度、提高劳动生产率必不可少的重要设备。在拖拉机分装、总装生产线上，使用的起重机大致可以分为以下四大类：

（1）桥式起重机

桥式起重机除起升机构外，还有横向和纵向运行机构（通称为大车和小车），因此，起重机能在整个工作场地及其上空作业。桥式起重机一般都配备有专职司机进行操作。

（2）臂架式起重机

臂架式起重机除起升机构外，通常还有回转运行机构，起重机可以在运行机构所能达到和臂架回转范围所及的场所及其上空进行作业。

（3）固定式回转起重机、升降机

这类起重设备只能实现垂直方向上的提升作业，如电梯、提升吊车等。

（4）小型起重机

小型起重机包括电动葫芦、卷扬机等。

使用各类起重设备时，一定要严格遵守起重安全操作规程。

5．装配生产线

装配生产线通常是指以人工流水形式或机械化形式传送，由装配工人借助装配工具和设备完成设定的装配工作的生产线。自动化装配系统有刚性和柔性之分。刚性自动化装配系统就是传统意义上的自动化装配系统，系统中的自动装配设备基本上是专用的，产品的种类、形式和结构一旦发生变化，系统就不再适用。即使改造后能继续使用，也会增加设备费用，延误工程投产。柔性自动化装配系统是为了适应产品迅速更新换代、品种不断增加和批量不断变换的生产要求，在近年来研究开发出来的全新理念的装配系统。

装配生产线根据装配产品的结构特点和要求，设置了装配传送装置、给料及定向装置、自动化装配装置和检测装置等。

（1）装配传送装置

装配传送方式有两种，即连续传送和间歇传送。间歇传送又可分为同步传送和非同步传送，而同步传送中又包括固定节拍传送和非固定节拍传送两种形式。

（2）给料及定向装置

给料装置分为料斗和料仓两大类。料斗适用于装配形状简单的小型工件；料仓适用于装配形状比较复杂或较大型的工件，也适用于装配精密或脆性工件。

（3）自动化装配装置

广义的自动化装配装置是指用于实现产品各装配工序自动化的装置，除自动传送和给料装置外，还包括自动清洗装置、自动平衡装置、自动装入装置、自动螺纹连接装置以及装配机器人等。

(4) 检测装置

检测装置是装配生产线和自动化装配系统中的重要组成部分。一般装配生产线的检测装置是根据装配工艺要求进行设置的，自动化装配系统的检测装置除了能对产品装配工艺要求的项目进行检测外，还能针对装配中是否有缺件，所装零件的方向和位置是否正确，螺纹连接件的装配质量等项目进行在线检测。

第五节 拖拉机调整工艺以及质量检测基础知识

一、拖拉机发动机调整工艺基础知识

拖拉机的发动机大都采用柴油机。柴油机完成装配工作以后，还要对整机进行试验和调整，调整的项目很多，下面重点介绍柴油机配气相位的调整。

在柴油机的实际工作过程中，进气门和排气门的开启与关闭并不是在活塞到达上止点或下止点才开始的，而是要提前打开，延迟关闭。因此，进气门和排气门从打开到关闭所对应的曲轴转角都大于180°。用曲轴转角表示的气门实际开闭时刻和持续时间称为配气相位，常用环形图来表示，如图8—87所示为柴油机配气相位图。

进气门及排气门的启闭时刻以活塞上止点、下止点为计量基准，并以曲轴转角来表示，称为配气相位，表示配气相位的图称为配气相位图。

柴油机在工作过程中，配气质量对其经济性和动力性影响很大。在进气行程中，进入气缸的空气越多，则可增加喷入气缸的燃料，使柴油机发出更大的功率；在排气行程中，将气缸内的废气排得越干净，对改善燃烧过程越有利。合理的配气相位能使进气充分、排气彻底，从而提高柴油机的输出功率。

1. 进气门的早开迟闭

如图8—87所示，使进气门在上止点前开启，至下止点后关闭，其目的是使进气更加充分。一般进气提前角为上止点前10°~30°，进气延迟角为下止点后40°~70°。

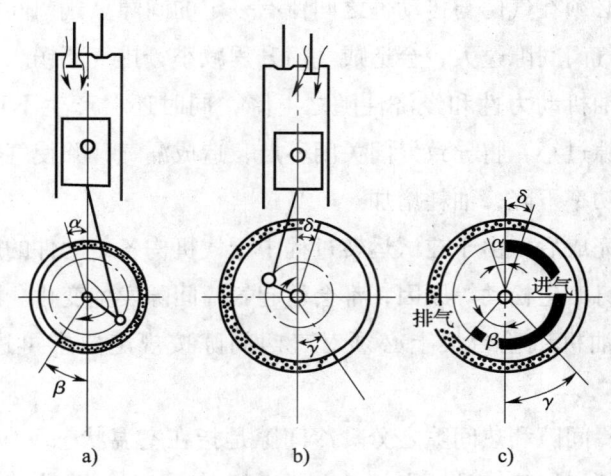

图 8—87 柴油机配气相位图
a）进气相位 b）排气相位 c）配气相位
α—进气门提前开启角 β—进气门延迟关闭角 γ—排气门提前开启角
δ——排气门延迟关闭角 α+δ—进气门和排气门的重叠角

2．排气门的早开迟闭

排气门的开启时刻在活塞到达下止点之前开始，此时活塞仍在下行，气缸内的压力较高，利用这一压力差，使一部分废气迅速排出气缸，可以减少废气对活塞上行的阻力。活塞越过下止点后，气缸内剩下的一部分废气被向上运动的活塞强制推出。排气门关闭时刻延迟到上止点之后，可以借助废气在排气管中流动的惯性，使废气排放得更加干净。一般排气提前角为下止点前 $40°\sim80°$，排气延迟角为上止点后 $10°\sim30°$。

3．气门重叠

从图 8—87 中可以看出，在活塞上止点附近，存在着进气门早开和排气门迟闭，因而出现了进气门和排气门同时开启的现象，这种现象称为气门重叠。进气提前角加上排气延迟角称为气门重叠角。非增压柴油机的气门重叠角一般为 $20°\sim60°$，增压柴油机的气门重叠角为 $40°\sim140°$。

4．气门间隙的调整

气门间隙是指气门杆尾端与摇臂头之间的间隙，顶置式气门配气机构的气门间隙如图 8—62 所示。对于侧置式气门配气机构，则是指气门杆尾端与挺柱之间的间隙。

柴油机运转时，由于气门及各传动件会受热膨胀，致使气门不密封。为了保证气门的密封性，必须在气门与传动件之间留有一定的间隙。气门间隙不能过大，也不能过小。如果气门间隙过大，会造成气门升程减小，排气不畅、进气不足，使换气过程恶化，柴油机动力性和经济性随之下降，同时还会产生不正常的气门敲击声；如果气门间隙过小，将导致气门关闭不严，造成漏气，并使气门与气门座工作面烧蚀，柴油机功率下降，油耗增加。

柴油机装配完成后，由于在试运转过程中配气机构各传动件的磨合磨损，以及气门间隙调整螺钉产生松动等原因，都会引起气门间隙发生变化。因此，在柴油机出厂之前，在柴油机试验台架上必须对气门间隙按规定要求再进行一次检查和调整。

气门间隙有冷间隙和热间隙之分。冷间隙是指在室温状态下应留的气门间隙；热间隙是指柴油机运转至正常温度后，在热机状态下的气门间隙。常用的几种柴油机的气门间隙见表8—7。

表8—7　　　　　　　　　常用柴油机的气门间隙　　　　　　　　　　　　　　mm

机型	进气门	排气门
4125A	0.30	0.35
4115T	0.30	0.35
4100A	0.25~0.30	0.30~0.35
495A	0.25~0.30	0.30~0.35
LR 系列	0.30~0.40	0.40~0.50
康明斯系列	0.30	0.50

5. 减压机构的调整

柴油机的压缩比较高。为了在起动和调整时便于转动曲轴，在柴油机上一般都设有减压机构。常用的减压方法是将气门保持在开启位置，以降低气缸中压缩行程的压力，使转动曲轴的阻力减小。减压机构有多种结构形式，或抬高气门挺柱，或直接压下摇臂头，使进气门或排气门不受配气凸轮的控制而保持开启状态。后者应用较为广泛。直接压下摇臂头的减压机构由减压轴、减压调整螺钉和锁紧螺母组成，如图8—88所示。

调整螺钉与锁紧螺母装在减压轴上。需要减压时，转动减压手柄，使调整螺钉压向摇臂头，从而迫使气门打开。这种减压机构可以通过减压螺钉来调整顶开气门的程度。若气门开度过大，会造成活塞与气门相撞；若开度过小，则起不到应有的减压作用。所以应按有关要求，在气门间隙正常的情况下对减压机构进行检查和调整。

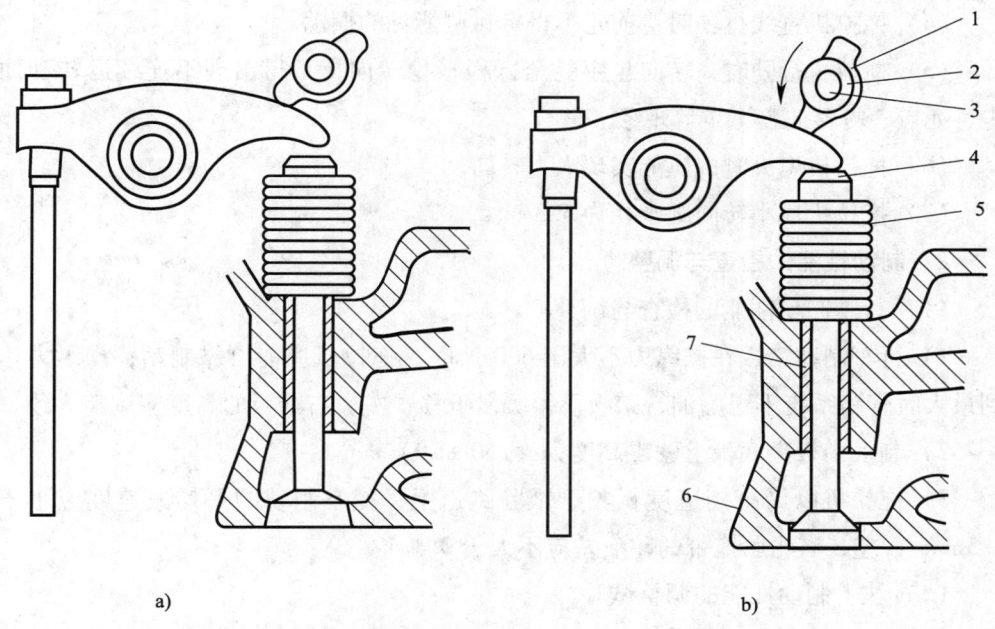

图 8—88 减压机构
a) 减压位置 b) 非减压位置
1—锁紧螺母 2—调整螺钉 3—减压轴 4—气门杆
5—气门弹簧 6—气门座 7—气门导管

二、拖拉机整车调整工艺基础知识

拖拉机整车调整包括下线检查、空负荷磨合试验、液压提升试验、路试、离合制动检查与调整、前束检查与调整、转向机构检查与调整、制动检查、前驱动检查与调整、坡上制动检查、发动机和传动系统运转状况检查与调整、电气系统检查与调整、差速锁性能检查与调整试验、制动装置检查与调整、动力输出试验、操纵机构检查与调整、力矩检查以及所有轮胎气压检查等。

各种型号的拖拉机整车调整和检查的方法不尽相同，但基本原理是一致的。下面仅以 LF80—904WD 型轮式拖拉机为例介绍拖拉机整车调整工艺基础知识。

1. 转向系统的检查与调整

（1）拖拉机停放在直线行驶位置时，在两轮辋内侧测量前轮前束值应为 0～5 mm。

（2）拖拉机停放在直线行驶位置时，拖拉机转向盘最大自由行程不大于 30°，转向盘左右回转和前轮左右偏转的最大角度均应接近或相等。

（3）转向盘在 24°范围内进行角度调整，在 70 mm 范围内进行高度调整。

(4) 拖拉机直线行驶时，前轮不得有目测能见的摆动。

(5) 拖拉机行驶时，转向盘应能全行程平稳转向，不得出现不连续运转和冲击、死点、打转向盘沉重等现象。

(6) 拖拉机熄火时，应能实现人力转向。

(7) 拖拉机最小转向圆半径为 5.3 m。

2. 制动性能的检查与调整

(1) 行驶制动性能的检查与调整

1) 行车制动踏板在操纵力不大于 600 N 时，拖拉机应能可靠制动；操纵力达到最大时管路系统不得漏油，踏板不得缓慢下移；左、右踏板的高度应调整一致。

2) 制动踏板离底板上蒙皮高度为 (150±10) mm。

3) 拖拉机以最高挡速度行驶于试验跑道上，冷态制动的平均减速度应小于 $2.5 m/s^2$；左、右轮胎拖带的印痕差应不大于 0.4 m。

(2) 坡上制动性能的调整试验

拖拉机在 20% 的干硬坡道上，使用驻车制动器应能沿上、下两个方向可靠制动。驻车制动操纵力不大于 200 N。

3. 油门操纵机构的检查与调整

(1) 要求

1) 手油门和脚油门操纵应轻便、灵活，松紧适度，并保证柴油机在全程速度范围内能稳定运转。

2) 操纵手油门时，在任何位置应能可靠固定，同时能与脚油门保持联动。踩上脚油门时，手油门应能保持不动。

3) 熄火拉索在其拉出长度为 20～30 mm 时，应能使柴油机熄火。

(2) 调整

1) 连接脚油门踏板和手油门手柄的拉杆夹头的调整方法是：先置脚油门踏板于自由状态，手油门手柄于竖直位置，此时调节油门拉杆夹头的位置，使手油门拉索能够固定在脚油门操纵拉杆上，从而保证此时柴油机怠速的转速为 (650±30) r/min。

2) 踩下脚油门踏板进行检查，发动机最高空运转转速不大于 2 484 r/min。调整手油门限位螺钉，使手油门向前扳到极限位置时，柴油机最高空运转转速达到合格要求。调整完毕应将手油门限位螺钉上的锁紧螺母拧紧。

3) 检查熄火拉索外套是否固定牢靠；调整熄火拉索固定螺钉，固定熄火拉索的长度，保证熄火拉索拉出长度为 20～30 mm 时，应能使柴油机熄火。

4. 主离合器中副离合器的检查与调整

（1）主离合器和副离合器的检查

操纵主离合器、动力输出离合器时，应能分离彻底，平稳接合；分离时无卡滞现象，接合时传递转矩应可靠。

1）主离合器的踏板高度：带驾驶室为（170±10）mm；不带驾驶室（或带驾驶室而无蒙皮）为（190±10）mm。

2）动力输出离合器外操纵杆连接销处自由行程为 3.5 mm。

（2）主离合器和副离合器的调整

1）主离合器踏板高度及自由行程的调整。拧下锁紧螺母后，逆时针方向旋转调整螺母，螺母每旋转一圈相当于踏板位移为 9 mm，确保踏板在自由状态下距离地板高度为（170±10）些 mm［或（190±10）mm］后，将连接叉的锁紧螺母重新拧紧。

在确保踏板高度合适后，就可以进行离合器踏板自由行程（15～25 mm）的调整。

2）副离合器的调整。松开锁紧螺母后，逆时针方向旋转调整螺母，每转一圈相当于操纵杆行程为 1 mm。确保操纵杆的自由行程为 3.5 mm。调整合适后，重新拧紧锁紧螺母。

5. 动力输出轴离合器的调整

动力输出操纵手柄处于同步、独立位置时，动力输出轴应保证正常运转；动力输出操纵手柄处于中立位置时，动力输出轴应停止运转。要求动力输出同步，独立啮合，分开顺利，啮合可靠，分开彻底。当动力输出处于独立位置时，拉起副离合器操纵杆至空挡位置，动力输出轴应停止运转。

动力输出轴转速如为双转速，使用 540 r/min 时将选择杆向前推；使用 1 000 r/min 时将选择杆向后拉。

三、拖拉机整车磨合试验台基础知识

拖拉机零件经过部件装配成为整车，在出厂之前包括发动机、变速器、整车行走装置等都要进行严格的系统磨合试验，以保证各个部件和整机达到较好的状态，避免早期磨损和故障。

1. 磨合试验台的基本构造

这里以东方红—X（70—90）型拖拉机空载磨合试验台为例进行介绍。该试验台由后转鼓、前转鼓、前防护座、牵引座（前后共三个）四部分组成。试验台前后均采用转鼓形式，后转鼓固定，前转鼓间距可调，前转鼓和后转鼓都有足够的宽度，可满足不同轴距和轮距的需要。为了防止拖拉机磨合时向前冲，在试验台前方有防护挡块，后方有钢丝绳牵引。为了使拖拉机平稳磨合，在试验台前方也有钢丝绳牵引。

2. 磨合试验台的基本操作

当制动器处于制动状态时，拖拉机从后面开上磨合试验台，后轮架在两排后转鼓之间，前轮架在三排前转鼓的相邻两排之间。

松开制动器，将前、后钢丝绳都拴在拖拉机上。按下"定时"选项选择需要磨合的时间，然后发动拖拉机，开始试验。可依次变换不同的速度挡位进行试验。

当计时结束、试验完成时，先停车再制动，然后将拖拉机后退离开试验台。

试验时应注意，在制动器处于制动状态时不能发动柴油机。

3. 磨合试验台的调整

若前轮与前转鼓贴合不好，可将固定轴承座的螺栓上的螺母松开 1~2 牙，调整轴承座的位置，使两前轮与两排前转鼓都能够很好地贴合，然后将螺母拧紧，将轴承座固定好，就可以进行空载磨合试验。

四、拖拉机分总成、部件装调工艺基础知识

拖拉机零件经过部件装配成为分总成，在进入拖拉机总装配线之前，先要对部件、分总成进行调整和检验。

1. 离合器

下面以东方红—MG60/70 型拖拉机为例，说明离合器部件总成的调整方法。

（1）半独立操纵离合器的调整

1）离合器踏板自由行程的调整。半独立操纵离合器的结构如图 8—89 所示。离合器踏板的自由行程是指踏板从自由状态到主离合器开始分离时所移动的距离。东方红—MG60/70 型拖拉机离合器踏板的自由行程应为 20~25 mm。

调整时，先松开拉杆 7（见图 8—89，下同）上的锁紧螺母 8，然后转动拉杆 7，以改变拉杆的有效长度，从而改变踏板的自由行程，调整自由行程达到要求后再将锁紧螺母 8 锁紧。为了检查自由行程长度调整得是否正确，可将离合器检查窗盖拆下，用厚度为 2 mm 的专用塞尺测量分离轴承与各个分离杠杆端头之间的间隙。如果有的分离杠杆端头与分离轴承的间隙不是 2 mm（三个分离杠杆相互间隙的差值不得大于 0.2 mm），则说明三个分离杠杆端头不在一个平面上，此时应逐个进行检查并调整分离杠杆。调整时只要转动分离杠杆上的调整螺钉 3，即可改变分离杠杆和分离轴承之间的间隙。

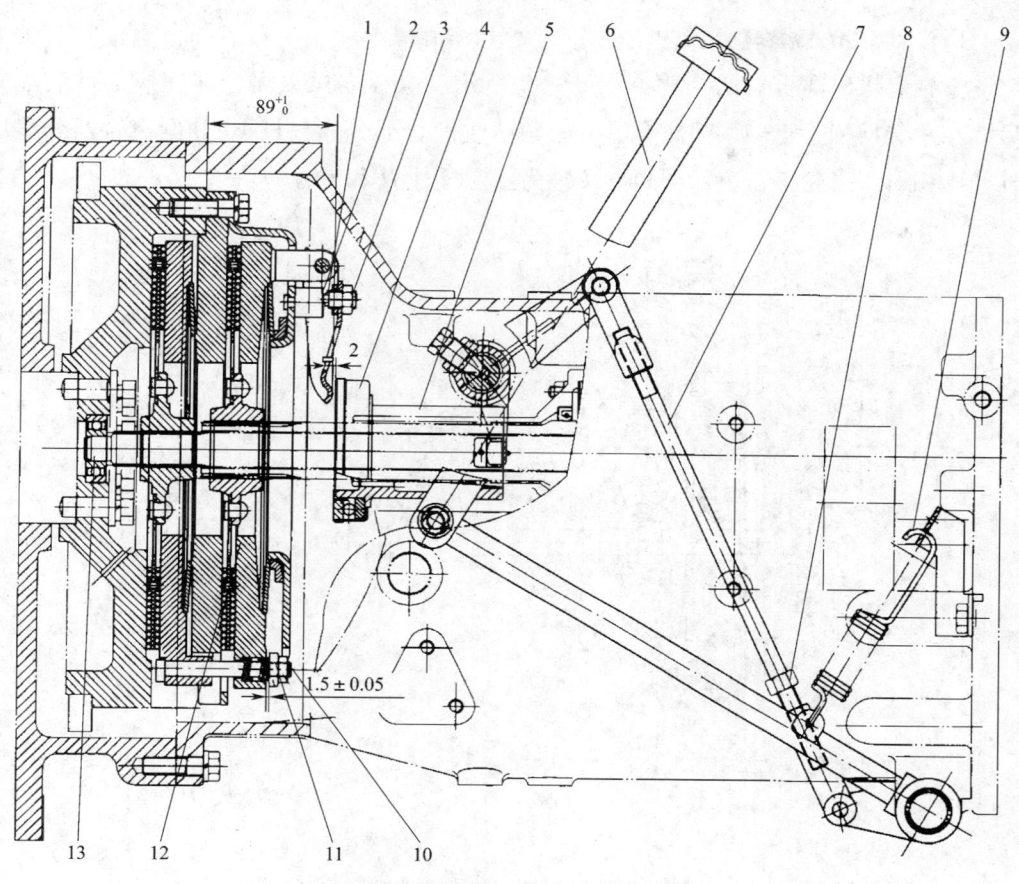

图 8—89 半独立操纵离合器的结构

1—分离杠杆 2,8,10—锁紧螺母 3—调整螺钉 4—分离轴承 5—分离轴套筒 6—踏板 7—拉杆
9—回位弹簧 11—调整螺母 12—压盘 13—前轴承

最后,起动柴油机,并使其在最大空转转速下运转,观察分离轴承 4 是否跟转。若跟转则应再进行调整,加大其自由行程,直至分离轴承不转动为止。

2) 主离合器分离行程的调整。从主离合器到动力输出离合器开始分离之间应有合适的踏板行程。为了获得合适的行程,应使三个调整螺母 11 (见图 8—89,下同) 的端面与主离合器压盘 12 之间的间隙保持在 (1.5 ± 0.05) mm 范围之内。调整时应先松开锁紧螺母 10,转动调整螺母 11,用塞尺测量此间隙数值。调整合适后,拧紧锁紧螺母 10,使用的拧紧力矩为 45 N·m。

3) 离合器分离杠杆位置的调整。安装离合器时,需在专用的装配台架上进行调整。调整时应先旋转调整螺钉 3 (见图 8—89,下同),使三个分离杠杆处于同一个平面内,其误差不大于 0.2 mm,并保证飞轮外端面到分离杠杆端头面的距离为 89~99 mm，然后将锁紧螺母 2 拧紧，拧紧力矩为 80 N·m。

（2）全独立操纵离合器的调整

全独立操纵离合器的结构如图 8—90 所示。全独立操纵离合器完成部件装配后，在总装前为了正确调整离合器，必须将主离合器分离杠杆 10 和副离合器分离杠杆 3 相对于飞轮工作表面的距离调整为给定尺寸 D 和 D_1。

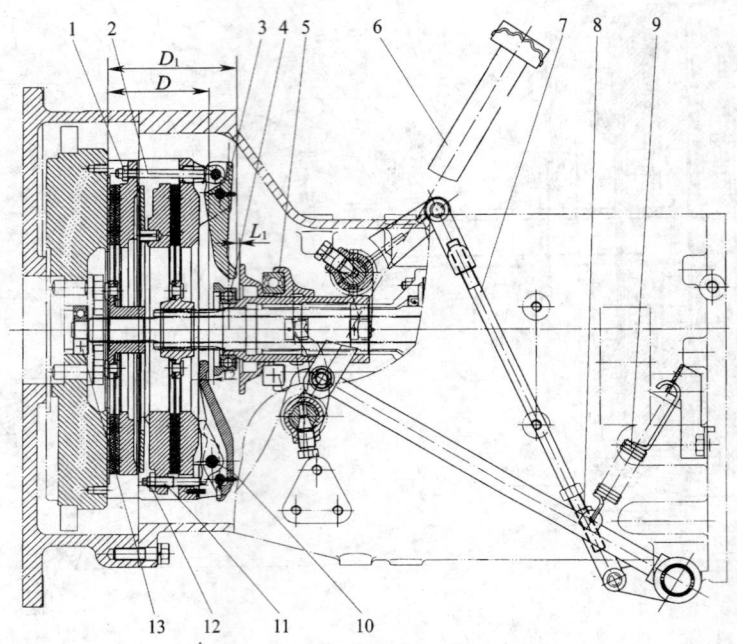

图 8—90 全独立操纵离合器的结构

1—副离合器分离杠杆锁紧螺母 2—调节连接杆 3—副离合器分离杠杆
4—主离合器分离轴承 5—副离合器分离轴承 6—踏板
7—拉杆 8，12—锁紧螺母 9—回位弹簧
10—主离合器分离杠杆 11—调整螺钉
13—前轴承

离合器的调整可以在万能工装上进行，也可以安装到飞轮上进行。

1）将离合器在万能工装上调整 D 和 D_1 值

①拧紧或旋松主离合器分离杠杆调节螺钉 11（见图 8—90，下同），以获得定位器销端与主离合器分离杠杆之间的正确间隙，通过锁紧螺母 12 将调节螺钉 11 固定在正确的位置上。此项调整使主离合器的三个分离杠杆端头处于同一平面内，并且保证从飞轮止口表面到主离合器分离杠杆的距离 $D=98$ mm。

②拧紧或旋松副离合器分离杠杆调整螺母，以获得定位器销端与副离合器分离

杠杆端头的正确间隙。此项调整使副离合器的三个分离杠杆端头处于同一平面内，并且保证从飞轮止口表面到副离合器分离杠杆的距离 $D_1 = 123$ mm。

2）将离合器固定在飞轮上调整。离合器固定在飞轮上后，在从动盘轮毂孔中插入带定位器2（见图8—91）的中心轴1，并保证中心轴的端肩与飞轮轴承接触，将定位器压在中心轴的另一端，按离合器在万能工装上的调整方式调整分离杠杆，使其在定位器销端面或定位器板平面之间的间隙（分离杠杆到定位销之间的间隙）能保证 0.10 mm 厚的塞尺通过。

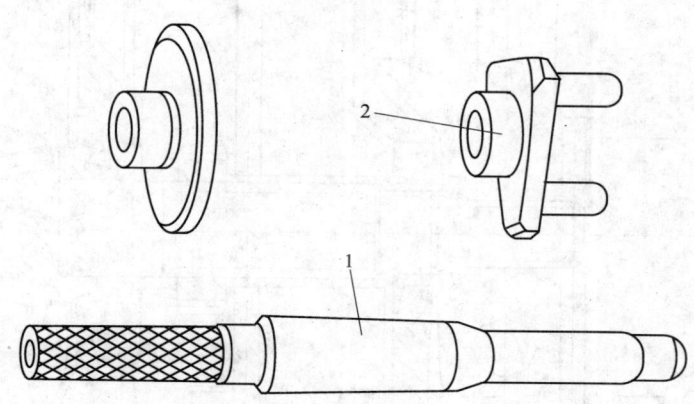

图8—91　在飞轮上拆卸、安装和调整用中心轴和定位器
1—中心轴　2—定位器

2．中央传动系统和差速器的调整

下面以东方红—1604/1804型拖拉机的中央传动系统和差速器的调整为例进行介绍。

（1）小锥齿轮轴安装距的调整和调整垫片厚度的确定

1）测量壳体上小锥齿轮轮背到大锥齿轮中心线的距离 H_1。

2）按下式计算大锥齿轮中心线到小锥齿轮轮背的加工后的实际尺寸 H_3：

$$H_3 = H_2 + C$$

式中　H_2——大锥齿轮中心线到小锥齿轮轮背的名义尺寸，$H_2 = 212.5$ mm；

C——打印在小锥齿轮上的公差值，mm。

如果 C 值不等于零，则前面标有正号或负号，如为正号则与名义尺寸 H_2 相加；如为负号则与名义尺寸 H_2 相减。

（2）小锥齿轮轴轴承的调整

小锥齿轮轴轴承的调整如图8—92所示。

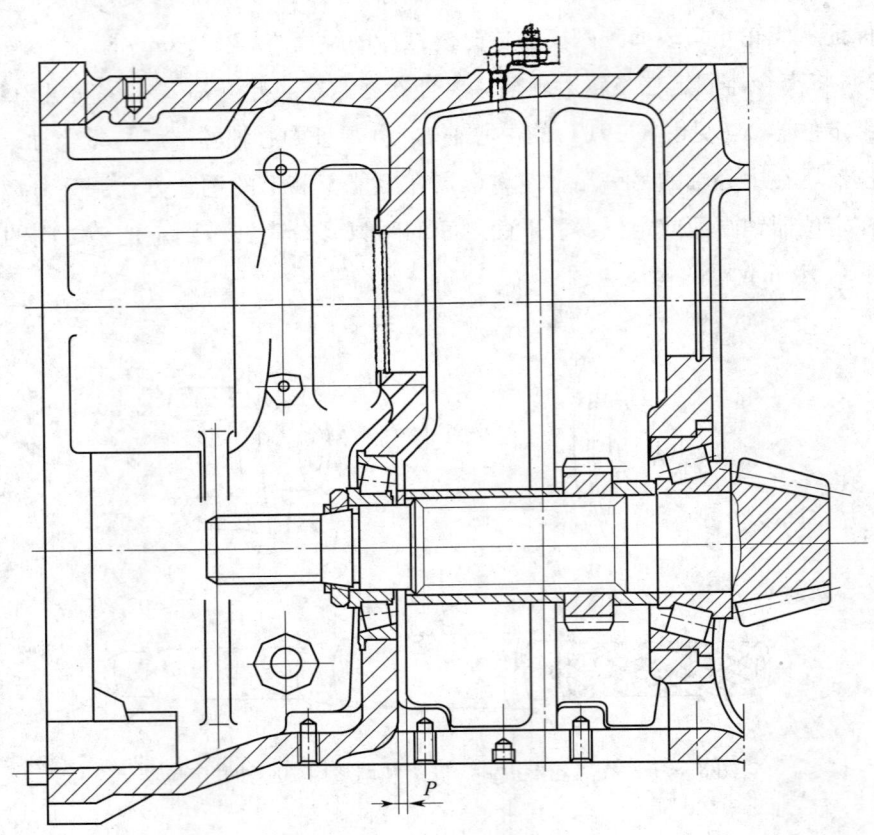

图 8—92 小锥齿轮轴轴承的调整

1）装好小锥齿轮轴、垫片、后锥轴承、隔套、分动箱主动齿轮、隔套、垫圈、前锥轴承、小锥齿轮轴锁紧螺母。

2）拧紧小锥齿轮轴锁紧螺母，用塞尺测量其尺寸（P）。

3）小锥齿轮轴安装距调整垫片厚度的计算公式为：

$$S_p = P + 0.1$$

式中　P——塞尺的厚度，mm；

　　　0.1——修正系数。

必要时，可将 S_p 值的尾数圆整到最接近的 0.05 mm。

4）装上小锥齿轮轴、轴承、齿轮、隔套和确定的调整垫片，用 490 N·m 的拧紧力矩拧紧小锥齿轮轴锁紧螺母。检查小锥齿轮轴的转动力矩，正确力矩为 1.5~2.5 N·m，相当于弹簧秤在隔套上的拉力为 41~69 N。如超出该范围，应拆卸各零件，重新进行 1）~4）步的调整，必要时可通过适当减薄或增厚调整垫片的厚度来满足转动力矩的要求，最后将小锥齿轮轴锁紧螺母上的薄边锁入小锥齿轮轴上的开槽中。

（3）差速器轴承的调整及中央传动系统锥齿轮齿侧间隙的检查

差速器轴承的调整如图8—93所示，其步骤如下：

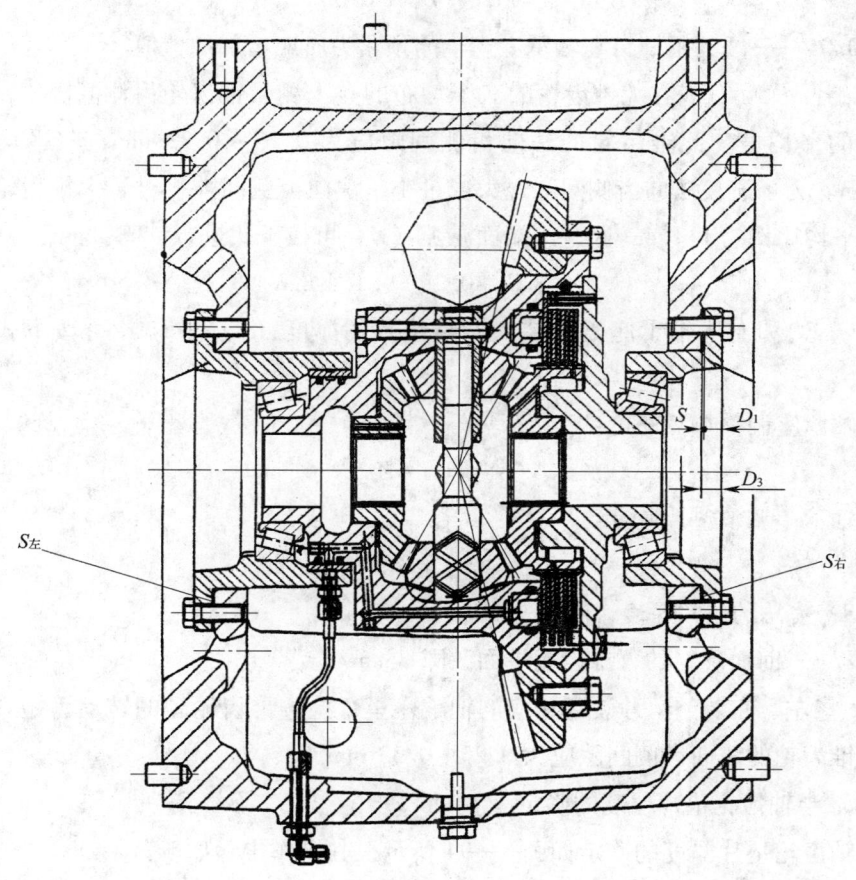

图8—93　差速器轴承的调整

1）小锥齿轮轴装好后，将差速器连同大锥齿轮一起装在壳体上。

2）装上左轴承座，先不装调整垫片，用四个螺钉以98 N·m的拧紧力矩拧紧。

3）测量右轴承座法兰的厚度（D_1），用三个涂润滑油的、相互夹角为120°的螺钉将不带垫片的轴承装上。在转动大锥齿轮的同时，逐步交错地拧紧螺钉，使轴承预紧，直到中央传动系统锥齿轮副的转动力矩为1.5～2.5 N·m时为止。

4) 用专用深度规在右轴承座的两个凹口处测量轴承座法兰端面到后传动箱壳体孔座表面的深度尺寸（D_3），计算出两边的算术平均值。

5) 在传动箱壳体与左、右轴承座之间应装入的调整垫片的总厚度（S）可以按下式进行计算（单位为 mm）：

$$S = D_3 - D_1 + 0.05$$

式中 0.05——减去由螺钉在轴承上产生的预紧力所应增加的数值。

6) 用一个百分表在大锥齿轮的三个均布的点上测量锥齿轮齿侧间隙 G，取三个读数的平均值，此锥齿轮的法向齿侧间隙应为 0.25～0.33 mm，其平均值为 0.29 mm。为了避免法向齿侧间隙过大或过小，法向齿侧间隙相对于大锥齿轮轴向位移的平均比例为 1:1.4，因此，端面游隙（Z）可按下式进行计算：

$$Z = (G - 0.29) \times 1.4 \text{ mm}$$

7) 右边和左边轴承座需要装入调整垫片的厚度（$S_右$ 和 $S_左$）可按下式进行计算：

右轴承座调整垫片厚度：

$$S_右 = S - Z$$

左轴承座调整垫片厚度：

$$S_左 = Z$$

式中 S——总的垫片厚度，mm；
　　Z——前面确定的大锥齿轮端面游隙，mm。

8) 将左、右调整垫片装到相应的轴承座里，检查锥齿轮副的转动力矩和齿侧间隙，锥齿轮的法向齿侧间隙应为 0.25～0.33 mm。

(4) 半轴齿轮垫片厚度的确定

半轴齿轮垫片厚度的确定如图 8—94 所示，其操作步骤如下：

1) 将两个半轴齿轮不带垫片装在差速器壳体上。

2) 将差速器行星齿轮带垫片装上，并装上行星齿轮轴。

3) 将行星齿轮轴固定螺钉拧进几圈，防止松脱。

4) 使左半轴齿轮与行星齿轮充分接触，用深度规测量尺寸 H_1，要在径向的两个相对点进行测量，并取两个读数值的平均值。

5) 将半轴齿轮扳回，使其与差速器壳体充分接触，测量尺寸 H_2。

6) 在左、右半轴齿轮上重复做上述工作。此时，左、右半轴齿轮不带垫片时的轴向浮动间隙为：

$$G_左(G_右) = H_1 - H_2$$

式中 $G_左$——左半轴齿轮轴向浮动间隙，mm；
　　$G_右$——右半轴齿轮轴向浮动间隙，mm；
　　H_1 和 H_2——在左半轴齿轮和右半轴齿轮上测得的尺寸，mm。

半轴齿轮轴向浮动量 $Z = 0.28 \sim 0.62$ mm，两边浮动量的差值不得大于 0.04 mm。

装入差速器壳体的垫片厚度可按下式进行计算：

左垫片厚度：
$$S_左 = G_左 - Z$$

右垫片厚度：
$$S_右 = G_右 - Z$$

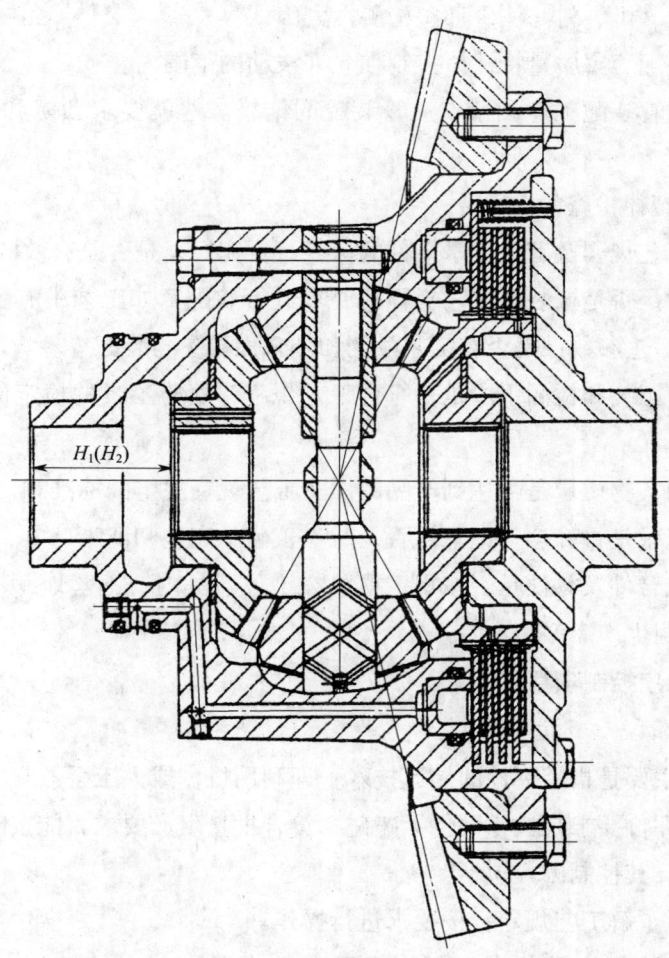

图 8—94　半轴齿轮垫片厚度的确定

五、装配调整质量检验基本知识

1. 装配工序质量控制

（1）装配工序质量控制的概念

装配工序质量是指装配工序的成果符合设计、工艺要求的程度，它最终将决定拖拉机或总成的装配质量。而装配工序又是操作者、机器、材料、工艺方法、环境和检测六大因素在特定条件下的结合。为了确保装配工序质量，就要对其影响因素进行控制，分析造成装配工序质量异常波动的影响因素，进而采取相应措施，消除异常因素，使装配工序长期处于稳定状态，这种活动就是装配质量控制。

（2）装配工序质量控制的对象

1）控制人、机、料、法、环、检测六大因素。

2）要将装配工序质量特性值控制在允许波动的范围内。

3）做到既管装配工序因素，又管装配的结果。这就要求预防和把关相结合，以预防为主。

（3）工艺纪律检查的内容

1）装配工艺规程及有关技术文件的保管是否完好，是否是有效的最新版本。

2）操作者是否是按装配工艺规程的要求进行装配；如工艺中有工艺参数要求时，还要检查工艺参数；是否有工艺颠倒和外来人员参与装配等。

3）设备、工装和检测手段是否符合工艺规程，检验工具的检定周期和合格证是否符合要求。

4）装配的实物质量是否达到产品图样及工艺规程规定的标准和要求。

5）原始记录是否齐全，记录是否及时、正确、完整和清晰。

6）总成或合件及零件是否按规定摆放在工位器具内，不落地，不超高，码放整齐，做到文明生产。

2. 装配工序控制项目和因素

（1）准备阶段

准备阶段主要是指零部件的储运技术，即利用机械或人工手段来实现货物的装卸和运输。其评价要求是：零部件无磕碰，符合批量生产要求，能按时、按量、按类、按点实施。其控制因素包括：

1）操作者了解工艺规定，按要求进行操作。

2）卸货、送货机械状态良好，每天由操作者进行点检，并有周期性检定记录。

3) 零部件为合格品,搬运过程无磕碰,其种类、数量、时间、地点均符合生产计划要求。

4) 工艺完整、准确,能够指导操作。

5) 装配线及仓库均进行了定置管理,道路畅通符合标准要求。

(2) 装配阶段

拖拉机装配线根据其装配对象和工作性质不同,可分为以下五个部分:

1) 紧固件装配。在拖拉机装配中紧固件是使用最多的一种连接形式,它主要是靠拧紧工具的旋合使螺纹部分实现连接,从而达到紧固的目的。这种连接方式结构简单,装拆方便,具有一定的可调性,拧紧力矩为其质量控制指标。对于关键、重要部位紧固件的拧紧力矩值,一般在产品文件上都有特殊标注。装配线上一般配备有螺母拧紧机、定扭矩风动扳机、力矩扳手等专用定扭矩工具,以严格控制拧紧力矩。对于一般部位的紧固件,只需用风动扳手拧紧即可。

2) 气动(液压)系统的装配。拖拉机的气动(液压)系统主要起制动、转向、提供动力油等作用,它们决定着产品的安全性和可靠性。气动(液压)系统一般由气泵,储气筒,各类控制阀以及管路(如钢管、尼龙管、高压软管等)与管接头组合而成,由于中间的接合点多,系统的密封性是一个重要的质量特性,其性能以制动气压或气(液)体的渗漏来评价,在装配和调整中都需要进行严格的检验。

3) 电气系统的装配。拖拉机电气部分是一个独立、完整的系统,主要由电源、线路和照明、信号等用电设备组成。电气系统是拖拉机安全、可靠作业的保证,其安全不仅包括机车的安全,还包括人身的安全。电气系统的功能评价是:各类电器工作正常,灯光符合国家及企业产品标准。

4) 燃料、油料加注。为防止拖拉机零部件的磨损、失效、锈蚀,保证密封,降低工作温度,改善操作性能等,在许多装配接合面或运动部件间都需要进行润滑。所以,在试车前需对拖拉机按说明书的要求加注燃料、油料。加注时一般用专用的加油设备实施,装备人员应保证加油品种及数量符合产品要求。

5) 打号。为了明确产品规格型号及提供一些必要数据以便于识别追踪,需要对产品采取一定的标示方法。拖拉机产品主要是在变速器上打钢印标志序号,在整机铭牌上打钢印序号等。这些标志要符合国家标准和企业的有关规定。

(3) 调整阶段

在调整阶段应由操作人员按整车要求的各种参数值对产品进行检查和调整,其评价指标是:拖拉机各机构操作正常,各项功能均应符合要求。其具体要求如下:

1) 操作者熟悉所要进行的项目和工作,按工艺步骤进行操作。

2）调整工具齐全、适用。

3）整车下线前装配缺陷已经过弥补，并通过装配检验。

4）工艺完善、可行，并配有操作示意图。

5）调整间室内灯光、噪声、清洁度均符合有关规定，试车现场的道路条件和里程数满足要求。

（4）测试阶段

在测试阶段主要利用各种测试设备、量仪对拖拉机整车各类参数进行测定，以确认产品是否合格；否则就要更换零部件或再次进行调整。主要控制因素及要求如下：

1）操作者对设备熟悉并能进行点检，能按工艺步骤进行操作。

2）测试设备按使用周期进行检定，确保状态良好。

3）拖拉机整车装调合格。

4）测试操作工艺明确，有可操作性。

5）测试环境清洁，照明符合要求。

3. 拖拉机装配阶段的控制因素

（1）操作者方面

操作者对本岗位应具备的知识与技能经过培训，考核合格；视装配难易程度、工序质量的重要程度而配备不同等级的工人进行操作。

（2）设备、工装方面

经过零件试装，装配线的设备、工装等已经通过验证。生产过程中应对装配流水线的速度、定量加注、打号、拧紧机、翻转器等特殊设备进行定期检查，确保生产线各类设备、工装处于完好状态。

（3）零部件方面

进入装配线上的零部件及其他非金属材料必须合格，上道工序必须保证是合格品才能转入下道工序。

（4）工艺文件方面

要求装配工艺文件有清楚的文字说明，并配有明确装配关系的立体图。更改工艺文件必须按规定的程序进行。

（5）环境方面

压缩空气供应、照明、噪声、水源等应符合有关规定要求，装配现场符合定置管理要求。

（6）检测方面

检验工具和检测设备应配备齐全，并进行定期检定。

第六节　拖拉机电器装配、调整基础知识

一、拖拉机电路导线

1. 导线概述

拖拉机电路导线包括低压线和高压线两种。低压线为铜质多股软线，导线的截面积根据用电设备的工作电流值确定。由于起动机工作电流可达 500~1 000 A，所以蓄电池至起动机的连接线的截面积较大，一般为 25，35，50 及 70 mm^2 等多种规格。蓄电池的搭铁线由铜丝编织而成，呈扁状铜带，常用搭铁线长度有 300，450，600 及 760 mm 四种。

高压线应用于高压电路，一般工作电压在 1.5 kV 以上，但电流很小，因此，高压线的绝缘包层较厚，耐压性能好，线芯截面积较小。

2. 导线的选择及接线注意事项

（1）低压导线

低压导线目前常用的有两种，一种以聚氯乙烯为绝缘层；另一种以聚氯乙烯—丁腈橡胶为绝缘层，两种导线性能都较好。导线的选用以电流大小为依据，各种低压导线允许的载流量见表 8—8。

表 8—8　　　　　　　各种低压导线允许的载流量

铜芯导线截面积（mm^2）	1.0	1.5	2.5	3.0	4.0	6.0	10	13
导线允许载流量（A）	11	14	20	22	25	35	50	60

（2）高压导线

高压导线以绝缘性能为主要指标，其耐压应在 15 kV 以上。常用的导线有铜芯聚氯乙烯绝缘高压点火线、铜芯橡胶绝缘聚氯乙烯护套高压点火线、铜芯橡胶绝缘氯丁橡胶护套高压点火线和全塑料高压阻尼点火线。

（3）拖拉机电气设备的使用特点

1）电源电压较低而电流较大，如拖拉机上选择的导线一般以限制导线的电压降损失为主。

2）起动机电源线允许的电压降应不大于0.25 V；灯光导线允许的电压降，对于电源电压为12 V时为1.0 V，电源电压为24 V时为2.0 V。

3. 布线和接线的步骤

（1）根据线束的导线颜色和直径，判断出电器的分线束。

起动机分线束有一条粗导线且接线环直径较大；照明分线束较长，线较多，且两条线束的导线颜色一一对应（不对应的两条一般为转向信号灯线）；仪表线束组导线多而长度较一致，分线束集中，其中有两条较粗导线的分线束为电流表线束（一条来自起动机，另一条来自发电机）；发电机分线束可以从电流表出端的线色及线径找出。其他分线束及保险器和开关线束可用万用表进行测量判定。

（2）观察各种拖拉机机型的电气示教板（或示教台），从中找出电源电路、起动电路、点火电路、照明电路、信号电路、仪表电路、辅助电路，并分析各电路的连接规律。

（3）正确安装总电路。安装时应注意在所有电路均接通并检查无误后方可连接蓄电池搭铁线，并通过操纵各电路开关判断其工作情况。

（4）观察照明、信号、仪表及辅助电器的构造及其在电路中的连接方法。

4. 总电路的接线原则

（1）总电路以电流表为界，电流表与蓄电池间的电路为"表前电路"，发电机与电流表间的电路为"表后电路"。

（2）蓄电池和发电机的搭铁极性必须一致。电流表在充电时应指向"＋"，放电时应指向"－"值。

（3）电源开关是拖拉机电路的总枢纽，而拖拉机电路中的电锁开关不得控制灯系电路（某些拖拉机的前照灯电路受电锁控制）。

（4）用电量大的电气设备（如起动机、高音电喇叭等）必须接在电流表前。

（5）其余用电设备分别通过各自相应的开关接在电流表后。

（6）总熔断器串联在电流表前的电路中，各用电设备的熔断器分别串联在各自电路中。

二、拖拉机电路的线束

为了确保拖拉机全车线路（除高压线外）不零乱、安装方便，同时保护导线的绝缘，一般都将同路的不同规格的导线用棉纱编织或用薄聚氯乙烯带重叠缠绕包扎成束，称为线束。一套线束一般由多股导线组成，这些导线按不同系统分别包扎，使之更有利于拆装和维护。

1. 拖拉机线束总成的组成

拖拉机线束总成由导线、端子、插接器、护套等组成。

端子一般由黄铜、纯铜、铝等材料制成，它与导线的连接均采用冷铆压合的方法。

线路间的连接采用插接器。为了保证插接器连接可靠，其上设有一次锁紧、二次锁紧装置；极孔内设有对端子的限位和止退装置。为了避免装配和安装中出现差错，插接器制成不同的型号、规格以及不同的形体、颜色。

插接器由导线端子和壳体组成。插接器的插脚有片状和柱状两种，护套则用塑料或橡胶制成。

2. 安装线束的注意事项

（1）线束安装位置确定后，在适当的部位用卡簧和绊钉与车体固定，以防止因松动磨破护套引起搭铁而短路。

（2）安装时线束不可拉得过紧，尤其是在拐弯时更应注意，在绕过锐角或穿过金属孔时，应采用橡胶套或套管保护；否则会因磨坏线束而造成搭铁、短路，甚至烧毁全车线束、酿成火灾。

（3）连接电器时，应根据插接器的规格以及导线的颜色或接头处套管的颜色分别接于不同的电器上，若无法辨别导线的头尾时，可采用试灯进行区分。

（4）接头应清洁、无锈蚀，线头、接头、接插器连接可靠，插牢并戴好护罩。

（5）各线路连接完成并经检查确认无误后方可连接蓄电池的搭铁线。

三、拖拉机的电路图

1. 拖拉机电路图的表达方法

为了使电路图趋于简单化、规范化和实用化，拖拉机电路图有线路图、原理图和线束图三种表达方法。

（1）线路图

线路图是指按电气设备在拖拉机上的实际位置，用线条将所有电气元件一一连接起来，构成完整的电气回路的电路图。图中电气元件的位置、外形和线路的走向都应与实际情况一致。

（2）原理图

原理图是指用规范的图形符号，按电路原理将拖拉机上的每一个系统组合在一起所绘制的电路图。它重在表达各电路系统内部的电路原理，使每个单元电路子系统及每个电气元件间的联系一目了然。其图面清晰，简单明了，电路连接和控制关系清楚。

(3) 线束图

线束图是指将拖拉机所有电器的导线汇合在一起组成的线束电路图。参照此图更换线束十分方便。

2. 识读拖拉机电路图的方法

(1) 拖拉机电路图的特点

1) 电气安装线路图中所示各电器位置与实际安装部位大致相符；而在电气原理图中，虽然是同一器件中的不同元件，不一定画在一起，但都有相同的标记。

2) 电路图中各电气设备均用外形简图或符号表示，识读电路图前，应先熟悉这些图形符号。

3) 因拖拉机电路采用单线线制，所以图中所画的各连接导线均表示电气设备的火线，而搭铁线则用接地符号表示。

(2) 掌握拖拉机电路的一般接线规律

1) 电源部分到电源开关的线路是用电设备的公共火线，在电路图中一般用粗黑线表示。

2) 各用电设备电路一般从电源开关处开始分开，与电源采用并联方式。

3) 仪表、开关及保险装置均串联在电路中，即其中一个接线柱与电源相接，另一个接线柱与用电设备相接。

4) 多数用电设备受两级开关控制，使用时先接通总开关，而后再接通分电路开关。

5) 对于用电量大于电流表量程的用电设备，一般不经过电流表而直接与蓄电池相连接。

(3) 从分电路入手看总电路

拖拉机电路一般由充电电路、起动电路、点火系电路、灯系电路、仪表电路等分电路组成，看总电路时应从分电路入手。任何一个分电路都是用导线将电源、开关和用电设备连接起来的网络，按这个顺序掌握一定的规律，识图时就容易得多。

3. 拖拉机电路的基本原则

(1) 双电源、低直流电压

拖拉机采用蓄电池与发电机两个电源。蓄电池主要用于向起动机供电，发电机主要用于在发动机正常工作时向蓄电池充电和向用电设备供电。拖拉机电系为一直流系统，额定电压有 6，12 和 24 V 三种，中马力拖拉机采用 12 V 电源，120 hp 以上的拖拉机大多采用 24 V 电源。

(2) 并联连接

拖拉机的两个电源之间所有用电设备和控制系统均采用并联连接,从而充分发挥了两个电源的作用。各分电路的接通、断开以及各用电设备的工作互不干扰。

(3) 单线制

拖拉机电源和所有用电设备的负极与拖拉机金属部分相连接(俗称搭铁),形成一根公共导线,因此,用电设备与电源之间只需要一根导线(火线)连接。

(4) 负极搭铁

我国规定拖拉机线路全部负极搭铁。

(5) 线路的颜色及代号

拖拉机低压电线的颜色和代号规定见表6—1,电路中各系统低压电线主色的规定见表6—2。

4. 如何识读拖拉机电路图

(1) 牢记电路的共性和特点

拖拉机电路的共性是:电气系统分供电和用电两大部分,由电源、起动、点火、照明、仪表、信号及其他辅助电路七个部分组成。拖拉机电路的特点是:电气设备均由直流供电,且电压低,电流大,多数电器工作电流为 5~15 A,少数电器在 30 A 左右,起动机则可达 300~600 A。

(2) 弄懂各电器的基本结构和原理

只有熟悉各电气部件的结构和原理,才能掌握各电气元件的连接方法,对识读电路图也很有益。

(3) 认真阅读图注

从单元电路开始进行识读,通过读图注初步了解有哪些设备,设备的数量、位置、连线和控制关系等。从熟悉单元电路开始,再把整车电路联系起来进行分析和理解。

(4) 掌握回路原则

弄清开关在电路中的作用和通断原理。电路的回路原则是从电源的正极经导线、开关、用电器,再通过搭铁回到电源的负极。只有正确识读电路图,才能准确地查找电气回路,然后再按开关的作用和原理查找其所控制的各分支电路。

(5) 读懂整车的电路图

注意各单元和局部电路之间的内在联系。读图时要边看、边查、边总结,进而读懂拖拉机整车的电路图,为进行拖拉机电器装配、调整作业奠定技术基础。

第九章
安全生产与环境保护知识

第一节 安全用电知识

一、电流对人体的伤害

电流对人体伤害的严重程度与通过人体电流的大小、电流通过人体的时间、电流通过人体的部位、通过人体电流的频率以及触电者身体健康状况等因素有关。

通过人体的电流越大，时间越长，危险越大；电流通过人体的脑部和心脏时最为危险；工频电流对人的危险性最大，而直流电流或高频率电流危险性则稍差；男性、成年人、健康者对电流的抵抗力则相对要强些。

二、人体触电的方式

因人体接触或接近带电体所引起的局部受伤或死亡现象称为触电。按人体受伤的程度不同，触电可分为电伤和电击两种。

1. 电伤

电伤是指人体外部受伤，如电弧灼伤、与带电体接触的皮肤红肿以及在大电流下熔化而飞溅出的金属（包括熔丝）对皮肤的烧伤等。

2. 电击

电击是指人体内部器官受伤。电击是由电流流过人体而引起的，人体常因电击而死亡，所以它是最危险的触电事故。

三、触电急救

1. 迅速切断电源

凡遇有人触电,必须用最快的方法使触电者安全脱离电源。

2. 紧急救护

在触电者脱离电源后,应立即进行现场急救,并及时联系医院做好救护准备。当触电者还未失去知觉时,应将其抬到空气流通、温度适宜的地方休息,不能随意走动。当触电者出现心脏停跳、无呼吸等假死现象时,应立即在现场进行人工呼吸或胸外心脏按压,等待专业人员救治。

(1) 人工呼吸适用于有心跳但无呼吸的触电者。其中口对口(鼻)人工呼吸法的口诀是:"病人平躺在地上,鼻孔朝天颈后仰。首先清理口鼻腔,然后松扣解衣裳。捏鼻吹气要适量,排气应让口鼻畅。吹二秒来停三秒,五秒一次最恰当。"

(2) 胸外心脏按压适用于有呼吸但无心跳的触电者。其口诀是:"病人平躺硬地上,松开领扣解衣裳。当胸放掌不鲁莽,中指应该对凹膛。掌根用力向下按,压下一寸至寸半。压力轻重要适当,过分用力会压伤。慢慢压下突然放,一秒一次最恰当。"

(3) 当触电者既无呼吸又无心跳时,可同时采用人工呼吸法和胸外心脏按压法进行急救。其中单人操作时,应先口对口(鼻)吹气两次(约 5 s 完成),再做胸外心脏按压 15 次(约 10 s 完成),然后交替进行。双人操作时,按前述口诀进行。

四、常用安全用电措施

安全用电的原则是:不接触低压带电体,不靠近高压带电体。常用安全用电措施包括以下几点:

1. 火线必须进开关

火线进开关后,当开关处于分断状态时,用电器上就不带电,这样不但利于维修,而且可以减少触电危险。

2. 合理选择照明电压

一般企业的照明灯具多采用悬挂式,可选用 220 V 电压供电;工人接触较多的机床照明灯则应选 36 V 供电;在潮湿、有导电灰尘、有腐蚀性气体的环境下,则应选用 24 V 和 12 V,甚至是 6 V 电压供照明灯具使用。

3. 合理选择导线和熔丝

导线通过电流时不允许过热，所以导线的额定电流应比实际供电的电流大一些。熔丝的选择应适当，过大和过小都起不到应有的保护作用。

4. 电气设备要有一定的绝缘电阻

电气设备的金属外壳和导电线圈间要有一定的绝缘电阻；否则，当人触及正在工作的电气设备的金属外壳时就会触电。

5. 电气设备安装要正确

电气设备要根据说明进行安装，不可马虎从事。带电部分应有防护罩，高压带电体更应有效地加以防护，防止人们随意靠近。必要时应加联锁装置，以防止触电。

6. 采用各种保护用具

保护用具是保证工作人员安全操作的用具，主要有绝缘手套、鞋，绝缘钳、棒、垫等。

7. 正确使用移动工具

使用手电钻等移动工具时必须戴绝缘手套，更换钻头时必须拔下插头。禁止将220 V普通电灯作为手提行灯随便移动，行灯电压应为36 V或低于36 V。

8. 确保电气设备的保护接地和保护接零

正常情况下电气设备的金属外壳是不带电的，但绝缘损坏时外壳就会带电。为保证人体触及漏电设备的金属外壳时不会触电，通常采用保护接地或保护接零的安全措施。

第二节 安全文明生产

"安全生产，人人有责"。所有职工必须加强法制观念，认真执行国家有关安全生产和劳动保护的政策、法令、规定，严格遵守安全操作规程和各项安全生产规章制度。

一、文明生产的基本要求

1. 执行规章制度，遵守劳动纪律。
2. 严肃工艺纪律，贯彻操作规程。

3. 优化工作环境,创造良好的生产条件。
4. 按规定完成设备的维修及保养工作。
5. 严格遵守生产纪律。

二、安全生产的一般常识

1. 开始工作前,必须按规定穿戴好防护用品。
2. 不准擅自使用不熟悉的机床和工具。
3. 清除切屑时要使用工具,不得直接用手拉或擦。
4. 毛坯、半成品应按规定堆放整齐,通道上下不准堆放任何物品,并应随时清除油污、积水等。
5. 工具、夹具、量具应放在固定的地方,严禁乱堆乱放。

三、机械安全防护知识

1. 常用机械设备的危险性

(1) 旋转部件的危险性

1) 卷带和钩挂。操作人员的手套、上衣下摆、裤管、鞋带以及长发等,若与旋转部件接触,则易被卷进或带入机器;或者被旋转部件的凸出部件钩住或挂住而造成伤害。

2) 绞碾和挤压。对于齿轮传动机构、螺旋输送机构、钻床等,由于旋转部件有棱角或呈螺旋状,操作人员的衣、裤和手、长发等易被绞进机器或因转动部件的挤压而造成伤害。

3) 刺割。铣刀、木工机械的圆盘锯、木刨等旋转部件是刀具,十分危险。作业人员若操作不当,接触到刀具,易被刺伤或割伤。

4) 打击。做旋转运动的部件在运动中产生离心力,旋转速度越快,产生的离心力越大。如果部件有裂纹等缺陷,不能承受巨大的离心力,便会破裂并高速飞出。若被高速飞出的碎片击中,对人的伤害往往比较严重。

(2) 机械部件做直线运动的危险性

由于刀具或模具做直线运动,如果手不慎误入此作业范围,就会造成伤害。这类设备有冲床、剪床、刨床和插床等。

2. 常用机械设备的安全防护

(1) 安全防护措施

1) 密闭与隔离。对于传动装置,主要防护办法是将它们密闭起来(如齿轮箱等），或加防护罩，使人接触不到转动部件。防护装置的形式有整体或网状保护装备、保护罩等。

2）安全联锁。为了保证操作人员的安全，有些设备应设联锁装置，当操作者动作错误时，可使设备不动作或立即停车。

3）紧急制动。紧急制动是指为了排除危险而采取的紧急措施。

(2) 防止机械伤害的措施

1）正确维护和使用防护设施。应安装而没有安装防护设施的设备严禁运行；不能随意拆卸防护装置、安全用具或安全设备，或故意使其失效。一旦机械设备修理和调节完毕，应立即重新安装好防护装置。

2）转动部件未停稳不得进行操作。由于机器在运转中有较大的离心力，这时进行生产操作、拆卸零部件、清洁和保养等工作是很危险的。

3）正确穿戴防护用品。防护用品是保护职工安全和健康的必备用品，必须正确穿戴防护衣、帽、鞋等防护用具；工作服应做到三紧，即袖口紧、下摆紧、裤口紧；接触酸、碱物质的岗位和从事机械加工的某些工种要坚持戴防护眼镜。

4）站位得当。如在使用砂轮机时应站在其侧面，以防止砂轮飞出时打伤自己；再如，不要在起重机吊臂或吊钩下行走或停留。

5）转动部件上不得搁放物件。特别是操作机床时，在夹持工件的过程中，操作者有时容易将量具或其他物件顺手放在旋转部位上。一旦开车，这些物件极易飞出而发生事故。

6）不要跨越运转的机轴。机轴如处于人行道上，应装设跨桥；对于无防护设施的机轴，不要随便跨越。

7）执行操作规程，做好维护与保养工作。严格执行有关规章制度和操作方法，同时应做好维护与保养工作，这是保证安全运行的重要条件。

第三节　环境保护知识

一、环境与环境保护的概念

1. 环境

环境是指影响人类生存和发展的各种天然的和经过人工改造的自然因素的总

和，包括大气、水、海洋、土地、矿藏、森林、草原、野生生物、自然遗迹、文物遗迹、自然保护区、风景名胜区、城市和乡村等。

2. 环境保护

环境保护是指运用环境科学的理论和方法，在更好地利用自然资源的同时，深刻认识污染和破坏环境的根源及危害，有计划地保护环境，预防环境质量恶化，控制环境污染，促进人类与环境协调发展，提高人类生活质量，保护人类健康，惠及子孙后代。

二、环境保护法

《中华人民共和国环境保护法》（以下简称《环境保护法》）是我国环境保护的基本法。

1. 《环境保护法》的任务和作用

（1）基本任务

《环境保护法》的基本任务是：保护和改善环境，防止污染和其他公害，合理利用自然资源，维护生态平衡，保障人民健康，促进社会主义现代化的发展。

（2）作用

《环境保护法》的作用是：为环境保护工作提供法律保障，为全体公民和企业、事业单位维护自己的环境权益提供法律武器，为国家执行环境监督管理职能提供法律依据，是维护我国环境权益的重要工具，可以促进我国公民提高环境意识和环境法律观念。

2. 《环境保护法》的基本原则

《环境保护法》的基本原则是：环境保护与社会经济协调发展的原则；预防为主、防治结合、综合治理的原则；污染者治理、开发者保护的原则；政府对环境质量负责的原则；依靠群众保护环境的原则。

三、工业企业对环境污染的防治

《环境保护法》中指出：产生环境污染和其他公害的单位，必须把环境保护工作纳入计划，建立环境保护责任制度；采取有效措施，防治在生产建设或者其他活动中产生的废气、废水、废渣、粉尘、恶臭气体、放射性物质以及噪声、振动、电磁辐射等对环境的污染和危害。新建工业企业和现有工业企业的技术改造应当采用资源利用率高、污染物排放量少的设备和工艺，采用经济合理的废弃物综合利用技术和污染物处理技术。

下面从防治大气污染、防治水体污染、防治企业噪声污染、防治固体废弃物污染以及积极开发防治污染新技术等几个方面介绍环境保护的技术和方法。

1. 防治大气污染

（1）研究和发展煤硫共生矿藏的分选技术，提高煤质，回收硫资源。

（2）分期分批淘汰并报废现有煤耗高、热效低、污染重的锅炉和工业窑炉，并停止这类产品的生产，报废的锅炉不得再用。

（3）电厂、钢铁厂、有色金属冶炼厂、煤气厂等用煤企业应开发并采用脱硫、回收硫的技术和设备，防止二氧化硫污染。

（4）改革能源结构，积极进行煤炭筛选分级使用、粉煤成型燃烧；开发太阳能、风力、水力无污染能源和天然气、沼气等低污染能源。

（5）改革生产工艺，减少有毒、有害物料的使用量，降低废气、粉尘、恶臭污染物的产生和排放量。

（6）对产生污染物的设备及工艺系统加强技术、设备的管理以及日常的维护和检修，减少废气、粉尘、恶臭污染物质的跑冒，杜绝泄漏和事故性排放。

2. 防治水体污染

（1）企业应该按耗水定额实行计划用水，并列入企业考核指标。

（2）废水实行清污分流，工艺废水尽量回收或闭路循环，一水多用。

（3）冷却水要循环使用，积极推广空冷技术及其他节水技术。

（4）建设完善的废水监测系统，健全监测制度，建立废水处理的技术档案。

3. 防治企业噪声污染

噪声的控制一般从声源、传播途径、接收者三个方面考虑。

（1）声源控制

运转的机械设备和运输工具等是主要的噪声源，控制它们的噪声有两条途径，一是改革结构，提高零部件的加工精度和装配质量，采用合理的操作方法等，以降低声源的噪声发射功率；二是利用声的吸收、反射、干涉等特性，采用吸声、隔声、减振、隔振等技术以及安装消声器等，以控制声源的噪声辐射。

（2）噪声传播途径控制

从目前的科学技术水平来看，要使一切设备都是低噪声的还不大可能，需要从传播途径上进行控制，常用的方法有吸声、隔声、消声、隔振、阻尼等。

（3）对接收者的防护

为了防止噪声对人的危害，可采取以下防护措施：佩戴护耳器，如耳塞、耳罩、防声盔等；减少在噪声环境中的暴露时间，如调整工艺，或设置隔声操作、监视室等；根据听力监测结果，适当调整在噪声环境中的工作人员。

4. 防治固体废弃物污染

（1）各类工业固体废弃物都要妥善处理，不得倾倒在江河湖泊、水库和近岸海域，要因地制宜地加以利用，发展处理和利用固体废弃物的技术和工业。

（2）对含有毒性、易燃性、腐蚀性和放射性的有害废弃物，首先要综合利用。凡是不能利用的，应从产生、收集、储存、运输、无害化处理等环节进行专门管理，不得倾入水体或混入一般的固体废弃物中处理。

5. 积极开发防治污染新技术

（1）在开发新产品、新技术、新工艺和新材料时，必须注意其可能带来的环境污染，同时开发防治环境污染的相应技术和装置。凡对环境产生不良影响，不符合环境质量基本要求的科研成果，不予通过，不准推广。

（2）积极研究和发展各种低能耗、高效率、少污染（包括低噪声）的工艺技术和机电产品。

（3）积极研究和开发有利于综合治理污染的组合技术以及无害化或少废弃物的生产工艺流程。

第十章 质量管理知识

第一节 质量的概念

所谓质量，就是产品、过程或服务满足规定或潜在要求（或需要）的特征及特征总和。质量分为广义的质量和狭义的质量，狭义的质量专指产品质量，广义的质量则应包括产品质量、工作质量和服务质量。

一、产品质量

产品质量就是产品的适用性，是产品在用户的使用过程中能满足用户需要的程度。其主要内容包括产品使用性能、使用寿命、可靠性、安全性、可用性、可维修性、经济性和对环境的影响等。

1. 产品使用性能

产品使用性能是指产品为满足使用目的所具备的技术特性。如拖拉机的牵引力、柴油机的功率等。

2. 使用寿命

使用寿命是指产品能够正常使用的期限。如柴油机缸套的工作时限、金属切削刀具刃磨后加工零件的数量等。

3. 可靠性

可靠性是指产品在规定时间内，在规定的工件条件（环境）下完成规定工作任务的能力。它是产品投入使用过程中表现出来的满足用户需要的程度。如拖拉机的无故障工作时间、机床保持规定精度要求所持续的时间等。

4. 安全性

安全性是指产品在流通、操作、使用中保持安全的程度。如旋转的机器零件的防护、机床接地或接零等。

5. 经济性

经济性是指产品从设计、制造到整个产品使用寿命周期的成本大小。具体体现为设计成本、制造成本、使用成本（如拖拉机的油耗以及维修和保养费用）等。

二、工作质量和服务质量

1. 工作质量

工作质量是指为了保证产品质量稳定和提高所做的一系列的工作的质量，其中包括管理工作、技术工作和生产组织工作等。工作质量的好坏最终将影响到产品的质量和企业产品的市场占有率。工作质量一般很难定量考核，但可通过工作效率、工作成果，最终通过产品质量和企业经济效益集中地表现出来。

2. 服务质量

服务质量一般表现在以下四个方面：

（1）迅速

产品使用过程中一旦发生故障，制造者接到用户的质量反馈时应立即做出回应，马上派出服务人员前往排除故障。

（2）能力

能力是指派出的人员具有足够的判断能力，能够迅速地确定和排除故障，并具有对产品的正确操作和使用进行指导的能力。

（3）信誉

服务是企业形象的窗口，服务人员在服务中应热情、诚恳、有礼貌、守信用，通过服务树立起企业的良好信誉。

（4）提供配件

为了方便用户，规定产品出厂应带有一定数量的备用配件，当用户有更多需要时，应能及时提供配件。

三、产品的适用性

1. 产品适用性的具体内容

（1）功能方面

包括产品固有质量、内在性能和特征必须满足用户的使用要求，要求产品必须经久耐用，操作方便、可靠、安全、节能，便于维修等。

（2）安全方面

要求产品在使用过程中不发生人身、设备事故，噪声、污染不超标。

（3）价格方面

要求价格合理，产品的使用成本应低于同类其他产品。

（4）服务方面

要求服务迅速及时、主动周到，备件和配件供应充足。

（5）交货方面

要求按合同规定，按时、按质、按量、按规定的地点和方式进行产品移交。

（6）信誉方面

用户总希望使用质量好的产品，企业在各方面应诚实守信。

2．产品的适用性是动态的

（1）使用地区自然环境的差别

因地区的地理环境、气候条件（如湿度和温度等）的不同，对拖拉机提出了不同的要求，如耐高湿、防水、耐高温等。

（2）使用时期的变化

随着科学技术的进步和人们经济条件的改善，会对产品提出更高的要求，拖拉机驾驶室的改进就是一个典型的例子。所以，企业必须密切关注科技发展，及时改进现有产品，不断开发新产品，以跟上时代的步伐。

（3）社会环境的变化

社会政治、经济环境的变化会改变人们对产品适用性的要求，例如，当前石油价格不断攀升，就使节油型柴油机应运而生，广受欢迎。

（4）市场竞争的激化形势

企业应树立市场竞争的观念，只有不断改进产品，采用先进的加工工艺及改善服务质量，才能使企业立于不败之地。

第二节 产品质量检验

一、工序间检验

1. 首件检验

首件是指每个生产班次刚开始加工出来的第一个工件，或加工过程中因换人、换料、换加工件品种以及更换工装、调整机床等改变工序条件后加工出来的第一个工件。有些产品的首件可以规定为开始加工的头几件。

对于首件，操作者必须进行认真的自检，合格后送检验人员专检。检验人员检验合格后，要做出首件合格的标志并做出检验人员的责任标志。检验人员还应做好首件检验的记录。

若首件经检验不合格，不得继续加工或作业，以免造成成批报废。检验人员要对首件的错检、漏检或未按规定判断首件的质量所造成的后果负全部责任。

2. 巡回检验

巡回检验是指检验人员在生产现场对制造工序进行巡回质量检验。检验应按作业指导书规定的检验频次和数量进行，并做好记录。工序质量控制点应是巡回检验的重点，检验人员应将检验的结果标示在控制图上。

巡回检验的要求有以下几点：

（1）以"三按"为依据

所谓"三按"，即在从事检验活动中，应以产品图样、工艺和标准（规范）对质量特性的综合约束为依据，给产品一个综合性评价。不仅要衡量规范的符合性，还要注意过程的符合性，对影响过程的诸多因素也要予以关注。

（2）做好"三帮"

所谓"三帮"即帮助年轻工人或技术水平低的工人掌握操作方法和保证产品质量的要领；发现不合格品（项）时帮助操作者分析造成不合格的原因；发现工序异常时帮助工人进行分析和调整，保证工序质量。

（3）要严格把关

巡检活动是检验人员与操作者面对面进行的，这就要求检验人员处以公心，坚持原则，不讲情面。对掩盖缺陷、以次充好、弄虚作假等现象，要敢管、敢查，认真把好质量关。

3. 完工检验

完工检验是最终检验的一种形式，是指对全部加工活动结束后的半成品或完成的产品、零件、部件实施检验。完工检验是一种综合性的核对活动，应按照产品图样、技术文件中的有关规范和要求认真、仔细地实施，重点包括以下几点内容：

（1）核对加工件的全部加工程序是否已经全部完成，有无遗漏的工序和跳工序的现象；在批量加工的工件完工后，其中有无尚未完工或不同规格的工件混入。若有以上问题，应仔细分析原因，采取纠正措施，并且提出防止再次发生的措施和建议。

（2）核对被检工件的主要质量特性值是否真正符合规范要求。

（3）复核被检工件的外观，对其毛刺、磕碰、划伤、锈蚀、破损等应予以特别注意。

（4）核对被检工件是否有标志，标志是否齐全。

4. 末件检验

末件检验是指对依靠模具或专用工装加工并主要靠模具、工装保证质量的产品加工，当批量产品加工完成后，对加工的最后一件或几件进行检查验证的活动。检验工作由检验人员和操作者共同进行，检验合格后双方在"末件检验卡"上签字，并将卡片拴在所用的工装、模具上，随工装、模具一同返回工具库保存。如检验发现为不合格，应及时将工装、模具组织专人进行返修。也就是说，要求入库的工装、模具必须是合格的。

二、成品检验

1. 成品验收检验或试验

成品验收检验或试验是指产品的零部件都经过完工检验，并由这些零部件装配成柴油机、拖拉机产品后，以验收为目的的产品检查和试验活动，它是产品出厂前的最后一道质量防线，所以必须做到以下几点：

（1）按照产品技术标准或制造验收技术条件规定的出厂验收标准逐条逐项地进行检验和试验。

（2）对于有关产品安全性、可靠性的要求，除按产品技术标准规定的检验项目进行检测以外，还要按照国家和行业管理部门制定的检验项目、程序和方法进行验证。

（3）严格实施产品的外观检验。

（4）对于产品使用的外协件、配套件，随产品供应的附件、备件，均应纳入成品验收检验与试验的范围并认真实施。

（5）对于产品的质量证明文件和随机技术文件，应纳入成品验收检验与试验的范围，进行核对与验收。

（6）对于产品的包装物与包装质量，应纳入成品验收检验与试验的范围并认真实施。

（7）成品验收检验与试验的记录和报告应齐全、准确，并应建立产品质量档案。

2．产品质量审核

产品质量审核的目的是进行产品质量的验证。审核时应有用户或用户指定的第三方代表参加，审核应按双方事先商定的条款进行。

首批机械行业特有职业
国家职业技能培训鉴定教材目录

❖ 剪切工
剪切工（基础知识、初级、中级、高级）

❖ 镀层工
镀层工（基础知识、初级、中级、高级、技师、高级技师）

❖ 制齿工
制齿工（基础知识、初级、中级、高级、技师、高级技师）

❖ 电切削工
电切削工（基础知识、初级、中级、高级、技师、高级技师）

❖ 轴承装配工
轴承装配工（基础知识、初级、中级、高级、技师、高级技师）

❖ 轴承检查工
轴承检查工（基础知识、初级、中级、高级、技师、高级技师）

❖ 轴承试验工
轴承试验工（基础知识、初级、中级、高级、技师、高级技师）

❖ 数控机床装调维修工（包括4个工种）
数控机床装调维修工（基础知识）
数控机床机械装调工（中级、高级、技师、高级技师）
数控机床机械维修工（中级、高级、技师、高级技师）
数控机床电气装调工（中级、高级、技师、高级技师）
数控机床电气维修工（中级、高级、技师、高级技师）

❖ 汽车模型工
汽车模型工（中级、高级、技师、高级技师）

❖ 汽车饰件制造工
汽车饰件制造工（基础知识、初级、中级、高级）

❖ 汽车生产线操作调整工（包括7个工种）
汽车机加工生产线操作调整工（基础知识、初级、中级、高级、技师）
汽车焊装生产线操作调整工（基础知识、初级、中级、高级、技师）
汽车冲压（辊压）生产线操作调整工（基础知识、初级、中级、高级、技师）
汽车涂装生产线操作调整工（基础知识、初级、中级、高级、技师）
汽车热处理生产线操作调整工（基础知识、初级、中级、高级、技师）
汽车铸造生产线操作调整工（基础知识、初级、中级）
汽车锻造生产线操作调整工（基础知识、初级、中级、高级、技师）

❖ 汽车（拖拉机）装配工（包括5个工种）
拖拉机装配工（基础知识、初级、中级、高级、技师、高级技师）
汽车装配工（基础知识）
汽车整车装配工（初级、中级、高级、技师、高级技师）
汽车机械部件装配工（初级、中级、高级、技师、高级技师）
汽车电器装配工（初级、中级、高级、技师）
汽车特种部件制造装配工（初级、中级、高级）

❖ 机动车检验工（包括6个工种）
汽车检验（试验）工（基础知识）
汽车零部件检验工（中级、高级、技师、高级技师）
汽车电器检验工（中级、高级、技师、高级技师）
汽车整车检验工（中级、高级、技师、高级技师）
汽车部件试验工（中级、高级、技师、高级技师）
汽车电器试验工（中级、高级、技师、高级技师）
汽车整车试验工（中级、高级、技师、高级技师）